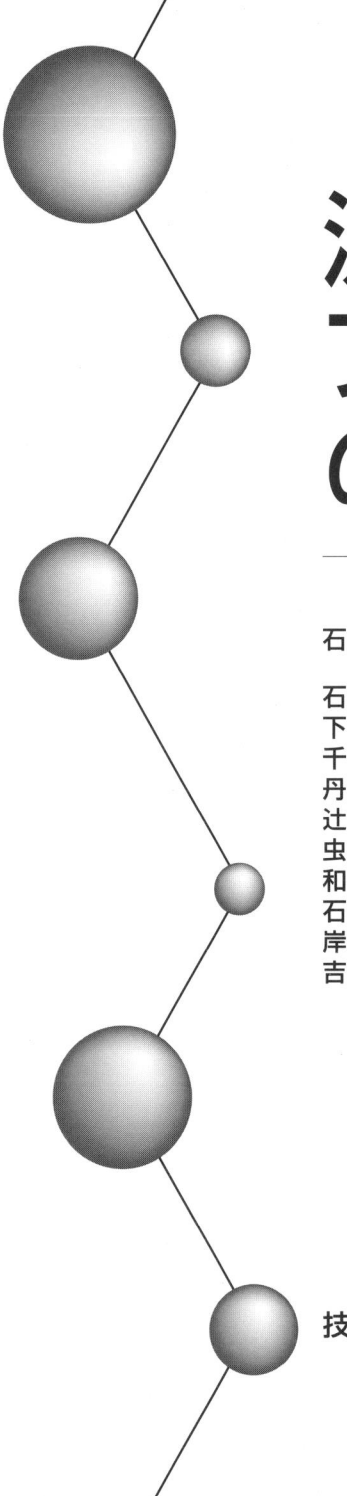

流域圏プランニングの時代
── 自然共生型流域圏・都市の再生 ──

石川幹子・岸 由二・吉川勝秀 編

石井紫郎：著
下河辺 淳
千賀裕太郎
丹保憲仁
辻本哲郎
虫明功臣
和田英太郎
石川幹子
岸 由二
吉川勝秀

技報堂出版

目次

プロローグ　石川　幹子　i

I　流域圏プランニングの視座

第1章　都市の水使いと流域　丹保　憲仁　3
第2章　土地所有の思想　石井　紫郎　47
第3章　近代都市・地域計画における流域圏プランニングの軌跡　石川　幹子　67
第4章　流域圏構想の過去・未来・現在　下河辺　淳　87
第5章　流域，流域圏のとらえ方について　吉川　勝秀　97

II　流域圏プランニングの現状

第6章　流域圏・水循環再生　虫明　功臣　117
第7章　琵琶湖・淀川水系の診断法　和田　英太郎　149
第8章　流域管理における河川景観の役割　辻本　哲郎　173
第9章　新たな連携―協働による循環型社会システムの形成　千賀　裕太郎　197
第10章　水マスタープラン　岸　由二　219

III　流域圏プランニングの展望

第11章　流域圏・都市再生へのシナリオ　その1　吉川　勝秀　247
第12章　流域圏・都市再生へのシナリオ　その2　岸　由二　271
第13章　都市環境計画と流域圏プランニング　石川　幹子　287

エピローグ　吉川　勝秀　305
著者プロフィール　306

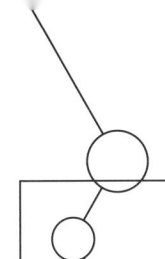

プロローグ

石川 幹子

 20世紀は成長の時代であった。産業，工業の集積を基盤とする経済発展は，所得を増大させ，都市の利便性を大きく向上させたが，一方で水消費の増大は，地球規模での水問題を引き起している。大量のエネルギーの消費地である都市に目を転じれば，工業の衰退に伴い，かつて繁栄をきわめた多くの都市が，荒廃の危機に瀕しており，脱工業化社会の環境基盤をどのように創出していくかを，模索している状況にある。

 このような世界的状況の中で，日本の20世紀は，有史以来，未曾有の人口の増大を経験した時代だった。すなわち，1900年に約4000万人であった人口は，2000年には1億2700万人に達した。急速な都市化の進展により，大きな影響を受けたのが，長い農耕社会の中で形成されてきた流域圏を基礎とする水循環のシステムだった。

 現在，日本においては，都市の再生，そして地域，国土の再生に向けた数多くの取り組みが行われている。しかし，100年という近代化の流れの中で，失われたものを回復することは容易なことではないことは，多くの人びとが，強く認識するところとなっている。

 本書は，このような問題意識を踏まえて，21世紀における都市・地域・国土再生の基本を，38億年の地球の歴史が生み出した流域圏におき，その視点と具体的展開を論じることを目的としたものである。

 「第Ⅰ部 流域圏プランニングの視座」では，まず，第1章において，世界的な水システムの危機の実態と20世紀型水システムの問題点を明らかにし，今後の水システム再生にむけての基本原則を明らかにする（丹保憲仁）。第2章では，国土の土地利用を再編していく上での，もっとも根源的問題である土地所有の思想について歴史的に掘り起し，私的所有権に内在する社会性について論じる（石井紫郎）。第3章では，近代化の中で生み出された都市・地域計画において流域圏プランニングが，如何なる問題意識のもとに誕生し，展開されてきたのかについて，世界の都市計画史をレヴューし，論じる（石川幹子）。第4章では，これらを踏まえて，人間と水の基本法としての「流域圏基本法」の重要性を指摘する（下河辺淳）。

i

プロローグ

　第5章では，流域，流域圏とは何かについて，多様な視点，定義の存在について論じる(吉川勝秀)。

　これに続く，「第II部　流域圏プランニングの現状」では，流域圏プランニングの現状について，詳細な研究の報告，および実践活動の展開について述べる。まず，第6章では，水文学・水資源学の観点から，流域圏の定義，健全な水循環とは何かについて明らかにし，具体的事例をもとに水循環再生のシナリオを論じる（虫明功臣）。第7章では，流域圏の階層的スケールに応じた調査手法の重要性について述べ，あわせて科学的指標の導入に基づく，経年的モニタリングとモデル化が，今後の流域圏管理において重要であることを実証的に論じる（和田英太郎）。第8章では，河川工学の観点から流域圏の持続的維持(サステイナビリティ)のために，河川景観の管理，すなわち，河川域でのランドスケープ・マネジメントの有効性を述べ，具体的方法論の展開を行う（辻本哲郎）。第9章では，農業水利学から立ち上げた農村地域での実態調査をふまえて，流域圏における人と人との繋がりの回復から，コミュニティを再生していく道筋について論じる（千賀裕太郎）。第10章では，鶴見川流域水マスタープランを事例とし，源流域の保全，水田農地の保全，流域まちづくり，生物多様性の回復，防災等，水循環の健全化を基本とする持続可能な流域社会構造への転換について論じる（岸由二）。「第III部　流域圏プランニングの展望」では，これらを踏まえて，第11章と第12章で自然共生型流域圏・都市再生へのシナリオ(吉川勝秀，岸由二)，第13章で都市環境計画としての流域圏プランニング(石川幹子)について論じる。

　以下，各章の内容を簡単に紹介する。

■第I部　流域圏プランニングの視座

　第1章「都市の水使いと流域」(丹保憲仁)は，成長の時代であった20世紀の特質と水資源の枯渇の危機について考察する。20世紀，人口は16億人から60億人に増大し，1人当り所得は4倍に増大した。これに対して，エネルギー消費は11倍，水消費は10倍となった。水消費の増大は，地球規模でみれば，人口を支えるための灌漑農地の増大が影響しており，地下水位の低下，断流，湖沼の縮小となって現れている。水の大量な消費地である都市についてみると，雨の降り方は地理的にきわめて非対称であるにもかかわらず，近代都市の水システムは，ヨーロッパに起源を有する上・下水道システムが，水文条件に関係なく世界化した。このことにより，飲料水と同じ水質の水が，雑用水として大量に消費されることとなっ

た．今後，渇水被害，灌漑農業により塩害の問題，生活排水による汚濁の進展などにより，世界の多くの水システムが危機を迎える．この反省にたち，21世紀の水システムは，水のもっている諸性質の本質的利用に立ち返り，以下の特質をもつべきである．第一に，水システムのカスケード化や分離化等による多様な利用・排除系を設計し，最小エネルギー消費率と抑制された自然水資源の代謝系への取り組みに務める．第二に，自然水系の水質・水量と周辺環境条件の保持を重要要件とする．第三に，分散型の閉鎖化を強めた水代謝ユニットを設計・建設し，長距離一括大量輸送方式による流域にインパクトを与えすぎるような近代型の水システムを卒業する．

　この特質を踏まえての提案が，「水環境区」である．これは，高活動・高人口密度の都市域の水システムは，エネルギー消費を拡大させないようにしながら，閉鎖化を強め，水質の有効（適切）利用と環境管理を厳密にする準クローズ系とするものである．自立し，自己責任を果す「水環境区」の導入により，総合流域管理は，より確かなものとなると論じる．

　第2章「土地所有の思想」（石井紫郎）は，都市荒廃の根源的問題としての，近代日本人の土地所有をめぐる考え方の特質について論じる．近代的土地所有は，どの国においても同じく，（一つの土地には所有権は一つしか認めない）「一物一権」である．しかし，これが日本で成立する過程は，ヨーロッパのそれと著しく異なっており，その違いが土地所有の社会性に関する認識を成熟させなかった，というのが，この章の大筋である．

　ヨーロッパの前近代では，領主の所有（「上級所有権」）と農民の所有（「下級所有権」）とが一筆の土地に重畳的に存在していたが，この上級所有権は，国家・君主に対して不可侵性を主張しうるもので，所有者の同意なしには一切の義務（たとえば租税負担）を負うものではなかったし，これを廃止・没収するには「正当な補償」が必要とされた．

　これに対して日本では，領主たちの支配権はすべて上から付与されたもので，軍役をはじめとする義務・負担は当然のものであったし，改易・転封も支配者の一存でなされた．明治維新の1年後にはやくも「版籍奉還」が行われたのは，こうした歴史的背景からである．このとき大名たちの中には，「私有していたものを返還する」と考えた者と「私有物ではない（あるいは私有すべきでない）から返還する」と考えた者の両方があった．当時の日本人にとっては，「返還」だけが問題で，「返還」するものは何か，は問題ではなかったのである．

プロローグ

　ヨーロッパは，不可侵とされてきた領主たちの「私有」を廃止しなければ近代国家はできない，という問題に直面し，「所有」とは何か，をきちんと議論しなおす必要に迫られた。この文脈において，「公共」という観念が決定的な役割を果した。「所有権」は支配者に対しては義務を負わないが，「公共」に対しては義務を負う，という定式を前提に，権力によってではなく，市民が自分たちの手によって「公共の利益」を実現する社会を構想したのである。「市民社会」とは「公にされた法律」によって「私の物と汝の物」を共通に保障する社会である。そこでは，「私有」は「市民社会のコレクティヴで一般的な意思」によって権限を付与されたものと考えられた。現代のヨーロッパ諸国で共通認識となっている「所有の社会性」・「社会的所有権論」は，ここに淵源をもつ。

　上述のように日本では，「返還」は当然，という流れによって「一物一権」が簡単に成立してしまった。しかし，それによって出来上がった「所有」は，「地券」に表示された地価の一定率の地租を納めるという租税負担義務の反射として，権力によって与えられたものでしかなかった。「公共」不在，「税金さえ納めれば所有者の勝手次第」という浅薄な所有権絶対主義が，いまでもまかり通っている。これでは，いくら都市を整備しても，地権者の都合で，すぐにめちゃくちゃになってしまう。日本も「社会的所有権論」を真剣に受け止めなければならない。

　「第3章　近代都市・地域計画における流域圏プランニングの軌跡」(石川幹子)は，長い農耕社会が終焉し，世界の都市が近代化の道を歩み始めた時，新しい都市と農村の秩序を創り出す目的で誕生した近代都市・地域計画において，流域圏という考え方が，どのように展開されてきたかについて考察する。

　流域圏プランニングの考え方が，広範に導入されたのは，19世紀中葉，新しい都市をいかなる手法により建設すべきかという喫緊の問題に直面していたアメリカであった。その選択した道は，植民都市にみられた機械的な格子型都市計画ではなく，それぞれの都市の自然条件を踏まえた都市計画である「パークシステム」による都市基盤整備であった。パークシステム (Park System) とは，市街化に先立ち，良好な水辺地，樹林地を保全し，安全で美しい市街地を形成するため，流域圏の土地利用マネジメントを都市計画の基礎に据えたものであった。

　ボストン，ミネアポリスなど，初期の計画は，都市内中小河川を対象とする小流域の計画からスタートしたが，20世紀にはいり，自動車交通の時代が到来し，都市の拡大が急速に進展するなかで生み出された地域計画（リージョナル・プランニング）は，大流域圏の水源林と河川，水辺地，海浜緑地等を系統的に保全すること

を基本としたものであった．このパイオニアとなったものは，ボストン広域パークシステムであったが，その計画論，法体系，広域行政体，事業手法，財源確保の考え方は，世界各国の地域計画に大きな影響を与え，ニューヨーク地域計画，ドイツのルール地方地域計画，ヘルシンキ緑地計画などは，流域圏プランニングの古典的事例となっている．

また，流域圏プランニングの考え方は，日本にも大きな影響を与えた．今日の東京区部および首都圏の骨格を形成している緑地網は，1930年代に策定された「東京緑地計画」を基本としているが，この根底に流れる思想が「流域圏プランニング」であったことは，今日，ほとんど知られていない．

これらの流域圏を基礎にした水と緑のインフラストラクチュアは，その多くが激動の20世紀をこえて継承されている．この意味で，流域圏プランニングは，都市計画の様ざまの計画論の中でも，群を抜いてサステイナビリティが高い手法であるということができる．

「第4章 流域圏構想の過去・未来・現在」（下河辺淳）は，太古からの歴史を縦糸とし，流域圏の考え方と人間の生活について考察する．

流域圏から生命との関係を論じる場合，38億年の歴史を踏まえる必要がある．縄文人の居住形態は，水や海の脅威を避けた，流域圏構想の中に生きたものであった．13世紀の，水と遊ぶ文化の成立，近世の水の堀をもった城下町など，日本の文化，都市構造は，上流，中流，下流の一貫性の中に展開されてきた．

これに対して，明治以降の近代化は，水の脅威を克服することに目標があり，交通ネットワークの発達により，流域圏で生きた人間が，ネットワークの結節点でいきることとなり，水系と交通系が，直角に交わる国土構造をつくりだしてきた．この中で，東京に象徴されるように，20世紀は，水系を犠牲にしてきた世紀といえる．

未来ということであれば，流域圏を再生するということに尽きると考えている．ここで重要なことは流域圏の考え方であり，流域圏の基本法，すなわち，人間と水の基本法をつくり，日本列島を見直してみることが重要である．

「第5章 流域，流域圏のとらえ方について」（吉川勝秀）は，流域，流域圏の概念について論じる．

流域とは，地表面の水が流れて集まる区域であり，水文学では集水域という．水・水物質循環の視点からは，表面水の集まる流域の他に，洪水の氾濫する可能性のある氾濫域，水利用の観点からみた利水域，水の排水先をも圏域として包含した排水域，さらには，地下水の流れを示した地下水域等，多様な視点からの流域圏が存在

プロローグ

する。

　一方，生態系からみると，生物の生息環境は，水系に密接に関係しており，表流水の集まる集水域は，長い歴史により形成されてきた土地利用と対応し，固有のランドスケープが形成されている。

　経済圏・文化圏・生活圏の観点からは，第三次全国総合計画で，流域圏構想が示された。これは，人間居住の総合的環境として，自然・生活・生産環境の調和した定住圏構想を提示したものであり，流域圏の適切な運営を図ることにより，住民一人一人の創造的活動によって，安定した国土の維持が可能となるとしたものである。流域圏としては，日本全体で約230の圏域が想定されていたといわれている。

　これらを総合した流域圏としては，水循環，生物多様性，水と緑のネットワークを包含した鶴見川流域圏の考え方がある。

　この章で，吉川は，執筆者により概念のとらえ方が異なる流域圏について，上記の視点から分類し，多様な視点があることを喚起した上で，本書の第Ⅲ部で述べる都市および国土の再生シナリオについて取り扱う対象は，もっともわかりやすい表流水に対応している流域圏であると述べている。

■第Ⅱ部　流域圏プランニングの現状

　「第6章　流域圏・水循環再生」（虫明功臣）は，水文学・水資源学の観点から，流域圏の定義，流域圏における健全な水循環再生のシナリオについて論じる。

　水は，常に循環している。その形態は，時間的・空間的に偏在しているが，人間の活動によっても変化する。人間と水循環系とのかかわりは，治水，利水，環境の保全と回復に分けられる。健全な水循環系とは，流域を中心とした水循環の場において，治水と利水と環境保全に果す水の機能を持続性があり，バランスのとれた状態にすることである。言い換えれば，流域圏を単位とした総合的水マネジメントである。

　流域水循環系として，河川をとらえる意味と必要性はつぎの3点に要約される。第一に，水循環の閉じた場となる河川流域は，水利用・排水・洪水災害の軽減，魚類等の水生生態系の保全・回復を図る上での，一つの重要な圏域の単位である。第二に，利水・治水・水循環にかかわる各種の問題は，それが生じている場所のみに着目するだけではなく，上流域，中流域，下流域へ，また，地表水から地下水へという水循環の立体的な広がりを視野にいれて総合的に解決を図る必要がある。第三に流域は，かつて一つの経済，文化圏を形成していた。健全な流域水循環の再生は，流域共同体の復権につながる可能性を有している。

急速な都市化の進展した 1970 年以降，総合治水対策（1977）を皮切りに，親水事業（1980～），アーバン・ルネッサンス構想（1985），清流復活（1993），河川法の改正（1997），特定都市河川浸水被害対策法（2003）など，水循環保全の対策が実施されてきた．流域圏ごとの再生計画も各地で行われている．これらは，海老川流域水循環再生計画（27 km^2），鶴見川流域水マスタープラン（235 km^2）などが先鞭をつけた．現在，取り組んでいる印旛沼流域水循環健全化計画（540 km^2）は，沼という閉鎖性水域を有すること，農地，森林，市街地が混在していることなどが，大きな特色である．組織としては，印旛沼流域健全化会議を立ち上げ，行動計画をつくり，同時にモニタリングとモデリングにより，水循環の実態を明らかにし計画に反映させている．重要なことは，各流域により，問題の具体的な現れ方は異なるということである．流域の特質に応じた計画が必要で，画一的マニュアルはないといってよい．しかしながら，それをこえて，すべての流域圏計画の目標に共通することは，地域の福祉と安全であり，流域共同体意識を育むことである．これは地方分権行政への基盤づくりの一つといえる．

「第7章 琵琶湖・淀川水系の診断法」（和田英太郎）は，空間の階層別のフィールド調査と，安定同位体比という指標を使い，琵琶湖・淀川水系を対象とし，流域の問題を科学的に把握する手法を提案する．

琵琶湖・淀川水系では，1 300 万人の人々が，琵琶湖の水を飲料水としている．琵琶湖に注ぐ川は 141 ある．大河川は桂川，宇治川，木津川の3つであり，中規模の河川が 40 ある．流域がどのような現状にあるかという調査は，この階層構造を踏まえ，マクロ，メソ，ミクロの三つのレヴェルで行った．まず，ミクロスケールでは，彦根市安西地区を対象とした．年間を通じて調査した結果，田植え時の濁水が，琵琶湖の大きな負荷をかけていることがわかった．また，都市化に伴い整備された新興住宅地つくられたが，伝統的な集落の水の流し方と整合がとれていないため，極端な汚濁化が進んでいる．これは，横断的行政の仕組みをつくらない限り解決できない．

メソスケールでは，安定同位対比 $\delta^{15}N$ という汚濁の度合いを測る指標を用い，安土の近くの蛇砂川流域で調査を行った．その結果，温室効果ガスの一つである N_2O が，大量に出てきていることがわかった．都市化により川の汚濁化がすすむと，濁水が下流に堆積しヘドロがたまる．そこに，硝酸の濃い水が流れてくるため，N_2O の生成の仕組みが生じていると推察される．しかも，下流部では，酸化還元境界層の攪乱が激しく，不完全な脱窒が，この現象を加速化させている．

プロローグ

　琵琶湖に流入する 141 河川のうち,流量の大きい 10 河川は,全体の流入量の 60％を占める。現在の琵琶湖では,大きな河川は,比較的きれいであるが,小河川では,$\delta^{15}N$ 値が高く,汚濁が進んでいることがわかった。この小河川での汚濁が,琵琶湖全体の $\delta^{15}N$ 値上昇の原因となっていることがわかった。このことから,琵琶湖全体の流域管理にきめの細かい住民活動が,不可欠であることがわかる。

　「第 8 章　流域管理における河川景観の役割」（辻本哲郎）は,河川景観に着目することにより,的確に流域圏の問題を把握することができると論じる。

　国土管理を考えるとき,流域圏を単位としてとらえることはきわめて重要であり,それは今日の社会システムの目標が,持続性にあるからである。社会システムの持続性の制約条件として資源の有限性,平等性の確保があげられる。今日,議論されている都市再生は,都市域の発達による水資源の搾取が,流域圏の疲弊をもたらし,これにより都市域自体が自律していくことができない状況が招来されていることにある。

　河川は,水系一貫といわれるが,現実には,セグメント,リーチなど,異質のものの連鎖とその中に内在する同質なものとの組み合せにより形成されている。「河相」という概念があるが,流路形状,平面的形状,川底の形等を意味し,これにより植生が成立し,洪水などによりダイナミックに変化する相互作用のシステムが,河川景観を創り出している。こうした水系の問題と流域の問題とは,役割分担と連携を考えて立ち向かっていくべきである。

　一例を流砂系管理について示せば,従来,流砂管理は,ある程度閉じた問題として対処されてきたが,ダムにおける堆砂,河床低下,海岸侵食,生態系の変化,水質・栄養塩などの物質輸送など,流域圏スケールで変化の実態をモニタリングしていく必要性が生じている。流砂管理のための技術開発と政策に関しては,モニタリングによる仮説検証を伴う Adaptive Management という考え方が,これからの主流となるべきだろう。

　生態系保全については,川の中にある砂洲は,生物に生息の場を提供し,さまざまな植生からなる砂洲景観が,河川自体を支えている。砂洲景観を評価するためには,類型化を行い,物理的,生化学的,生態学的役割を解明する必要がある。治水・利水事業により,水系および流域生態系は,大きく変化してきている。木津川の事例で示すように,かつての氾濫原にあった多様な生態系が,堤外地に集約して発達してきており,川原が,昔の裸地ではなく,自然堤防帯,後背湿地などの特徴を含んで,多様化してきている。この意味で河川景観は,流域圏と水系の問題を如実に

映す鏡ともいえる。適切な手法の開発により河川景観の生態的評価を行っていくことはきわめて重要であり，流域全体で細かい部分を数多く統合し効果をだすよりも，河川景観の管理を行うことにより，流域の課題をかなり克服できると考える。

「第9章　新たな連携―協働による循環型社会システムの形成」（千賀裕太郎）は，まず，日本人が，狭い，急峻な国土に，安全にかつ豊かに住み着くことが可能となった原点について「春の小川」を事例として述べる。

春の小川は，水田を流れる川であり，里山と一体になった景観が，日本人の原風景であり，大事なことは，これを管理する人がいたということである。日本の国土は，この事例に象徴されるように，急峻な地形に降る雨を，「ゆっくり流し」「一度止め」そして「地下を流す」ことを基本に形成されてきた。一度止めるのは，水田，溜池であり，地下を流すために森林を保全してきた。水路は，幹線だけでも40万kmあり，国土の毛細血管となっている。循環型社会のモデルともいうべきこのシステムは，効率優先の政策により，厳しい言葉でいえば，ことごとく切断されたといっても過言ではない。

過疎化，高齢化がすすむ農村の中で，生存力のある新しい地域構築の動きが生じている。琵琶湖沿岸の湖東地区の由良町では，圃場整備で，水路がパイプライン化される時に，集落ごとに話し合いをしながら，パイプラインもつくるが，開水路として集落を流れた後，水田に行くような生活の潤いと環境を選択する道を選択した。これが契機となり，さまざまのまちづくり活動が行われるようになってきている。また，同じく，湖東地区の愛東町では，菜の花プロジェクトが行われている。休耕田を利用し菜の花を栽培し，収穫して菜種油にし，地域で使い，廃油は回収して，石鹸や，自動車の燃料にしている。時間をかけながら循環型の複雑なシステムが立ち上がっていることが特色である。

地域環境マネジメントをもう一度，コミュニティベースに取り戻す。しかも，それは過去の復元ではなく現代の技術を取り入れ，大規模なものにせず，小規模なもので，地域の自立を図っていく。このような循環型社会システムの動きが，いま，始まっている。

「第10章　水マスタープラン」（岸由二）は，全国に先駆けて総合治水対策が実施された鶴見川を対象とし，2004年の「鶴見川流域水マスタープラン」策定までの軌跡を追い，自然共生型流域圏・都市再生への展望を述べる。

鶴見川は，東京都町田市北部の丘陵地に発し，多摩丘陵・下末吉台地を刻んで東京湾に注ぐ，全長42.5kmの一級河川である。戦後，急速な市街化が進展し，1958

プロローグ

年時点では，10％に過ぎなかった市街化率は，1965年に60％，1999年には85％に達した。このため，1980年に総合治水対策が策定された。これは，流域における保水・湧水機能の維持，確保について流域整備計画を策定し，適切な土地利用の誘導，緊急時の水防・避難に資するための浸水実績の公表，地域住民の理解と協力を求めることを骨子としたものであった。その具体的展開にあたっては，河川・下水道対策，流域対策などを軸とし，流域については，保水地域，遊水地域，低地地域に区分され，緑地保全の視点をも包含した計画であった。期を同じくして，鶴見川流域では，この総合治水対策の推進を支援する鶴見川流域ネットワーキング（TRネット）等の活発な流域市民活動が展開され，自然共生型都市再生への端緒を開くこととなった。

1992年，ブラジルのリオデジャネイロで，生物多様性条約が提案され，1995年，日本において生物多様性国家戦略が閣議決定され，鶴見川流域が，そのモデル地域となった。鶴見川では，水系を軸とした流域群配置を基本とし，地形・ハビタット・種多様性に基づき，17の生物多様性重要配慮地域が選定され，公表された。この動きは，様ざまな開発計画の見直しを促すこととなり，源流公園，町田エコプランなどに反映された。

これらを背景とし，2004年8月，「鶴見川流域水マスタープラン」が施行された。マスタープランの骨子となる5つの分野は，①洪水に強い流域づくり，②清らかで豊かな川の流れを取り戻す，③流域のランドスケープと生物の多様性を守る，④震災・火災時の危険から鶴見川流域を守る，⑤流域意識をはぐくむふれあいの促進，であり，具体的展開に向けて，アクションプログラムとモデルプランが策定された。「水マスタープラン」の実施にあたっては，「鶴見川流域水協議会」，行政・市民による新たな意見交換組織としての「鶴見川流域水懇談会」等が組織され，新たな展開が始まっている。

■第III部　流域圏プランニングの展望

第11章，第12章において，「流域圏・都市再生へのシナリオ」の提示を行う。「第11章　流域圏・都市再生へのシナリオ―その1」（吉川勝秀）は，自然と共生するという観点から流域圏や都市再生についての事例を分析し，空間スケールと再生テーマについて整理を行っている。これを踏まえて，再生に向けてのシナリオを，水物質循環再生，生態系再生，都市空間の再生，複合的，総合的再生に分け，先駆的事例を示しながら，具体像について論じる。

「第12章　流域圏・都市再生へのシナリオ―その2」（岸由二）は，自然共生型都市再生の基本は，計画・活動空間の枠組みの地球化にあると論じる。ここで，地球

化とは，足元に広がるランドスケープの階層構造を計画の枠組みとして採用することにあるとした上で，階層的流域圏展開の事例を鶴見川流域を対象として提示する。

これらを踏まえて，「第13章　都市環境計画と流域圏プランニング」（石川幹子）は，流域圏プランニングの最小単位である小流域を基本とし，都市環境計画の新しい方法論を提示することにより，まちづくりと連動した流域圏プランニングの展望について述べる。

以上，本書は，「流域圏プランニング」の視点，現状，展望を述べることにより，20世紀の負の遺産を解消し，21世紀の新しい環境を創造することを目標とするものである。

I

流域圏プランニングの視座

第1章

都市の水使いと流域

丹 保 憲 仁

放送大学長
北海道大学名誉教授(前総長)
総合科学技術会議「自然共生型流域圏・都市再生」
　　イニシアティブ座長
前大学設置・法人審議会会長
前土木学会長
前国際水協会会長

第1章　都市の水使いと流域

■ はじめに

　人間は流域というもので動いているだけではない。東京へ行けば隅田川の流域，もしくは多摩川の流域，そして実際に使っている水は利根川の水というように，一つの流域だけに留まっているということはないが，人間が地面について何かをするというときには，やはり自分が生れ育った流域というものが基本的なものになるだろうと思うので，その話からしようと思う。

　これは月に行った最初の宇宙飛行士が撮った写真で，NASAの有名な絵である（❶）。地球は水の惑星といわれているが，必ずしもこの水を我々は上手に使っていない。もしくは，水がたくさんあることに甘えて，勝手にその上で生きているというようなこともあろうかと思う。

❶　水の惑星・地球を月から望む（NASA）

■ 近代の展開

　地球の水を自由自在に使えなくなってきたというのが現在であるが，最初に，その原因となった近代という時代の話を少しする。私は歴史学者ではないので十分には説明できないが，近代というのは，人類史上きわめて特異な時代である。皆さん方は非常に特別な時代の，それも，それが崩壊する寸前に生れ育っているのだということを認識してほしいと思う。皆さん方は多分認識していないと思うが，私は，近代というものがどんどん大きくなって強くなっていくのを意識するようになって60年，生れてからは70年生きてきた。ところが，あなた方は近代というのがもうでき上がったころに生れて，その崩壊をこれからみるだろう。もしかすると，その崩壊をあなた方がどうやって切り抜けるのかという，私の人生なんかに比べればはるかに難しい人生を送らなければならないかもしれない。しかし，その自覚がほとんどない。

　この絵をみると，一番左の端はローマの時代である（❷）。人間はほとんど農業を

西欧型科学技術が先導した近代

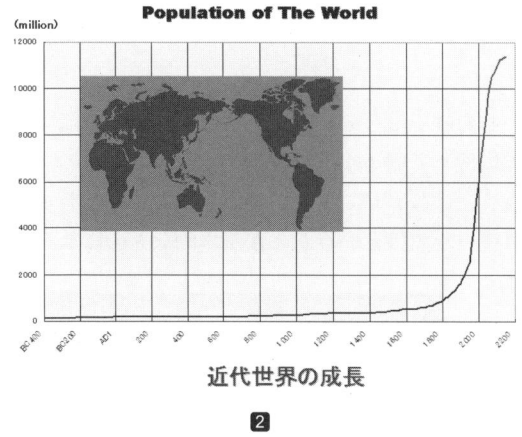

近代世界の成長

❷

ベースにして，人口が大して増えもせずに2000年やってきた。18世紀になり，我々の世界はエネルギー革命を迎え，要するに馬や人間の力ではなくて化石エネルギーを使ってエンジンをつくることを覚えた。汽車ができ，船ができ，そして内燃機関をつくって自動車・飛行機ができた。飛行機ができてたった100年である。たった100年でこんなにすごいことが起った。高速大量輸送というものが近代を支える基本パターンである。

　そして，もう一つ大事なこととして，近代化の直前にフランス革命が起った。フランス革命によって，自由，個人というようなことが，我々の重要な課題であり価値だと認識した。実は，これはヨーロッパの価値である。ヨーロッパの価値でありながら，それが世界の価値になったということが，近代の非常に大きな特徴である。それが拡大し，今はちょうど人口が60億人を超え，20世紀の終ったところである。この急激に伸びる線は，私が国連の各地域のデータを自分で足し算をしてここへプロットしたものだが，おそらく100億人から110億人ぐらいで，人口増加はとまるだろう。これだけをみれば，地球の人口は今の倍ぐらいになるだろうと思われる。そして今，もっとも急激に人口が増えているのだということがわかる。人口成長社会であるから，成長ということが今の世界の大きな特徴である。20世紀というのは，成長がイデオロギーであった時代である。成長というものが最大の価値だと思っているから，プラス成長かマイナス成長か，日銀総裁はじめ，みんなが必死になって，いろいろなことをいっているのである。マイナス成長というのは形容矛盾である。成長というものは，実は20世紀，近代のイデオロギーである。20世紀最大イデオロギーであった社会主義が完全に崩壊した。

　しかし，社会主義も資本主義も，成長というものを，進歩ということをイデオロギーにしたということでは違いがなく，進歩するもの，成長するものがよしとされた。ほんとうにそうなのであろうかということが，今，疑われつつある時代になっ

ている。❸をみてわかるように、人口が(約100年で)約4倍になった。そして、この間に水は10倍使われるようになった。人口が4倍になって、水使用が10倍、単純な計算で、1人の人間が世界平均で2.5倍の水を使うようになったということである。これは、近代の大量消費社会の特徴である。そして、エネ

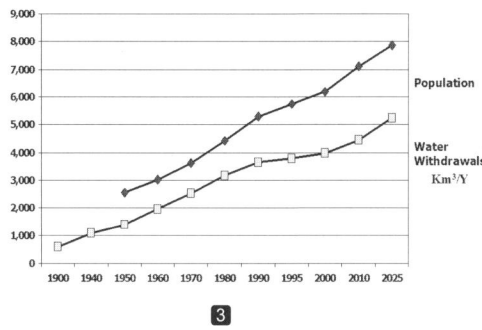

❸

ルギーも、この間で大体10倍使っている。人口が4倍で、1人当り2.5倍になった。皆さん方はまだ1年生か2年生で、熱力学をちゃんと習っていないかもしれないが、熱力学に効率という概念がある。入れた仕事と出した仕事の比である。人間はいろいろなことをいっても、生れて、最後は死ぬわけであるから、自分が生きて死ぬというその間でどれだけの物質を使うか、どれだけのエネルギーを使うかというのは、人間がもっている物理的な効率である。それが、後から出てくるが、実は1/4とか1/3に落ちてしまったのである。あなた方のおじいさんやおばあさんの時代よりも、あなた方はきわめて効率の悪い人間になった。いろいろな文化を進めたとか、学術が進んだというけれども、人間として生れて死ぬのは同じで、大して立派なことをして死ぬわけではない。そうなると、効率の悪い人間がうじゃうじゃと世の中にいるというのが近代の時代である。

その結果何が起ったのか。たくさんの人間が一生懸命に動き回って、人間個体のエネルギー、物質利用の効率が悪くなった代りに、何かを稼いだ。それがお金である。お金を多く稼ぐことに価値があるという時代である。❹は、2050年の地球の気温予測であるが、とくに北半球が激しく上がって、4〜5℃気温が上がる。4〜5℃気温が上がるということはたいへんなことで、これが、人間の使ったエネルギー、そ

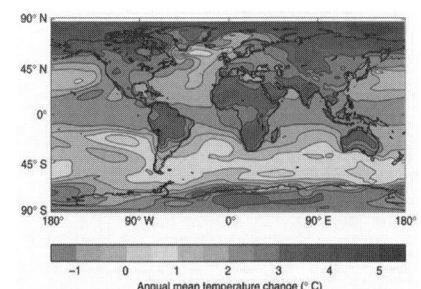

❹

れも化石エネルギーから出てくる温暖化ガスによって起る。これは皆さんもご存じのとおりですが，これがたいへんに重要だということを理解してもらわなくてはならない。

■ 成長の果てに

❺の第1行をみてほしい。人口は16億人から60億人，4倍になった。GDP—これは稼ぎである，お金である—これは17倍ぐらいになった。人口は4倍になったから，1人当り4倍稼いだ。これはアメリカや日本だけでなく，世界中の国を入れた話だからとんでもないことである。これだけお金を稼ぐようになった。非常にいい時代だということになる。今はたいへんに景気が悪いという話を聞くが，そんなことは我々の先祖に比べてみたらまったく取るに足らない話で，あなた方の世代ほど楽で，金が稼げて，飯が食えて，飢える人がいなくてということを日本は経験したことがない。

その次をみると，エネルギーを11倍使うようになった。やはり1人当り4倍ぐらい使うようになっているが，日本とアメリカでは，エネルギーの使い方が1人当り1.4～1.5倍ぐらい違う。アメリカ人はあなた方の1.5倍ぐらいのエネルギーを使って同じ1ドルを稼ぐ。あなた方は，アメリカ人よりも40～50％少ないエネルギーで同じ1ドルを稼ぐ。ということは，日本人のほうがはるかにき

```
┌─────────────────────────────────┐
│  あらゆる事が激変した20世紀という時代  │
└─────────────────────────────────┘
```
- 人口は4倍：16億人から60億人へ
- 世界経済GDPは17倍：1人当たり所得が4倍強に：20世紀終期の1年と17世紀の100年の成長が同じ
- エネルギ消費は11倍：工業化の急拡大：地球温暖化
- 水消費は10倍：潅漑農地の増大：水資源の枯渇(地下水位の低下，断流，湖沼の縮小)：水質汚染
- 農民1人で供給できる人口14倍(米国)：7人から100人へ：地域農業の偏在(崩壊)
- 非再生性資源の枯渇
  1人当たりの所得が4倍となるために，3～4倍もの資源やエネルギーを使う(人の効率が1/3～1/4に低下)

❺

ちっとした物質エネルギーの使い方をしているということになる。最近は3ナンバーの車が多い。こんなに狭い日本で，100キロ以上を出す道なんかはほとんどないから，そんな時代が長く続くわけがないのに，そんなことに価値があるとされる時代がここ20年ぐらい続いている。日本の車は小さくて質がいいということに価値がある。イタリアに行ってみると，でかい車などは走っていない。今の日本は異常な状況であり，3ナンバーの3 000 ccなんてばかげた車だと，だんだん皆さん方

の頭の構造が変るのだろうと思う。

■ 水の困難

　そのような人間の動きの中で，今日の主題である，水資源も枯渇した。これは一番重要なことである。今日の課題の中で一番怖いのは都市の問題ではなく，食物をつくる水がなくなってきたことである。あなた方は安い小麦でパンを食べている。たとえば，アメリカの中部平原にオガララの帯水層というものがあって，地下水をただ同様で汲み上げて小麦をつくる。南アフリカでも，中国の中・北部の平原などでも，そういう地下水がどんどん低下してきている。あるときにその地下水がぱたっとなくなったら，安い小麦はもう入ってこなくなる。世界の農業をみると，灌漑で水を送って農業が栄えても，水の蒸発で残った溶解塩害で，メソポタミア以来，ほとんどの灌漑農業は崩壊した。灌漑農業をしなければ，乾燥地域では，穀物はたくさんとれない。エジプトでは，アスワンダムをつくって灌漑農業をして，今はたいへんにハッピーであるが，いずれは，灌漑化の過程でアスワンハイダムをつくった結果，ナイル川の洪水がなくなって塩を洗い流せなくなり，塩害で畑が使えなくなる。日本と東南アジアの水田だけが，塩害の心配がなく継続的に，サステーナブルに，農業ができる唯一の農業システムである。ところが，米は日本でも皆さんが食べなくなった。米とパンでどっちがうまいかというと，パンが好きな人が多いのだろうと思うけれども，実は，環境問題の中では，米だけが，水田農業だけがサステーナブルなものであり得るということで，これからもまたいろいろな問題が起ってくる。

　例えば黄河では，すでに20回以上，河口まで水が流れない断流現象が起きている。おそらく，数百キロ上流の鄭州か徐州のあたりで水がなくなって，黄河最下流部は枯れ川になってしまった。これは上流で灌漑のために水をとったからである。中国という国は，共産主義政権下の，上から下へ命令が行く国だから，灌漑水をとるなと上流側に命令して上流で我慢をすれば，河口まで，黄海まで水は行く。それで今は，断流がなくなった。

　もうひとつ，アラル海がある。シルダリア，アムダリアというヒマラヤから出てくる川が，アラル海に入る前で，大規模な綿花生産の灌漑水に使われるようになった。カザフスタンや周辺の国々では，それでものすごく収入が上がったが，その反面，流入水を失ったアラル海はどんどん縮んでいる。綿花栽培では水を散布灌漑するので，水田のようには水が川に帰らず，蒸発してしまう。アラル海がどんどん縮

んで，いずれアラル海はなくなってしまうだろうとまでいわれている。こういうことが続々と起っている。さらに，水質汚染ということがいろいろな場所で起って，もしかすると農薬なんかの汚染が人間の命取りに近い問題になるのかもしれない。

■ 緑の革命，WTO

❺の5番目をみてほしい。一番農業の生産性が高いのはアメリカであるが，今世紀の初め，1人のアメリカの農民が食べさせることのできる人間の数は14人だった。農民1人が14人の非農業人口を養っていたのである。今は，100人を養うことができる。もっと多いかもしれない。1人の農業者が100人の非農業者を養うことができる。ここから何が想像できるだろうか。1つは，水さえあれば，大規模な機械農業によって農業も工業化できた。大量生産ができた。そうすると，安くつくれるところの農作物が，安くつくれないところの農業をどんどん圧迫してしまう。日本の農業が，アメリカ産の農業産品の輸入で押しまくられている。WTOシステムといわれているもののうちの大きな割合を占めるのが，農業産品の自由化である。それでは，なぜそんなものを受け入れなければいけないのかというと，後でも話すが，日本はこの国土の上で，グリーンに（太陽エネルギーをベースにして）暮らせる人口は4 000万人，多く見積もって5 000万人だろうと思われる。この数は適正かどうか知らないけれども，5 000万人が無理のないところだろう。今，日本の人口は1億2 600万人である。来年がおそらくピークになる。そうすると，それから5 000万人を引いた7 500万人が，国土の自然の上では過剰人口である。皆さん方は自分が過剰人口だと思ったことはないだろうが，7 500万人減ってバランスがとれるのである。死ぬわけにはいかない。だから，外国からエネルギー，原料を大量に輸入し，工業をやり，知能を高め，パテントを取り，大学まで競争の中に巻き込んで，そして，物をつくって売りまくる。売りまくって，稼いだ上がりで7 500万人の過剰人口を養っているわけである。そうすると，向こうもただ買ってはくれないから，「自動車を買ってやるから米を買え」「麦を買え」「私の綿を買え」というわけである。それがWTOのいう世界貿易である。将来，世界が非常に成熟してくれば，お互いが等価に水平貿易というものができるが，今は水平ではなく，大人口を支えるために大量輸出，大量輸入ということをやっているわけである。したがって，それをきちっと理解しておかないとたいへんなことが起る。自分が過剰人口の一員であるということの自覚がぜひ必要だと思うので，理解をしておいてほしい。

第1章 都市の水使いと流域

■ 食物不足の恐れ

今後何か起るかというと，世界大成長を支えた非再生型の資源というものがなくなる。石油がなくなることはずっと前から皆さんもよく聞いているだろうと思うけれども，石油だけではない。一番怖いのは，とにかく食糧である。今，食物はあふれているから食べ残しをする。ホテルでパーティーをやれば1/3ぐらいは残る。こんなことが続くわけがないのである。私が大学に入ったのは昭和26年で，そのときにようやく，米をもたずに宿屋へ行けるようになった。その前は，私は北海道にいたから，東京のおじの家に来るときにも米の袋を1升ぐらい提げてきたものである。そういう時代を経ているので，食物がないということがどんなことになるのかということをよく経験している。ところが，今は食物は金さえ出せば手に入る。牛丼が食えないということがコンプレーンの最大のものになるというような，非常におもしろい国になってしまった。

いろいろなことをいったが，この話は世界の平均の話である。ところが，世界というのは，本当は，非対称である。文明，文化，みんな非対称である（**6**）。

■ 世界の非対称性

世界が非対称だと思っていないと，いろいろなことで誤解を招く。したがって，善意で外国へ出かけていっても，日本でやればいいことでも，よそへ行ってやって失敗してくる人がたくさんいるわけである。**7**をみてほしい。今，世界で人口が成長しているのはもっぱらアジアである。アジアが人口成長の最大地域である。大きいのはインドと，

21世紀初頭の世界

歴史的発展段階の非対称

（文化と文明）

6

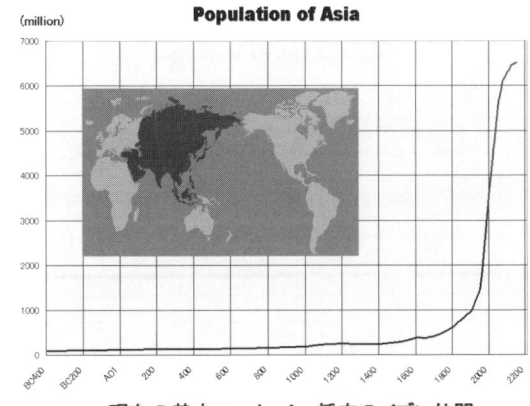

現在の基本マーケット，将来のイブン仲間

7

第 1 部　流域圏プランニングの視座

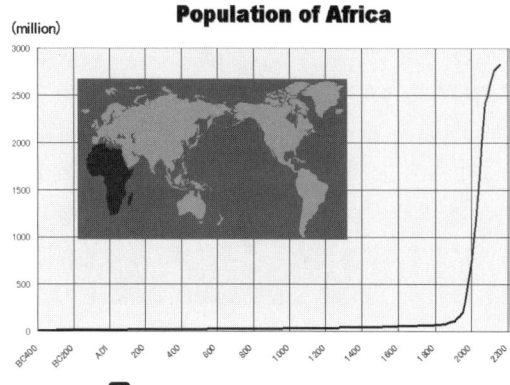

8　アフリカは人口増加が始まった

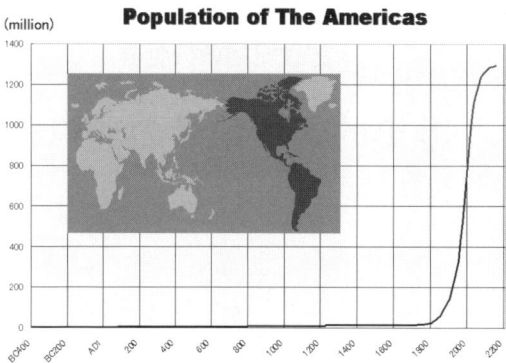

9　全アメリカ大陸の人口は未だ成長中

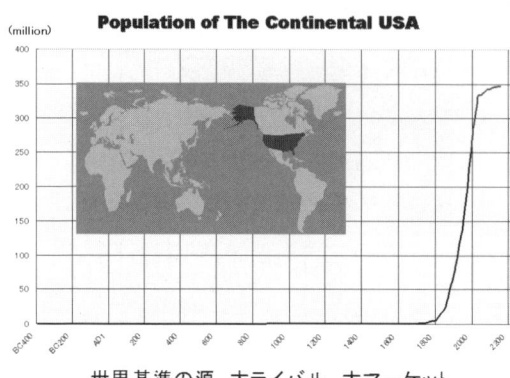

世界基準の源，大ライバル，大マーケット
10　北米の人口は，伸びの先が見えて来た

　もしかすると中近東。大体17億のイスラム系の人がいるけれども，その部分の人口増加がものすごく激しい。中国はもうそろそろとまりかけるが，アジアが猛烈に伸びているのだということがわかる。
　アフリカをみてほしい。アフリカは伸び始めている。伸びる先をみると，このグラフは，最大30億人である。アフリカはこんな伸び方をしているが，私は，もしかするとアフリカはもうある一定以上は伸びないだろうと思っている。これは後からまた述べる（**8**）。
　アメリカ大陸全体では今，ちょうど世界と同じ最高速度で伸びている（**9**）。しかし，**10**をみてほしい。皆さん方がアメリカというときには，普通は南米を含まないが，南米のブラジルは伸びており，北米のアメリカ合衆国とカナダは伸びていないのである。予想される最大人口の8割方に近いところを今北米は通っている。
　私がアメリカに留学していた40年前，ちょうど1960年代の初め，50年代の終わりが，ケネディの時代である。このときのアメリカは，人口の最大成長

率を示していて，ものすごく安定していて，非常に暮らしも楽だった。その時点で Last War 前の戦争というと Japan Pacific War ではなく，Korean War だったので，私は敵国人扱いされなかったが，私の数年前の先輩はアメリカへ行って，敗戦国から来た昔の敵国人だという扱いをされている。僕は飛行機でアメリカへ留学できた初めての世代である。僕の5年前はみんな船で行った。それから，アメリカはどんどん伸びたが，私が日本に帰った後に Vietnam War が始まった。そして，アメリカは危なくなる。❿のグラフの2000年のところで，アメリカは最大成長の終りをもう見せ始めた。しかし，アメリカ人は自覚していない。世界中から，アメリカンドリームで，もっとも優秀な人間を半世紀にわたり集めて，活力を高め続けた。第2次大戦が終ったときにはイギリスから，イギリスは勝ったけれども国が疲弊したから，イギリス人がアメリカへ大量に動いた。次は，ドイツが大目にみてもらって，ロケットのフォン・ブラウンをはじめ，アメリカへどんどん動いた。それから，日本からたくさん行った。留学当時，アメリカの大学の卒業生のトップには，ずらっと日本人が並んでいた。今は，韓国や中国がずっと上に入っている。ここに，その国がもっている成長の勢いというものがある。アメリカはもう最後の成熟期を通っているものの，まだ世界最大・最強の超大国で，アメリカ帝国だということは間違いのないところである。

中国は発展途上国だという。いろいろな意味でまだ途上国であるが，実は，人口の成長からみれば中国ももうそんなに先はないのである。非常に心配する人は，オリンピックが終ると，中国も厳しくなるのではないかという。その中国は，そんなことにならないように，必死になって西部大開拓といって，揚子江の水を北まで上げてきて，水のない北京のあたりを何とかしようといっている。たいへんなところである(⓫)。

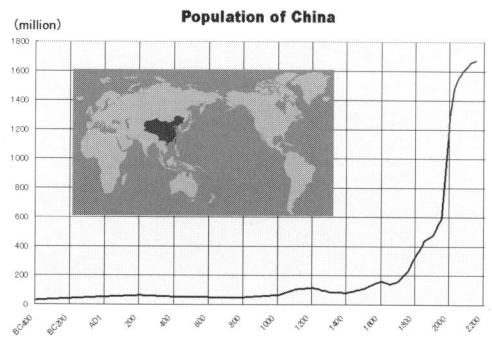

⓫ 中国の人口の推移と先の限界

大パートナー，大マーケット，未来の同志か？ 恐るべき隣人か？

第1部　流域圏プランニングの視座

■ 人口の成長の止まった先進地域

　これをみると，近代という時代をつくったヨーロッパという国々，EUは成長をとめて，人口は「振動」に入った。これをみると1400年のところに「へこみ」がある。これはペストの流行で，ヨーロッパの人口の1/4が死んだことを意味する。1/4が死ぬと，残った3/4は，生産手段もみんなそのまま利用して生きられるので，非常にハッピーである。その結果，ルネサンスが起り，それから科学といった，人間の余裕から生れるような知的活動が起ったということもできる。これはヨーロッパ近代の始まりである。ルネサンスが起ったのも，人口の25％が死んだからである。戦後の日本が猛烈に伸びたのは，200万人の，もっとも優秀な若者が戦死してしまったからである。仲間のうちの優秀な連中が死んでしまうということが残った優秀な連中にいかにチャンスを与えるか，これは表現の非常に悪い，汚い表現であるけれども，これはルネサンスがいみじくも示している。そして，ヨーロッパは近代化した。その結果として，17世紀の終りにエネルギー革命を迎え，フランス革命を起こし，ヨーロッパの近代というものをつくったということができる。

　⓬のこの横軸をみてほしい。このときのヨーロッパの人口は1億人である。世界の人口が4億である。そうすると，ヨーロッパが1億，中国が1億，インド圏が1億，その他圏が1億である。アメリカはないのと同じであるから，ヨーロッパ文明というのは世界の4分の1文明である。それが産業革命を経て，英国が世界を制覇するビクトリア朝にいたる250年，300年の間で，ヨーロッパ文明は世界の標準文明になった。皆さん方が普通の価値だと思っているものの大半はヨーロッパの価値である。皆さんがもっているいろいろな道具は，ほとんど全部ヨーロッパ起源の道具である。したがって，我々が生きている文明というのはヨーロッパ文明である。

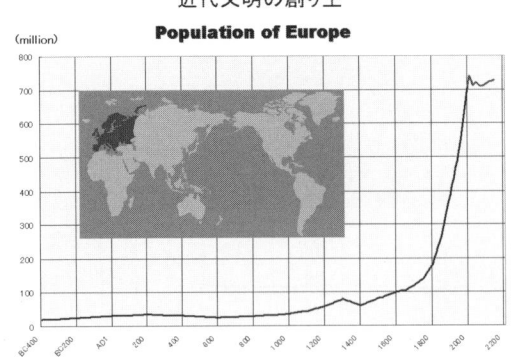

⓬　ヨーロッパの人口は振動に入った

■ 日本の近代

　日本は明治維新に国を開いて，ヨーロッパ文明をものにした。日本には「近世」というたいへん進んだ時代があったので，すぐに西欧近代文明をものにできたのである。ヨーロッパ文明に対して異議申し立てをしているのはアラブの文明圏である。ヨーロッパとアラブの文明というのは対等の文明で，中華文明圏と対等の力をもっていた。ご存じのように，実は，十字軍のときに，アラブからいろいろなものを習って，ルネッサンスを迎えてヨーロッパがふたたび立ち上がったといわれているわけである。梅棹忠夫さんという文化勲章をもらわれた方の『文明の生態史観』という今から30年前の本には，つぎに必ずアラブの復権が問題になるということが書いてある。

　日本をみると，私が生れた1930年代の初めの日本の人口は7 000万人だった。今は1億2 000万人である。そして，私は70年生きているが，これから70年たった2000年の後半に，日本の人口はまた7 000万人に戻る。私の人生たった2つで人口が5 000万人増えて，5 000万人減る。戦争もせず，大きな疫病もなく，こんな人口の急激な大増減をする国は世界の歴史上あったことがないのである。これが，今皆さん方が直面している課題である。都市問題も教育の問題も，いろいろな問題もみんなこれとリンクする（⓭）。

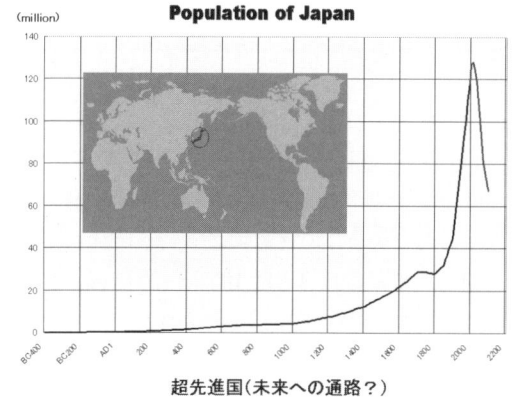

超先進国（未来への通路？）

⓭　日本の人口の急増減

　1500年，ヨーロッパではペストが流行しヨーロッパの中世が崩壊した。実は，このペストというのは中国，アジアの風土病で，ジンギスカンの軍隊がもっていって抵抗性のなかったヨーロッパ人が死んだのではないかという人もいる。日本は徳川時代の270年間国を閉ざした。人口が3 000万人で，農業，太陽エネルギーをベースにした社会であった。しかも，徳川の末期というのはただの単純な農業社会ではなく，手工業がものすごく発達した。それから北前船とか廻船が発達して，日本沿岸の航路は非常に整備され，日本は農業をベースにした商業で徹底的に成熟した。その文明がそれ以上行けなくなった。つまり，農業をベースにした，すなわち太陽

第1部　流域圏プランニングの視座

エネルギーと有機物をベースにした文明というものは，この島では，人口3 000万人で崩壊したのである。さっき私がこの島では5 000万人ぐらいしか生きていけないのではないかといった論拠もここにある。北海道が加わった。今は600万近い人口がいる。それから，太陽エネルギーを固定する技術がいささか進んだ。しかし，太陽エネルギーを固定する能力が一番高いのは植物で，ほとんどの太陽エネルギーは植物で固定されている。それをこえるエネルギー獲得の効率を我々はなかなか得ないので，山勘で，日本の北海道を含む四つの島の自然の人口収容能力は5000万人がいいところだろうといったわけである。しかし，日本は明治維新後にヨーロッパへ物を売って，また買ってということをして急速に国を開いて人口が成長した。『坂の上の雲』という司馬遼太郎の小説がある。皆さん方の世代はあれで初めて明治のことを読んだのではないかと思うが，皆さん方にとって太平洋戦争は60年前の話である。私があなた方の世代のときには日露戦争は50年前よりももっと近かった。私にとっては日露戦争というのはあなた方にとっての太平洋戦争よりもはるかに近い戦争だった。僕の祖父は日露戦争にも日清戦争にも行って，その戦争の話を，僕は聞いているわけである。あなた方には太平洋戦争というものはもう歴史上の話になっているわけで，人によっては「アメリカと戦ったの？」なんていう人もいるぐらいである。劇画では日本がドイツと戦っているようなものまでたくさん出てくる。私は中学1年生でアメリカと戦うつもりでいた世代であるから，戦争を続けなくてよかったと思うけれども，こういう時代もあった。

❶❹をみてみる。日本は1950〜70年代に高度成長期に進んだ。この一番左のほうはオリンピックである。成長率12％。今，中国の成長率が10％前後で，まったく同じである。40年おくれで中国は日本を追っている。そして，急に落ちたのが第1次石油ショックである。ちょうどこのとき，私はモスクワにいて，日本に帰ってきたら，もっていった金が，わずかの金であるが，10万円以上目減りしていた。この時成長率がいっぺんになくなった。その後，いろいろと工夫をして

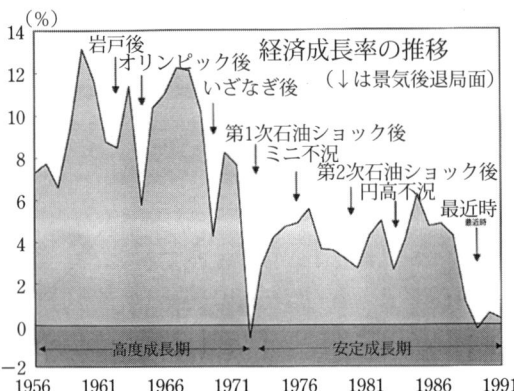

❶❹

回復した。右端が1900年代の終りで，20世紀の終りである。成長率が負になった。そして，今また3％ぐらいに回復した。これはちゃんと回復したというよりは，振動していきながら，だんだんフラットなところに収斂してしまうという状況だと思う。安定成長期から安定平衡時代へと移行している。アメリカもつい最近，10年ぐらい前にものすごい膨張があり，アメリカの友人が，アメリカの新卒の給料はこうこうこうだとずいぶん威張った時代がある。「今にバブルがはじけるぞ」といったら，今，はじけた。これは中国もまったく同じである。世界中で同じだと思う。

■ **成長の終焉**

⓯は，フランスの衛星写真をつなぎ合せただものである。日本だけがぎらぎらと輝いている。アジアでは中国の沿海地帯が少し輝いている。それからヨーロッパが輝いている。アメリカの東側が輝いている。アメリカの西側でカリフォルニアがちょっと輝いている。ここは，砂漠に，コロラド川から無理やりに水を収奪してつくったロサンゼルスという町やサンフランシスコであるから，後で水問題について話すが，水というものがなければ，世界で第何位かのGDPをもっているこの地帯は壊滅する。アフリカは真っ暗である。南アメリカも真っ暗である。中国の深部も真っ暗である。ロシアの北も真っ暗である。

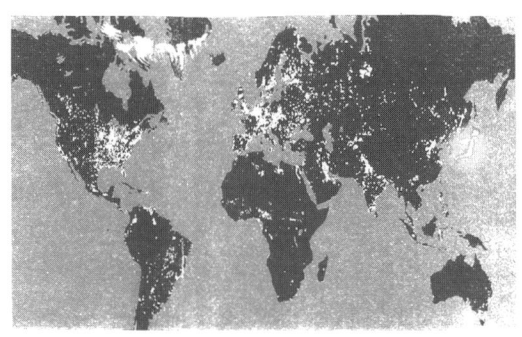

⓯ 人工衛星写真で見る地球

世界が成長していくのではないかといっている中で，何が起るのだろうか考えてみよう。20世紀というのは成長の時代である。成長思想がイデオロギーになった時代であると理解してほしい。イデオロギーであるからいい，悪いは関係なく，それが目的みたいになっている。ヨーロッパや米国の大邸宅からバングラデシュの草ぶきの屋根までの分布があるから，さっきの人口の話は平均値である。だから実際には，途方もない差がある。

情報化というものが進み，皆さん方はテレビの画面で，世界中で起ったことをい

つもみている。その画面をつくるマスメディアというのは自分の意思で選ぶから，その意思にないものは見せてくれない。こういう中で世界中をみて，何もかも知っているような気になる。しかし，実際は，あなた方はこの狭い東京の周辺でしか生きていないわけである。たまに旅行をするぐらいである。私は北海道で育った。北海道大学の総長の時代には，週に1～2回は東京に来るという経緯を経て，日本は，何という中央集権の国だろうと思った。東京というのは奇怪な，巨大な奇形都市だと思った。それで，総長が終ったら，東京を自分の目でみてやろうということも一つの動機で放送大学へ移った。江戸へ出てきて，やはり奇妙な都市であるとの思いを深くした。東京で生れ育った人は多分気がつかない。私の弟も東京都庁の建設本部長で，新宿の都庁舎をつくった東京都の建築屋のトップだったが，北海道から出てきた。北海道大学を卒業した。私の世代には，根っこは田舎というのがたくさんいるわけである。ところが，あなた方の世代になると，僕の長男のお嫁さんもそうだし，孫もみんなそうだが，東京で生れて東京で育っているから東京以外は知らない。田舎というものはない。東京の私のマンションにはスコップもない，鍬もない。のこぎりもない。長靴も1足しかない。地方の都市に行ったら，そんなことをしていたら生きていけない。土とつながらない生活というのはないのである。

そして，学校へ行って頭の中だけで勉強する。後から話すが，学校というところで何でも習えると思うのは幻想で，学校では一定の手順しか教えてくれない。水も蛇口をひねれば出るから，その水が川に流れ出るところを自分の足で踏んだことはない。こういう都会型の大学で学んだ人たちにとってこれは，ある意味で人生に大きなハンディキャップがあるので，非常に気をつけていろいろなものをみて育ってほしい。これはたいへんなことだと思う。

■ 超先進国(?)日本と途上国

それで，もし，今，ここで皆さん方が享受しているような生活を世界中の人がやったとしたらどうなるのかを考える。ただの足し算であるが，世界中が日本人，アメリカ人の暮らしをしようと思ったら地球が3つ，4つ必要である（⓰）。しかし地球は1つしかない。ということは，無理だということである。無理ならばどうするのかということがこれからの最大課題でもある。日本の人口が今減り始めているが，へたに減ると，日本は滅ぶ。うまく減らせば，日本は次の文明にステップインした世界の超先進国になる。皆さん方が得意の「超」「スーパー」が頭についた先進国になる。そういう意味ではアメリカはまだ途上国である。まだ発展している。そして，

力がある。中国はまったくの途上国である。自分たちが踏んでいる文明の段階というのは，皆まったく違う。これは，私が申し上げている「世界はアン・シンメトリーだ」ということである。アメリカングローバリズムで競争をする。後で競争しないとたいへんだということを話すけれども，アメリカングローバリズムによる

地球を押しつぶす圧力

- 「イデオロギーとなった成長」の限界
- 地球上には西欧の豪華な大邸宅から，アフリカ・バングラデッシュの草葺き屋根の小屋までの分布がある
- 情報化の進展でグローバル化した経済が競争して豊かさを求めても，合衆国のレベルの暮らしを，21世紀末の100億人がすると「地球が4個」程いることになる
- アメリカングロバリズムによる競争の余地はほとんどない，走る道がなくなるまで自動車を造りつづけられわけがない
- 駆動力（エネルギー源）の「石油も1世紀は持たない」，温暖化で化石エネルギーも使えなくなる
- 水資源も枯渇し，漁業も，牧畜も，農業も困難に：「肉から穀類に‥‥」「アメリカンドリームの終焉」

❶⓰

競争というものは無限には存在できない。おそらくもう半世紀は難しいと思う。1世紀は絶対に続かない。半世紀というと，あなた方が私の年になるときである。もうそのころには，競争することが美徳ではなくなるという時代がおそらく世界中にあらわれる。少なくとも日本とヨーロッパとアメリカにはあらわれる。そのために，これからどうしたらいいだろうかということをあなた方は考えておかないといけない。世界はその内に非常に違ったことにステップインしていくわけである。

■ 成長の次の時代：成熟へ

エネルギーも，石油はもう1世紀はもたない。エントロピーということを習っていると思うけれども，熱量 Q を絶対温度 T で割ったものがエントロピーの一番簡単な定義である。Q を T で割る。だから，温度が低いということは，割る分母が小さいからエントロピーが大きくなる。エントロピーが大きいということはエネルギーの質が悪いという意味である。エントロピーというのは小さいほどいいのである。全部大きくなって無限大になると死の世界ということになるわけであるが，エントロピーのことを考えてみる。

石油で電気をつくる。この電気は電気分解をしてものすごく高い温度も出せる。ところが，皆さんがご家庭で，暖房として石油を焚いて温まる40℃というのは，分母が40，絶対温度 T でいくと273を足せばいいのだけれども，エントロピーの高い温熱をつくるから，石油のような貴重な資源を，そんなエントロピーの高いものに一挙に下げる使い方をするわけにはいかない。これはどうしたらいいのだろう

かと考える必要がある。これからはエネルギーというものを質で見なければいけない。

　これは水の話でもまったく同じである。皆さん方は水道の水を1トン200円で買っている。その水は飲める水である。どうして水洗便所に流す水，庭にまく水まで飲める水でなければならないのか，そして，それはどうして1トン200円で買えるのかと考えたことがあるだろうか。その辺にペットボトルを置いている人がいるけれども，ペットボトルの水は1トン20万円である。1トン20万円の水は飲む水である。水道の水は1トン200円である。それをどういう価値として認識しているのだろうか。200円の飲み水と20万円のペットボトルの水があって，何とも思わずに，ペットボトルを飲んでいる。水道の水を飲んで困ることは日本の国ではまったくない。どんな水道の水だって飲める。蛇口からじゃんじゃん飲めばいいのである。それが快適ではなくて，ペットボトルの水を飲まなければならないという時代は何だろうかということも，これからきっと考えることになるだろう。逆にいうと，では水道はどうしたらいいのだろうか，下水道はどうしたらいいのだろうかという話にもなると思う。もっと怖いのは，水資源がなくなってきて……。水は太陽エネルギーで平均10日に一度循環して地上に戻ってくるから，量はなくならない。人口は減るのであるから。水道水の質がどんどん悪くなってそれが使えなくなったというのではなく，実は，あなた方がペットボトルを，何となく飲んでいるのだと思う。もしかして，僕は，これはファッションで飲んでいるのではないかと思う。ちゃんと価値判断をして飲んでいない。皆さん方の世代は価値判断をあまりしない。しなくていいぐらい世の中は豊かであらゆるものが非常に安全な時代になっている。その中でいろいろなことが起った。

■ 近代は科学技術先行，学校教育の時代

　近代は科学技術が先行した時代である（**17**）。科学技術というのは単純である。ある問題を一定の手順で説明して，その手順に従えば結論が出る。学校というものがそれを教える。学校に行って習っている。日本中に賢い人が1学年に10万人もいるはずがない。おそらく，ほんとうに賢い人は1万人だって私はいないと思う。そうなると，そこそこの人がたくさんいるわけであるから，そこそこに賢い人，ちょっと賢いぐらいの人でも役に立って，職業が成り立つためにはどうしたらいいのか考えてみた。学校に行くのである。高等教育，大学に行くのである。大学は何をするのかというと，学部・学科という制度をつくる。この藤沢キャンパスはちょっと違

第1章　都市の水使いと流域

うようであるが，それにしてもその変形みたいなものであるが，一定の手順に従えば一定の結論に達するということの，手順論を習うのである。それがあまり賢くない頭でも理解できて使えるためには，あらゆることを勉強するわけにはいかないから，勉強することの範囲をぐっと限定する。自分の習ったことについては理解できる。習わないことはまったくわからない。近代の大学(高等教育)の学部学科システムはそういう教育

近代文明：科学技術準拠

- **科学・技術先導**：要素原理型，学習可能，学校教育水準基準の単純化許容，精密化は細分化による
- **近代産業**：単様で高速大量輸送に支えられ，大型化しようとする
- **成長型社会**：成長が駆動力として働き，個々の産業の成長が，総和として人類の福祉と健康を増進した(人口の大増加)。経済成長を唯一の目標とした時代
- **エネルギー・物質の多消費**：生物個体(ヒト)のエネルギー効率等の大低下
- **ヒューマニズムの時代**：人間の卓越，ヒトとヒトでない生物の2種類が地球にいる(極端な人種差別)

⓱

体系である。ほかのことに興味をもたなければ，一生わからないで，そのまま棺桶に入ってしまう。ところが，世の中が複雑になってきて，生涯学習ということをしないと，たかだか大学で3年か4年習った知識で人生の終わりまで行くということが難しくなってきた。私が学校を出たときには，同年代の人間の10％しか大学に行かなかった。私は土木という学科を出たけれども，土木工学科をもっている国立大学は東大と京大と九大と北大の4つしかなかった。定員は各学科25名だった。ということは，そこを出れば確実にその分野のエリートであるということになるわけである。ところが，今，日本中で土木に関係する学科は80学科くらいある。そうすると，大学教育というものは普通の教育になってしまった。30％が大学に行くということを日本は1970年代に達成した。何が起ったかというと，大学紛争が起った。大学はもはやエリート集団の教育施設ではなくなったということである。そして，今は50％が行く。これはユニバーサル教育というが，ユニバーサルというのは何でもありということで，今，大学に行くこと自体には何の価値もない。何を学ぶかということが明確に必要である。高等教育をみんなが受けられるという時代になった。そして，一生勉強したければできるという時代である。

　近代産業というのは，非常に簡単な原理の上で大型化しているところから始まった。日本の代表産業の一つは製鉄業であるが，これは，昔からの，炭を使って砂鉄を蒸し焼きにすると鉄ができるという原理に変りはない。それをいかに上手につくるか，大量につくるかということで新日鉄のような巨大な産業ができたわけである。

そして，日本にない鉄鉱石をオーストラリアから運んできて，また，日本にない石炭をオーストラリア，アメリカから運んできて，日本は世界最大規模の製鉄業で飯を食べた。臨海工業地帯ができて，その廃棄物だけが日本に残った。これは公害の時代，1970年代の話である。近代産業はそうやって大きくなった。そして，成長ということが価値であった。先ほどの絵で見たように，人口が猛烈に増えた。経済成長を唯一の目標としやってきたのが，あなた方のお父さんたちの世代である。私の世代である。その結果，エネルギーや水をむちゃくちゃに使った。人間の効率が落ちた。もっと言えば，人の価値が落ちた。そして，世の中が非常に複雑になって競争になった。

■ 近代の思考

　そういうものを引き出した基本のもう一つは，フランス革命である。フランス革命が我々に与えた大きなインパクトとは「ヒューマニズム」である。デカルトの話を聞いたと思うが，「我々が認識するから物がある」という，もっと別な表現をすれば，ものすごくおごった人間の価値観である。人が認識しない物はないことである。これが西欧文明の流れの上で我々がもっている基本認識である。もっと別な表現をする。私どもの体に何かをして実験をすれば人体実験，生体実験である。満州国で，当時の九州大学の教授が，撃墜したB29の操縦士の人体実験をして，皆，極刑になった。そういう時代がある。人体実験は今でもいろいろと問題になる。ところが，犬にパイプをつけてそれで実験をしても，それは構わない。犬は人間ではない。人間と人間でないものを峻別する。これが「ヒューマニズム」である。何も，心優しき人々が「ヒューマニズム」ではないのである。もっと遡れば，人間というのは白人だけだった。白人と白人でない者を峻別する。だから，平気で植民地がどんどんつくられた。日本は朝鮮と台湾で，ほとんど同じ人種の中で植民地をつくった。しかも朝鮮は独立国であったから，日本はいまだに恨まれている。ケニアを植民地にしたイギリスはそんなに恨まれてはいない。これは，まったく違ったところに違った価値観で，けっしてイギリス人はケニアの人と溶け込まなかった。これは「ヒューマニズム」というものが白人と白人でない者とを峻別していたからであろうと思う。

　私がアメリカに行ったときには黒人と白人はまったく違った。私は南部のフロリダ大学にいたが，私は，白人の仲間に近いところにいたと思う。歩道を歩いていて，黒人が向こうから来ると，黒人は歩道から車道におりて私が通り過ぎるのを待った。1960年代初めというのはそういう時代であった。北部へ行くと，黒人の男が白人

の女と手をつないで歩いていてびっくりした。道路を，リンカーンのような高級車に乗ってびゅんびゅん走っている多くの黒人がいた。これはステータスで，北と南では違った。フロリダ，ミシシッピ，ミズーリ，アラバマなどでは，ゆっくり走っている車はじいさんの車か，黒人の車である。速度制限の60マイル/時で走ると白人の警官から速度違反に問われる可能性がある。したがって，絶対に文句をいわれない50マイル/時で走る。であるから，道路をゆっくり走っている車は黒人の車であった。フロリダ大学に初めて黒人の学生が入って，セグリゲートがコングリゲートになったのは私がアメリカにいるときである。黒人の学生が2人，フロリダ大学に州兵の護衛つきで入ってきた。大きな大学であるから，どこにいるのか実際に見たことはないが，新聞には毎日出ていた。そういう時代を経て，今のアメリカは，いろいろなことが改善されつつあるが，まだまだ十分とはいえないと私は思う。

　このように「ヒューマニズム」というものは，実はたいへんなもので，我々はその上に成り立った近代という世界をつくってきたのである。

■ 水資源の不均等分布：水文大循環

　水の話に戻るが，地理的な非対称性というものがあるが，それにもかかわらず，都市システムというのは均一である。近代都市なのである(⓲)。近代都市というのはヨーロッパで発達したもので，アラブや日本には，近代都市というものはない。全然違う都市をもっていた。

　水というのはいろいろな使い方をされていた。ところが，近代都市ではみんな上水道と下水道で水利用をまかなう。水が欲しいといったら上水道をつくれ，上水道をつくる水が足りないなら，きれいな水を上流にダムをつくって確保（生み出せ）せよという。一方向のベクトルで施策が進行した。水がほしい。上水道をつくれ，水がないならダムをつくれ，それでもだめなら近隣の河川からもって来いということになる。それでいいのだろうかということが，今，問題になり始めたわけである。

　水のサイクルが，地球上で毎日動いている。太陽が水を蒸発させる。木の葉っぱの表面から出るのを蒸散/トランスパレーション，地面とか海面から出るのを蒸発/エバポレーションという。双方を足して蒸散という。これらは，太陽エネルギー

地理的非対称性
にもかかわらず
近代都市水システムの画一

（気候と水文大循環）
アジアモンスーン地帯と砂漠半乾燥地帯

⓲

で蒸発する水で，終りに空を雲になって飛んでいって，山にぶつかったりして雨になる。水蒸気が空にどのくらいいて雨が降ってくるかを計算すると，世界の平均は10日弱である。空気中にある水蒸気の量を降ってくる雨の量で割ると，雨というのは蒸気になってから10日目ぐらいに降ってくるということになる。水は10日に一遍循環してくる高速循環資源である。木は100年か200年かかって腐って，野菜と食物は大体2年に一遍ぐらい回る。水は10日に一遍である。東大の生産技術研究所の沖大幹さんという若いなかなか元気な助教授が，こういうことを一生懸命に研究していて，沖さんにこの話を聞くと，同位元素を使って，その水はどの辺で蒸発してきたのかということがわかるというのである。僕は山勘で2～300kmだろうといっていたら，やはりそんなものであった。彼はちゃんと同位元素で調べ，日本に降ってくる雨は，南風と北風で違うようであるけれども，300kmぐらい先で蒸発した水がきているということを，話してくれた。

水は平均して10日で1サイクル回る資源だということを覚えてほしい。太陽の力で，回るのである。そんなに早く回る資源だからこそ，ちょっと早く回ったら洪水になるし，ちょっとゆっくり回ったら渇水にもなる。早く回らない資源に洪水や渇水はない。水は高速循環資源だからそういうことが起るのである(⓳)。

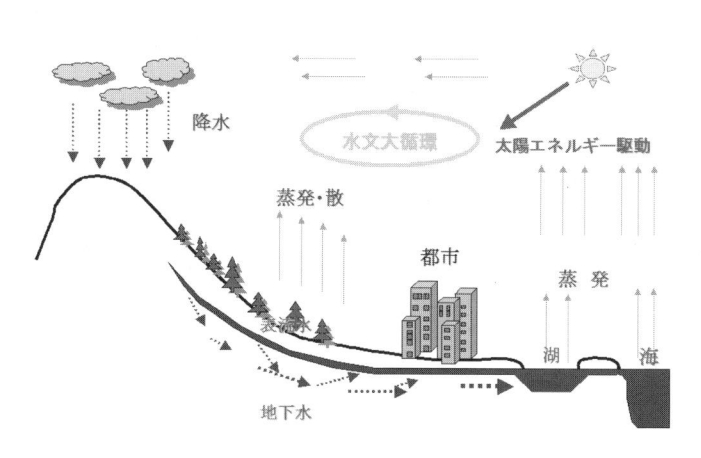

水文大循環サイクル
⓳

■ 地球上の水の存在

⓴の中でみてほしいのは，この赤字で書いたところ（「河川水」「湖沼水」「土壌水分」）である。地上にある淡水の中で一番たくさんあるのは湖沼水で0.009%である。川の水は，もう1けた下である。それから，土壌水分がある。もうちょっと下の水

第1章 都市の水使いと流域

を我々は使っているが、これを全部足しても0.01%である。この湖沼水の0.009%に端数を足していくと約0.01%になる。地球上の水のうち、我々が使える淡水は0.01%しかない。大半の水は海水である。それから、淡水もほとんどは南極と北極の氷の中に閉じ込められていて、100万年オーダーの循環をしている。したがって、我々はほとんど使えない。

地球上の水の存在量

地球上の全水量	$136 \times 10^7 \mathrm{km}^3$	100%
海水の総量	$132.3 \times 10^7 \mathrm{km}^3$	97.3%
淡水の総量(地表)	$3.67 \times 10^7 \mathrm{km}^3$	2.7%
水蒸気(大気中)	$13 \times 10^3 \mathrm{km}^3$	0.001%
河川水	$1.25 \times 10^3 \mathrm{km}^3$	0.0001%
湖沼水	$125 \times 10^3 \mathrm{km}^3$	0.009%
(深層までの地下水)	$835 \times 10^4 \mathrm{km}^3$	0.61%
土壌水分	$67 \times 10^3 \mathrm{km}^3$	0.005%
氷(極・氷河)	$2.92 \times 10^7 \mathrm{km}^3$	2.14%

20

アラビアや、ロサンゼルスで、氷山を5万トン級のタグボートで引っ張ってきて紅海やロサンゼルスの沖で解かして使おうという計画が今から30年ぐらい前にあったが、そんなことはできないで終っている。いろいろなことがあるが、淡水というものはものすごく少ないということをまず理解してほしい。

前に、水がいろいろなところにある、ないという話をした。一番水のなさそうなところの一つがサハラ砂漠である。昔はここにマンモスもいたらしいのであるが、サハラは今世界で一番雨の少ないところである。サハラ砂漠のエジプト側に寄ったあたりでは、1年間に3mmしか雨が降らない。一番降るところは多分バングラデシュだと思うが、1年間に10～20mぐらい平均的に降るところがかなりの面積である。3mmと10m、雨の降り方もアン・シンメトリーである。したがって直接、雨水を使おうとすると、乾燥地帯では150日分ぐらいの雨を蓄える巨大な水槽をつくらないと通常水を使えない。日本であれば60日分ぐらいためればいいと思われる。なかなか難しいことが起る。いろいろなことがあり、水というのは厄介なものだといえる(**21**)。

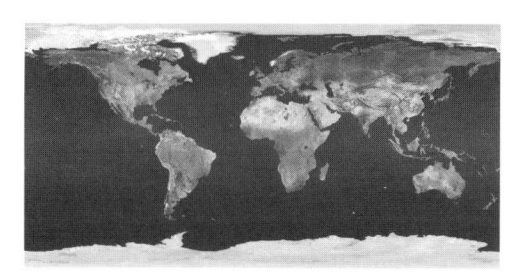

21

■ 都市の水システム

太郎さんと花子さんがいて、水を使ってその水を捨てる。人間が物をとって利用してそれを捨てることを代謝、メタボリズムという。皆さん方は食物を摂って、そ

こからエネルギーを取り出して物質を獲得し，水を取り出して，それを糞尿にして捨てる。これは皆さん方が自分の体の境界を通じて物質を入れて捨てる代謝である。水代謝，食物の代謝といわれている。それを家という単位で考えると，家の内・外という関係が生ずる。ここで，「環境」という概念が発生する。外側が環境で，内側が内部(環境)となる。家の中でいろいろな病気になったりする人がいて，室内呼吸というようなことでいろいろな室内環境という話になると，自分の皮膚から外を「環境」という。

このまとまりが集落という形になると，上流・下流の関係が発生する。上流できれいな水をとって排水を捨てると，下流の人が困る。たとえば，本家は山の上の方に，谷に寄った方に分家があれば，下流の分家の方が汚い物をもらうのである。水というものは上から下へ流れるから，上・下流関係というのははっきりできるわけである。それを何とか解消したいということで工夫されたのが，上水道，下水道である。

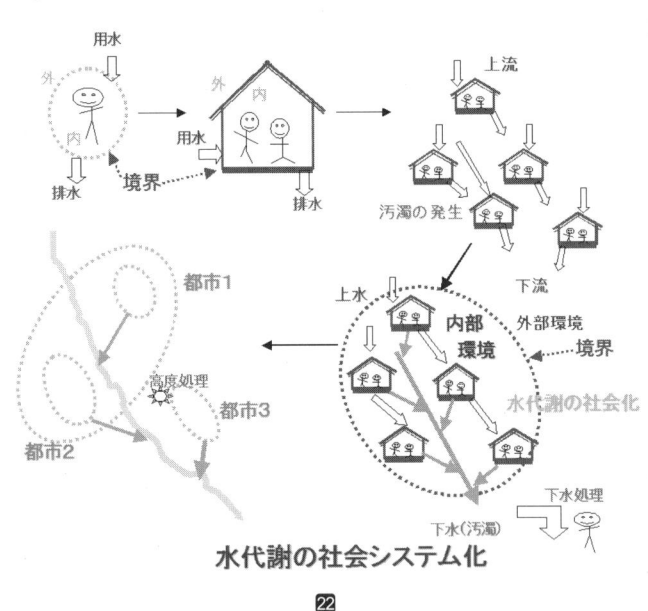

集落の外部のきれいなところからパイプ等できれいな水を集落の内部に引き込み，全部に均等に配る。そして，下の家に迷惑にならないように汚水はまとめて下流側の外に捨てる。集落全体の代謝は社会システムになる。代謝の社会化ということである(**㉒**)。

中世ヨーロッパの城壁都市では，1 ha に 800 人から 1 000 人ぐらいの人が住んでいて，ぎゅうぎゅう詰めであった。ネルソン提督の時代の海軍の帆船では，水兵1人の寝る幅は 8 in，兵員の半分は上に上がって作業をしているから，寝ている人員1人については 16 in (40 cm) である。ハンモックの幅は 40 cm しかない。それに比べればましであるけれども，この都市の内側の密度はすご

水代謝の社会システム化

㉒

くて，城壁の内側の下には，ピッタリと密集して貧民の家がへばりついているわけである。こういう中世都市では，汚いものがあると，あっという間に隣と干渉してしまう。ペストでヨーロッパの人口の25％も死んだというのは，こういう状況で密集した都市内の人と人の交互作用で死んだのである。したがって，水道や下水道をつくって外部のきれいな環境を内部化して難を逃れようと考えた。カルカッソンヌという，ヨーロッパで一番大きい城郭都市が南フランスにあり，いまも残っている。ここには水道があって，下水道は道路の真ん中をV型にし，そこを下水が流れていくようになっている。パイプは入っていないけれども，このような形のもので上下水道の原型として始まった。それが代謝の社会化である。

■ 輸送による内部環境の保全

外のきれいな環境を輸送により中へ引きずり込む。汚い環境を輸送で外へ放り出す。外部環境の内部化，内部環境の外部化といえる。これを「輸送」という手段でやるから，上下水道というものは長らく土木工学科で教えられた。私も土木工学科を出て，つい最近まで土木学会の会長をしていたのであるけれども，私は土木工事の仕事をしたことがないのである。ずっと環境工学，生物工学，化学工学で仕事をしてきた。アメリカの同級生には，私をケミカルエンジニア（化学工学者）だと思っている者もいるし，計画屋だと思っている者もいるが，もとをただせば，土木である。水道というものは，輸送を基本に置いた仕掛けなのである。

■ ローマ上下水道

㉓はローマの水道で，巨大な土木工事の見本である。このアッピア水道というのが最初にできた。外のきれいな水をローマの城壁の中にもってくる。位置としては，城壁の上にもってくるが，そこから下流にパイプで垂れ流しである。そのパイプは鉛でできている。だから，水道で給水管をつくることをプラミングという。PLUMB（プラム）とは，ラテン語で鉛のことであり，鉛の化学記号はPbである。実は，ローマ人滅亡の原因として，ぶどう酒の壺の隙間を鉛でふさいだり，水道管に鉛を使ったことによる鉛中毒だったのではないかという人がいるくらいである。日本の歌舞伎役者にも，狂って死んだ人が少なからずいるけれども，それは，白粉の成分の鉛中毒である。今，水道管の鉛毒の問題が世界的に非常に深刻である。日本には古い水道管があまりないからパリやロンドンのようには大変ではない。東京は全部ステンレススチールにしている。

第 1 部　流域圏プランニングの視座

㉓

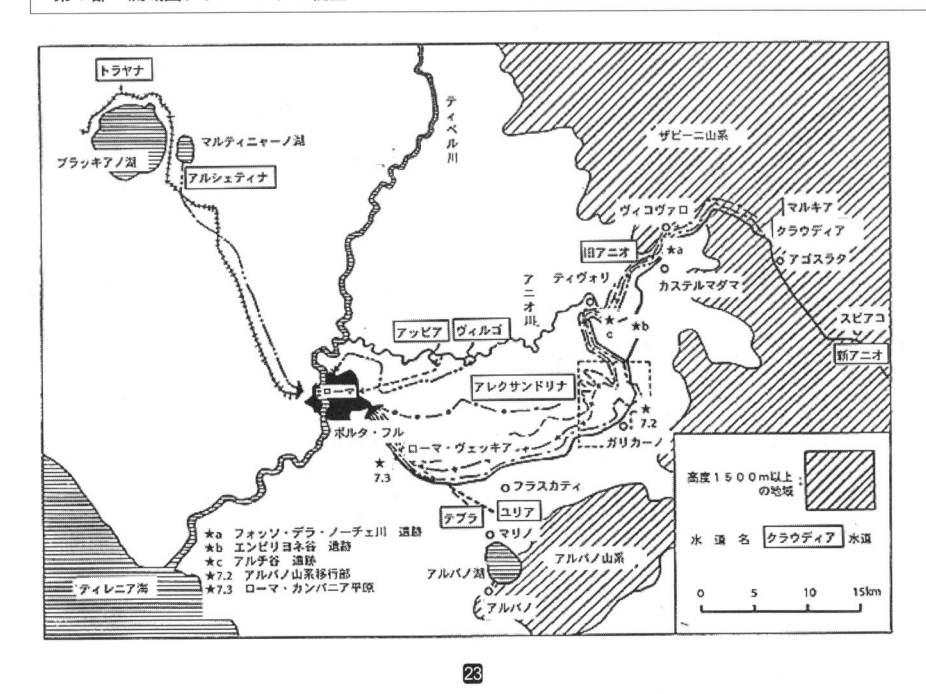

「ローマの水道橋」でよく知られるように，ローマ人が最後につくった大きな長距離水道がある。周辺の湖や山地から延々と水を輸送した。きれいな水を遠くからもってきて，そして，バチカンの前を流れているティベル川に下水を落す。下水は，目の前に捨てた。ローマの下水道は，クロアーカ・マクシマというが，これは都市内の排水網で，水道は遠距離からもってくる。だから，下水は捨て型，水道は外部環境の内部化である。ローマは世界中に水道をつくった。私が見た中で，チュニジアのローマ水道が多分一番大きかったという気がする。

■ 江戸の水道

それに相当する大きさをもっていたのが，江戸 100 万の住人に給水する上水である。多摩川から，たった 3 年ぐらいで水を引き，1654 年完成した。多摩川から隅田川まで水を延々と運ぶ。これはみな開水路であるが，途中の町の中は木を掘り抜いた木管に水を流して，井戸枠に給水し利用していた。管轄しているのは町奉行だったり勘定奉行だったりする。勘定奉行というのは幕府の役職の中では一番上位の現場の大将である。時には町奉行が水道を管理していた。大名屋敷ならそう文句をい

正徳末頃(1715〜1718)の図

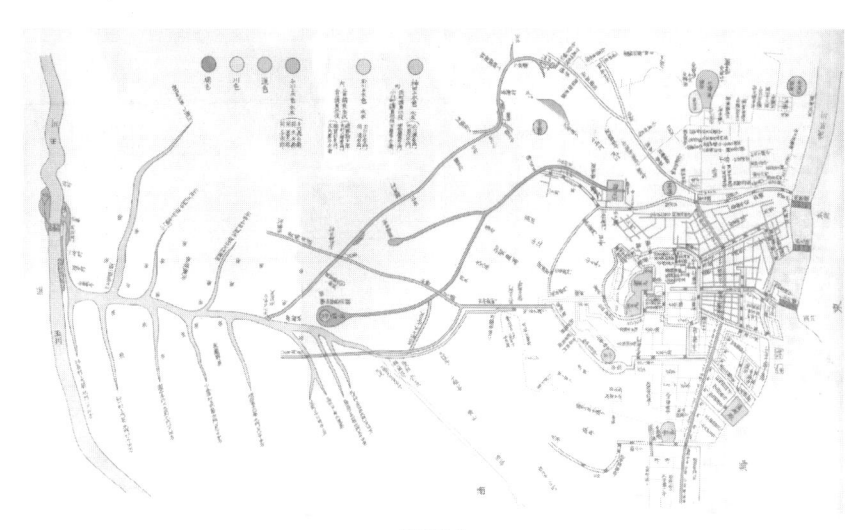

江戸の上水

24

われないが，庶民にはしょっちゅう，水道の水をたくさん使うなという。水を使い過ぎるとどうなったかというと，隅田川まで水が行かず，途中でなくなるのである。黄河の断流と同じである。そうなると，下流の水路は乾き，汚くなるから困る。だからあまり使うなということになる。ではどうするのか。江戸の下町は埋立地である。御茶ノ水の神田川の崖をぶち抜いて，その土を捨てて，それから，隅田川から越中島のほうへたくさんごみをもっていって夢の島をつくった。全部埋立地である。したがって，そこの水は塩水が入っているか汚い水が入っているので，飲めない。江戸の捕り物帳などで井戸端会議をやっているところの大半はそういう汚い水で，雑用水である。洗濯に使ったり，庭の打ち水なんかに使う。飲み水は，玉川水道などの末端に竹の管でつないだ井戸から汲んで使った。それを走り井戸，走り水という。だから，江戸の町では2元の給水をしており，いい水と雑用水をちゃんと使い分けていた。だから，飲める水を庭にまくなんていうことができるのは近代の話である(**24**)。

■ 地下水道：フォガラ，カナート

25は，アラブ圏で伝統的に使われて来た乾燥地の給水施設であるフォガラ，カ

29

アラブ圏のカナート（フォガラ）システム

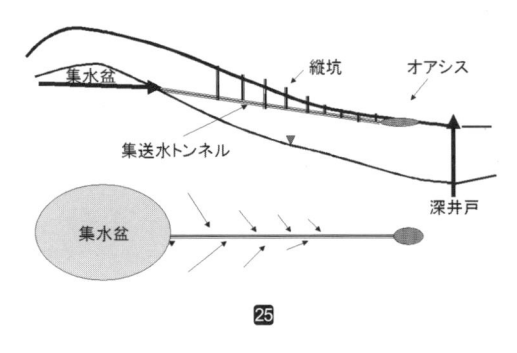

集水盆　縦坑　オアシス
集送水トンネル
深井戸
集水盆

㉕

ナートといわれている地下水道である。ここは雨が年間に20〜30mmしか降らないところであるから，地上は砂漠である。したがって，「集水盆」と書いてあるところに少しずつ水がたまってくる。ここに集まった水は，放っておくと地下水でずっと深いところに行くから，縦抗をつくってみんなで潜り込んで，横にゆっくりした勾配の，ほとんど水平のトンネルを掘る。そして，勾配がほとんどなくなった地下水面を地上にぶつけると，そこに水が流れ出てくる。人工のオアシスができる。これがフォガラ（カナート）システムといい，その分布はアラビア語の分布とほとんど一致している。中国の西からザグレブ三国まで，要するに，アジアの一番西，マラケシュまで全部同じシステムである。アラビア語というのはおそらく世界で一番分布の広い言葉である。この人工オアシスで水をつくると，一定以上に人口が増えると水が足りなくなる。つまり，水の量が，このオアシスが収容できる大きさを決める。どうするのかというと，分村をするために，隣に行って2年も3年もかかって新しいトンネルを掘る。トンネルができると分村ができて，そちらへ行ってまた人口が増える。ところが1960年代になって深井戸を掘ることができるようになり，イランでは，電気深井度ポンプを使って深い地下水層から大量に揚水する近代型のシステムが，パーレビ国王の時代に行われた。白色革命といわれたものであるが，深井戸の水を上げてイランの小麦の生産量がものすごく上がった。その結果，フォガラを基盤においたイランの村落社会が完全に崩壊した。その反動としてホメイニ革命が起り，パーレビは失脚して，今のイランの，いわゆる宗教国家体制が回復した。全部がそれだけだったとはいわないが，オアシスをベースにしたフォガラという歴史的な文明圏が深井戸の発生・普及によって崩壊したということである。これはたしか，30年ぐらい前の東大のイラン調査隊の報告書にあったと思う。日本の村落共同体が崩壊して都市型になったということも，これは水をベースにした歴史的な秩序の解体ということになる。

■ 近代の水使い

近代システムとして，ポンプ，鉄管，浄水場をもつ新水道のシステム，農業用水システムが起った。それにより，ポンプと鉄管を使って，きれいな水を送ることができるようになった。鉄管による水輸送を，外界と縁を切って行えるようになった。非常にきれいである。しかも，浄水場という，水をきれいにする仕掛けをもった。それはかつてないことで，ローマの水道にも，江戸の水道にも，水をきれいにする仕掛けはなかった。これが，近代の水道の最大の特徴である。

そして，近代下水道というものができて，使用済みの水を一括して集めて捨てるというようなことが起る。下水は捨てる仕掛けである。ただ捨てると川が汚れるから，下水処理場というものをつくって水質を調整浄化する。下水道ができると，目の前から瞬時にして糞尿や汚水が消えるので，市民にはものすごく快適である（㉖，㉗）。

近代の水代謝システム

- **上水道と下水道**：典型的な近代の社会基盤システムで，大規模高速大量輸送系を基本として，質変換（質の利用）を従として，量的規範を主に運用される（ヨーロッパ起源のマイルドシステムを水文条件に関係なく世界化した）
- **農業用水システム**：量的規範が強く，質の考慮が相対的に少ない（灌漑系の塩害，水田系の水経済）
- **産業用排水システム**：産業形態と水資源の状況に応じてさまざま，先進地域の重工業では水の再利用が進んでいる，工場内閉鎖系の採用も（質の使い分けに進み，自然水の利用割合が減る）

㉖

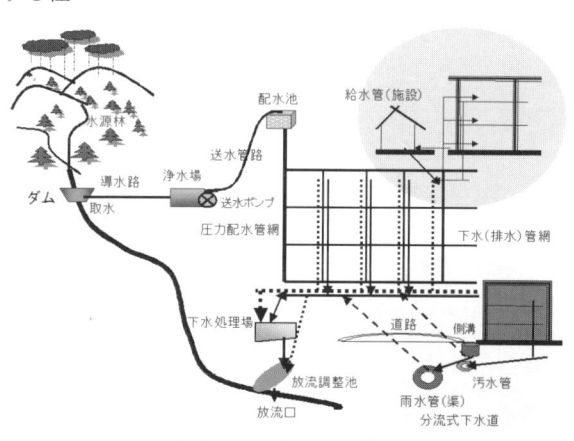

近代上下水道の構成

㉗

㉘をみてほしい。東京水道の水使用量を示したもので，大体1人当り1日250 l ぐらいの清浄な水を家庭用水として使っている。250 l というと，皆さん方のお家の浴槽1.5杯ぐらいである。全部飲める水である。その飲める水を，どのような用途に使っているのかといったら，1/4は風呂，1/4はトイレ，1/4は台所，1/4は洗濯である。そうすると，飲める水でなければいけない用途というのは台所の水がせいぜいで，おそらく全体の1/4だろう。22％，54 l と書いてある。国連は，何とかして，世界中の人に少なくとも50 l のきれいな水が配れないだろうかといってい

第1部　流域圏プランニングの視座

1人1日給水量の変化と内訳（東京水道）

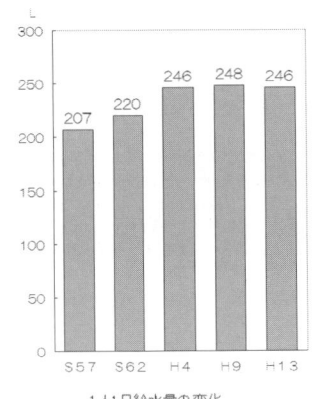

1人1日給水量の変化
（各年の生活用水使用水量を給水人口で割ったもの）
S57 207　S62 220　H4 246　H9 248　H13 246

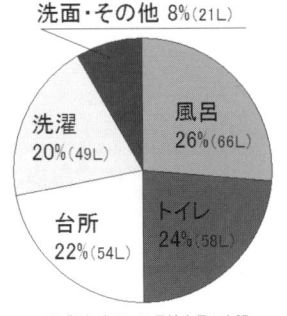

平成9年度の1人1日給水量の内訳
（平成9年度の1人1日給水量に平成9年度の一般家庭水使用目的別実態調査の構成比から算出したもの）
洗面・その他 8%（21L）
風呂 26%（66L）
トイレ 24%（58L）
台所 22%（54L）
洗濯 20%（49L）

❷❽

るのである。50 l というのはそういう数字である。我々は，50 l の飲料可能な水が必要であり，それ以外の水だったら飲める水である必要はなく，目の前の川にある水を繰り返し使うことも可能なのである。近代水道というものを使うことで，我々は非常に楽にすべての用途に使える水を手に入れるようになったけれども，そのかわり，川の上流は全部ダムになった。ダムをやめようという運動が起っている。僕は結構だと思う。魚のために川を譲ってやろう。結構だと思う。だったら，人間は何をすればよいのか。ダムをやめる運動だけでは駄目で，水を使うときに，飲料水でなければならない水以外は川の魚と同じ水を使おうということをやるならば，隅田川にいくらでも水があるのである。そういう本質的な，人の水使いにかかわる部分を変えないでおいて，自然の動物や植物と水を分け合うということをしないでおいてダムをやめようというのでは，答えが出てこない。運動としてのみのダム反対をやったのでは，もう先がない。我々はもっともっと違う文明を考えなければいけないわけである。

❷❾をみてほしい。明治の初めに，東京に水道ができたその5年前と5年後の伝染病の

東京市改良水道開設前後各5年間（開設前：明治27-31年，開設後：明治32-36年）の3種伝染病の患者と死者数の減少

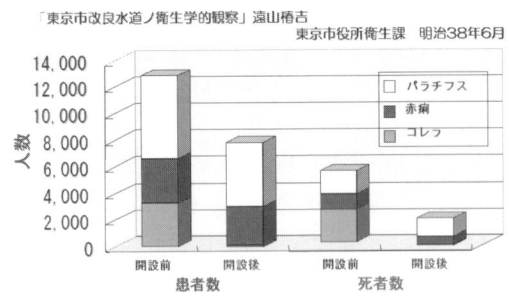

「東京市改良水道ノ衛生学的観察」遠山椿吉
東京市役所衛生課　明治38年6月

□ パラチフス
■ 赤痢
▨ コレラ

水道の普及と衛生

❷❾

記録である。チフス，赤痢，コレラは，開設後には大幅に減っている。コレラで死んだ人はゼロになった。たったの5年である。東京の都心部の話である。このぐらい，水道というものは衛生上に絶大な力があった。全水量の1/4くらいの水が本当に飲める水でなければならないのである。

■ 近代水道を拡大

　人口が増え，水使用量が増え，水道の能力が不足になってきたらどうしたらいいのだろうか。最初にやることは，上流にダムをつくり，雨が大量に降ったときに水をためて，雨の降らないときにその水を使う。これは，先ほどもいったように，自然の水循環は平均して10日で1サイクル回っているから，激しく降ったときの水をためておいてそれを出す。これは，「流出の時間平均化」といわれる水資源の開発法である(㉚)。流出の時間平均化によって，我々は長らく都市を維持してきた。これが，今，だんだん終りに近づいている。世界で，いまだにたくさんダムをつくっているのは中国と東南アジアだけである。その他の地域のダム建設数は，ピーク時から急速に落ちている。アメリカ人は非常に直情的で，いいと思ったら何でもやるから，つくったダムを次々と壊すということをするが，それができる国とできない国があると，私は思う。時間平均化でも水が足りなくなってきたら，そのつぎにやることは何かというと，水を使っていない隣の流域から水をもらってくるということである。最大の例が，ロサンゼルスである。ロッキー山脈の反対側のコロラド川にフーバーダムという世界最大のダムをつくって，600億トン近い水をためている。600億トンというと，日本で1年間に使う水の量と同じぐらいである。その横にラスベガスがある。ロッキーの南端をこえ，死の谷を横断して，ロサンゼルスに水をもってくる。そして，世界で今4位か5位のGDPを上げている南カリフォルニア地区ができるわけである。地域的には関東地方と同じ位のパワーをもっている地域である。その結果何が起っ

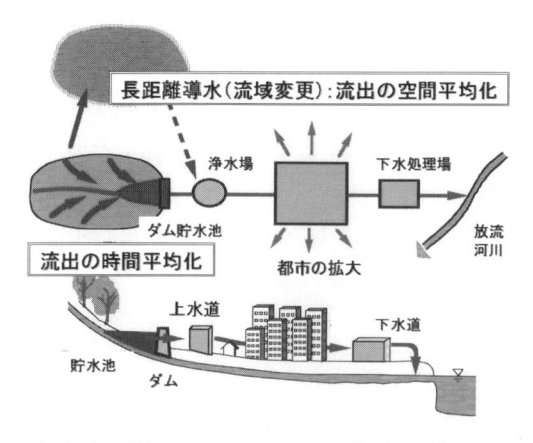

たのかというと，カリフォルニア半島，メキシコ北部は水がまったくなくなって，完全な砂漠になった。これはロサンゼルスができたという流域変更が大きな原因である。中国が揚子江と黄河流域で同じような流域変更・長距離導水をやろうとしている。北京の周辺に水源があまりないから，揚子江の水を北へ上げてもっていこうということである。中国には，1人当り年間2 000トンぐらいしか水がない。黄河流域には4 000トンぐらいあるから，それを平均化しようとしている。南水北調といっているけれども，これは大流域変更である。

東京はこれをやろうとして，周辺の県から総スカンを食った。富士川の水をとろうとして断られた。北側の信濃川の水をとろうとして新潟県に断られた。阿武隈の水をとろうとして断られた。利根川の水は何とか話をつけて群馬県から武蔵水路を使って大量に東京へもってきている。埼玉県や千葉県は，その残った水しかないわけである。東京は，欲しい水を全部利根川からとってたっぷり使っている。東京が本来使っていた，多摩川，荒川には大東京を養うだけの水はないわけである。東京は，今は利根川系の水を主に使い，多摩川の水は一部でしか使っていない。渇水のときの貯金である。これは東京という町のもっている力量というか，腕力というか，それによる水の取り方と理解してほしい。流域でも，東京というスーパー大都市には別な生き方がある。武蔵水路をつくるときに，時の河野一郎建設大臣が水をくれというのに対して，埼玉県の知事がこういったという話がある。「洪水のときは，天皇陛下がおられる帝都東京に水があふれないように江戸川，利根川の堤防は東京側が高く，埼玉県，茨城県の側は低いという話がある。洪水のときは水が周辺のほうにあふれるようにしておいて，飲み水だけはくれというのはどういうわけだ」と，ねじ込まれたという話を聞いた。これは伝聞で，何かに書いてあったわけではないが，東京というところは強力である。

■ 水の循環について

水の循環ということが広くいわれている。㉛の一番下が，すべての水利用の基となる天然の循環サイクル（水文大循環サイクル）である。これは，先ほどもいったように，10日に1回の平均値で回っている。我々はそこから飲み口をつけて水をとり，都市地域で使う。これが第2の循環である。このサイクルの代表は，水道で入れて下水で回すものだが，サイクルというよりは，むしろ片方が開いている代謝である。また，その第2サイクルから水をとって工場やコミュニティーが働く。また，そこから水をとって工場の個々の生産の場が水を使う。こういう風にサイクルが重

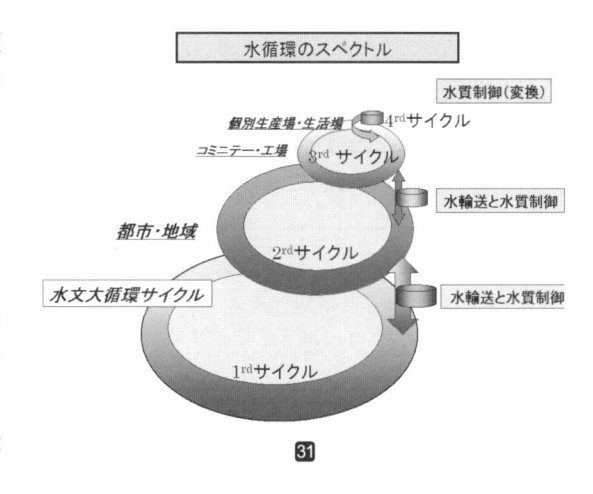

層しているが、実は、水を使うということは、水そのものを使うのではなくて水の質を使っているのである。水というものは物を溶かす。浮かす。もっている位置や運動のエネルギーで送る。水洗便所がそうである。手を洗うのは水の溶解性を使う。温度を調整する。潜熱、顕熱である。水というのはものすごく熱的な能力が高いから、それを使う。広義の質である。そういう質を使うから、質を回復してやれば水は何回でも使えるわけである。だから水を使うということは、水の質を使うということである。それを回復するのが水利用度の操作である。

■ 水の処理

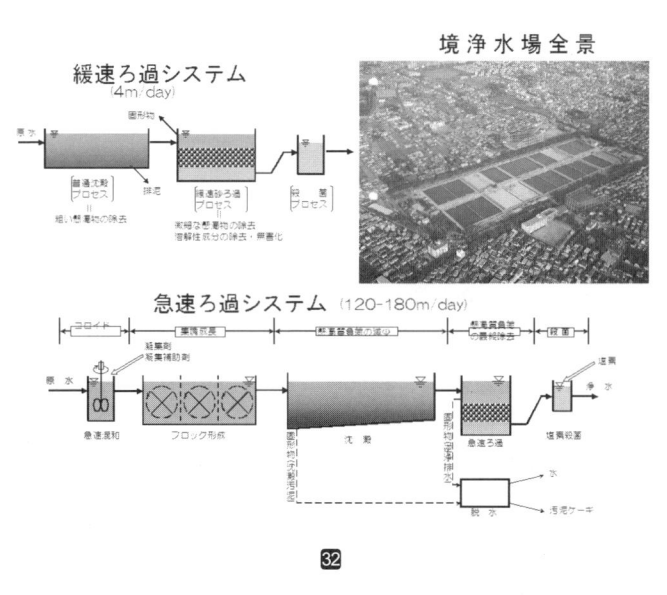

32は浄水場である。**33**は下水処理場である。下水処理場とは、何のことはない、川にいるバクテリアなどの微生物と同じ虫をたくさん飼っておいて、汚い物をみんな食わしてやるというだけである。水の中にはたったの 10 ppm、10/100 万しか酸素は溶けない。空中には酸素は 20％ぐら

第1部　流域圏プランニングの視座

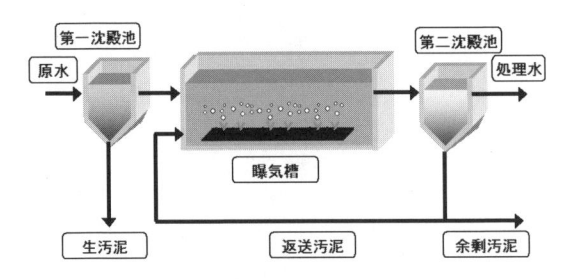

標準活性汚泥法

33

水質変換マトリックス

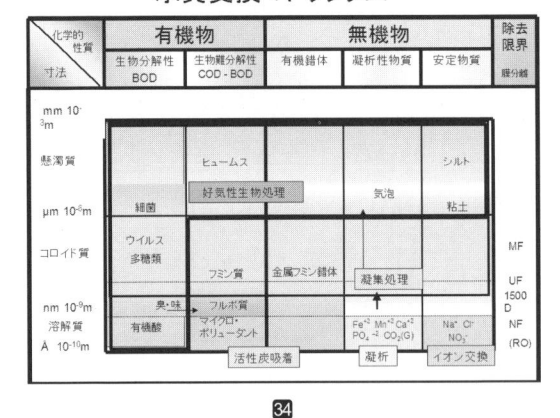

34

近代上下水道下で都市住民一人が必要とする水源域

35

いある。水の中には0.001％しかないわけである。酸素というのは，たいへんに水に溶けにくいガスである。しかも，水の中の酸素がなくなってしまうと魚はみんな死ぬ。だから，水中の酸素がなくならないようにするということは，水質汚濁制御の最初の指標となった。BOD，DO，といっている水中容存酸素レベルのコントロールがそれで，酸素を食うようなものを全部とってしまおうというのが下水処理であり，それ以上のものではない。

34をみると，赤で書いてあるところ（懸濁質の行と，ウイルス・多糖類，有機酸）が生物処理で取れるものである。それから，青で書いてあるところ（懸濁質とコロイド質）が浄水場で普通取れるものである。浄水場で取れないものは下に書いてあるいくつかの要素である。下の右から4つのブロックは取れない。においや味，農薬，鉄，マンガン，それから海の水のナトリウムや塩素イオンを処理するのには，非常に新しい技術が必要になってくる。

■ 都市民と川の関係

　皆さん方は，川にどのくらい負荷をかけているのか．㉟をみて理解してほしい．太郎ちゃんと花子さんが東京都民になった．どういうことになるかというと，水道の水は全部飲める水でなくてはいけなくて，上流にしか飲めるきれいな水はないから，林の中のきれいな水をとってくる．環境基準があり，BODが1 ppmよりも小さくなければいけないので，その水をとるためには1人当り300 m^{2}の水源地が必要である．1人当り100坪である．家族4人では400坪になる．それが多摩川の奥，利根川の上流にないと水道ができないということである．実は，ストレートにはこれがなかなかできないのである．できないからいろいろなことが起る．

　それから，下水で捨てるとどうなるかを考える．なにもせずに捨てると，あっという間に川の水は家庭廃水で腐ってしまうから，そのままではどうにもならない．下水処理場で約90％から95％の有機物（BOD）を取ってしまって川へ流しても，まだBODが10 ppm程度になり，魚は上がってこない．魚がようやく上がってくるのは，鶴見川が限界である．鶴見川も，下流の水質はあまりよくないので，BOD 3〜5 ppmにするためには薄め水が必要である．そうすると，我々が水道で欲しい水を得るための水源面積の300 m^{2}に加えて，川の水BODを3 ppmにするための薄め水を含めると900 m^{2}ぐらいの水源地がいることになる．水道の水さえないのに，薄め水があるわけがない．これが現在の日本の状況である．どうしているのか．下水の処理水は海へ捨てるのである．東京湾はめちゃめちゃになる．そのかわり川は大丈夫である．鶴見川でもまったく同じことが多分行われていると思う．こういうきわどいバランスの上で水利用が成り立っている．

■ 微量有機物汚染

　農薬を中心とした化学物質が，続々と20世紀の後半に環境中にあらわれてきた．これが発がん性や環境変異原性を示すことが少なくないということがわかり，これを何とかしなければいけない（㊱）．

　それを処理するために，浄水場では活性炭をつけて吸着をしたり，オゾンをかけて酸化したりするということをやる（㊲，㊳）．

　しかし，多くの場合，極限的な被害がでることはない．「エイムス」という，環境変異原性の試験方法をつくったカリフォルニア大学バークリーの大教授は，カリフォルニアの議会で証言している．水道水に入っている農薬ぐらいで人間ががんになるわけがない．食物にくっついている農薬ぐらいで人間が簡単にがんになるわけ

第1部　流域圏プランニングの視座

```
SAFE DRINKING WATER ACT

Table 3. Contaminants Required to be Regulated Under the Safe Drinking
         Water Act Amendments of 1986
```

Volatile Organic Chemicals	Nitrate	Epichlorohydrin
Trichloroethylene[a]	Selenium	Toluene
Tetrachloroethylene	Silver	Adipates
Carbon tetrachloride[a]	Fluoride[c]	2,3,7,8-TCDD (Dioxin)
1,1,1-Trichloroethane[a]	Aluminum	1,1,2-Trichloroethane
1,2-Dichloroethane[a]	Antimony	Vydate
Vinyl chloride[a]	Molybdenum	Simazine
Methylene chloride	Asbestos	Polyaromatic
Benzene[a]	Sulfate	hydrocarbons (PAHs)
Monochlorobenzene	Copper	Polychlorinated biphenyls
Dichlorobenzene[b]	Vanadium	(PCBs)
Trichlorobenzene	Sodium	Atrazine
1,1-Dichloroethylene[a]	Nickel	Phthalates
trans-1,2-Dichloroethylene	Zinc	Acrylamide
cis-1,2-Dichloroethylene	Thallium	Dibromochloropropane
	Beryllium	(DBCP)
	Cyanide	1,2-Dichloropropane
Microbiology and		Pentachlorophenol
Turbidity	Organics	Picloram
Total coliforms	Endrin	Dinoseb
Turbidity	Lindane	Ethylene dibromide (EDB)
Giardia lamblia	Methoxychlor	Dibromomethane
Viruses	Toxaphene	Xylene
Standard plate count	2,4-D	Hexachlorocyclopentadiene
Legionella	2,4,5-TP	
	Aldicarb	Radionuclides
Inorganics	Chlordane	Radium-226 and -228
Arsenic	Dalapon	Beta particle and photon
Barium	Diquat	radioactivity
Cadmium	Endothall	Radon
Chromium	Glyphosphate	Gross alpha particle
Lead	Carbofuran	activity
Mercury	Alachlor	Uranium

Note: MCL = maximum contaminant level.
[a] Promulgated July 8, 1987
[b] MCL for *p*-dichlorobenzene was published July 8, 1987; *ortho*-dichlorobenzene is on additional list for consideration
[c] Promulgated April 2, 1986

36

水質変換マトリックス（複合の規範）

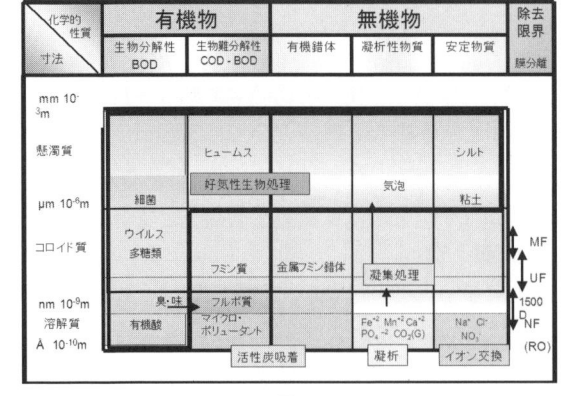

37

がない。人間ががんになる原因はなにかというと，一番大きいのはたばこである。酒も大きい。そのつぎに大きいのは自然の農薬だという。虫がハーブを食わないのは何故かというと，ハーブというのは天然農薬成分を含んでいるからである。農薬よりもはるかに危険である。そういうことを知らないで，人間は天然のものだからと喜んで食べている。天然のものも，同じ物ばかりを食べたていると，その中にあるものでがんになるということをカリフォルニアで証言しているのである。私の同僚の教授で，北大農学部で天然農薬の研究者がいるが，彼も，それに近いことをいっていた。虫が草を全部食い尽くさないのは，体内にたまるとよくない成分があるからだということをいっていた。皆さん方もあまり同じような天然物ばかりを食べないでほしい。むしろ，

ちゃんとよく洗って，あまり農薬のかかっていないキャベツを食べたほうがいいのだろうと思う。

■ ペットボトルの水は？

それにもかかわらず，調査をしたらこんな結果が出てくる(㊴)。東京都民に，飲み水として水道水に満足していますかと聞いたら，半分ぐらいが，まあまあいいという。嫌だという人が10％いる。あまり好きでないという人が3割いる。これは，多くの場合，塩素臭だけをちゃんと抜いてやれば問題ないのである。ペットボトルを買っている人はどのくらいいるのかと聞いたら，時々買う人が4割，いつも買う人が2割，買ったことはあるが今は買っていないという人も入れると，案外，日本人はペットボトルを買っていないなということがわかる。

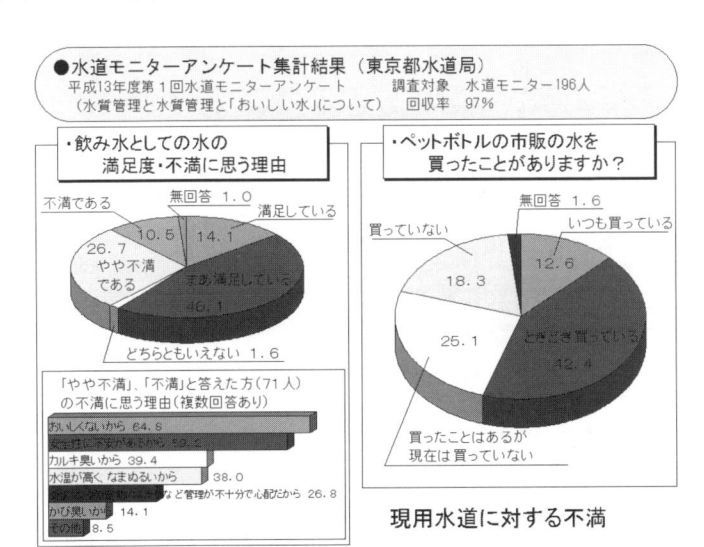

新しい浄水技術

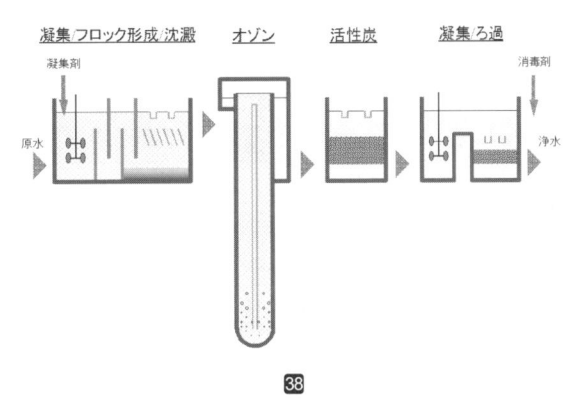

㊳

㊴

第1部　流域圏プランニングの視座

	水道水	ボトル水
1人1日消費量(L)	300	1.5 と仮定して
1m³当たり単価(円)	200	200,000
1人1日コスト(円)	200円×0.3m³ 60円	20万円×0.0015m³ 300円
期待水質レベル	ppm – ppb	ppb – ppt

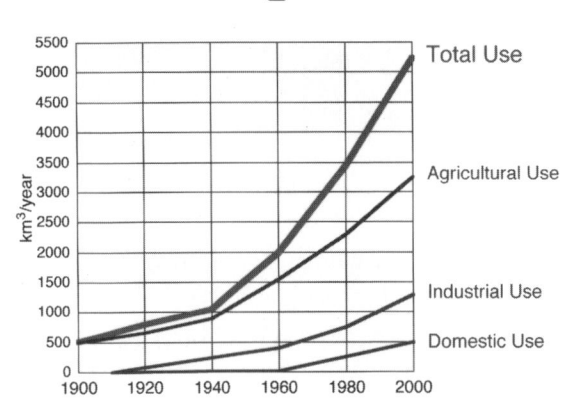

❹

Global Water Use, 1900-2000

❹❶

❹❷　IWA 資料より

ときどき新聞などに，ばかげた人の話が出る。私の家では米をペットボトルの水でといでいるという。米をペットボトルの水でとぐというのはどういうことなのか。1本のペットボトルの廃棄物を処理するのにどれだけのエネルギーと金がかかるかを考えていない。とんでもないことを平気でやっている時代である。日本人がクレージーになったということである。

❹は，1人1日の水コストである。ペットボトルの小さいサイズを2本，大きいサイズを1本飲むとして300円かかる。水道水は60円である。皆さん方がこうやって水道というもののレベルを落していったら，皆さん方の子孫はどうなるだろうか。

水を一番使うのは農業である(❹❶)。我々は魚とも，湿地の生物とも，都市民として共存しなくてはいけない。どうすればよいのか(❹❷，❹❸)。

■ 水と食物

世界中の人を考える

と，ダブリン宣言で「1日1人50 l の水をせめて世界の人に配りたい」といっているのが現状である。世界の1/3ぐらいの人には，50 l の水行きわたっていない。

44の右側をみてほしい。ペルーやブラジル産の牛肉は，草を食っている牛肉である。100グラムの肉に水を1.5トンぐらい必要とする。100グラムの小さなステーキ1つで1.5トンの水が要る。この2倍の水があれば，米が1キロつくれる。アメリカや日本の高級牛肉となると，100グラムの牛肉で7トンの水が要る。皆さん方にはこれを理解してほしい。世界中の人が牛肉を食べはじめたら，世界は破滅する。しかし，自分たちは肉を食べながら，インドや中国の仲間に肉を食べるなということはいえない。それならどうしたらいいのかというと，我々は肉を食うのをやめなければいけない。アメリカの友達には，肉食をやめたのがたくさんいる（**44**，**45**）。

■はびこり過ぎた人間

46をみてほしい。人間は動物の一種である。チンパンジーと人間のDNAの構造は98.7％一緒であるという。1.3％しか違わない。実は1.3％違うとたんぱく質の構成が相当違うと

世界の多くの水システムが危機を迎える

- 渇水被害
- 生活系等による重汚濁：大量の水を安価に容易に利用し自然系へ一括排除することによる
- 微量有害物質による生態系のリスク：人や動物に対する潜在的あるいは顕在化した健康リスクは水危機の 最重要項目
- 灌漑による塩害、地下水へのNO_3蓄積：乾燥地帯の農業の崩壊，モンスーン地帯の水田農業だけが塩害に無縁飲料水のN汚染
- 地盤沈下と地下水位低下：地下水の過剰揚水
- 洪水：都市化の進展と人口増加による被害の拡大

43

世界の水の現状

- 70~90%: 開発途上国の穀類の生産
- 50 L/人/日の清水ダブリン宣言1992)
- 3 000 L/kg(コメ)(50%減少目標，日本では2 000 L/kg)
- 58 kg/コメ/人/年

- 550 L：パン（400 g）（1 000 L:粉1 kg，より少ない水量を）
- 1 500 L:牛肉100 g 放牧（途上国）
- 7 000 L:牛肉100 g 飼料（コーン）飼育

CGIAR Johannesburg summit(Sept.2002)

44

水文大循環は地域によって大きく異なる
地域の史的発展との相乗作用で水利用システムは異なる

1. 地域に固有の水利用の最適化が，地域の人の自立的な生活水準の確保のために必要
2. 鳥瞰的な理解が，確かな統計，宇宙観測技術，環境容量推計などによってなされる
3. 将来の適切なシステム設計のために，地域の歴史・文化に対する洞察が必要で，近代のような画一的技術の汎用は避けるべきで．
4. 健全な基礎科学と自立的な洞察力が必要で，技術の単なる移転は避けるべきである

45

第1部 流域圏プランニングの視座

環境と人間社会の関係

人は動物の一種である／人は極端に卓越した動物種

自然環境／人工境界御／高密度(都市)空間

[Energy] Solar (Soft)
[Information] Diversity Natural Balance
[Material] Cascaded and Circulated
[Field] Integrated

[Energy] Fossil & Atomic
[Information] Simple Inner System (Boundary Control)
[Material] Various Types of Flow Can be Existed
[Field] Separated by Boundary Control

㊻

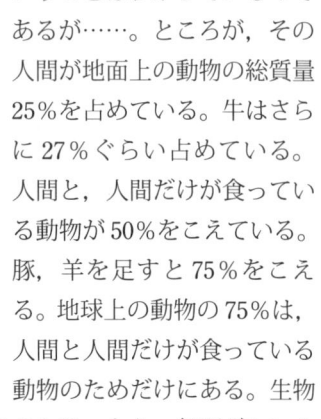

いうことはわかっているのであるが……。ところが，その人間が地面上の動物の総質量25％を占めている。牛はさらに27％ぐらい占めている。人間と，人間だけが食っている動物が50％をこえている。豚，羊を足すと75％をこえる。地球上の動物の75％は，人間と人間だけが食っている動物のためだけにある。生物多様性なんていうことは，もう，無理だといえる。

㊼は，ナイロンや化学薬品で有名な会社のデュポンの絵であるが，魚と人間が共生している。口でいうのは簡単であるが，こういう状況をつくるということは，我々が1 l のきれいな水をとるのと同じ努力をしないと，川には1 l のきれいな水を戻せないということになる。

水を飲むということと健康を保つということ，農業に水を与えるということ，生物多様性を維持するということを少ないエネルギーで確保するということが，皆さん方のこれからの仕事ということになるのだろうと思う（㊽）。

㊾をみてほしい。日本は500兆円のGDPを上げている。世界第2位である。アメリカの次である。輸入は50兆円である。東京・名古屋・大阪で，主に50兆円の原料，食料，エネルギーを輸入して，国

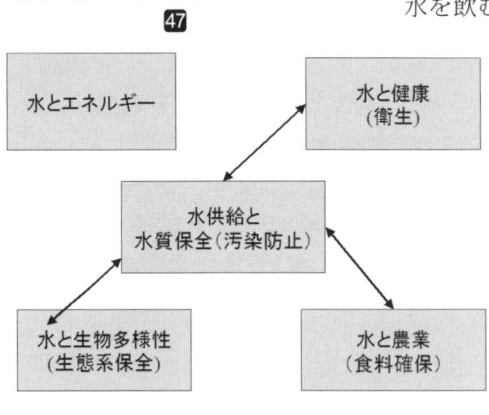

㊼

水とエネルギー／水と健康（衛生）／水供給と水質保全（汚染防止）／水と生物多様性（生態系保全）／水と農業（食料確保）

水システムの統合

㊽

第1章　都市の水使いと流域

内総生産を500兆円に増幅しているのである。要するに，近代の産業というのは増幅機構なのである。これで日本人は食べている。輸出は56兆円。この増幅機構をやっている中心地域が東京なのである。そういうところに金もエネルギーもある。そこの人たちが水を自分たちの思うように使ったら，周辺の動物は全滅する。利根川は，その恐れのある流域である。

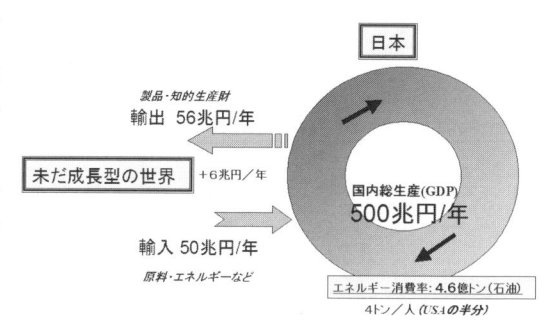

輸入を10倍に増幅する働きをする日本人

㊹

どうしたらいいのだろうか。これは30年ぐらい前に考えたことだが，我々は，自分が動物の一種として欲しい水，飲み水だけはとりましょう，それ以外の水は手近の水を使いましょうということである。我々は，エネルギーをもっている。金をもっている。技術をもっている。それなら，川の生物のために，もしくは下流の人のために，我々は環境湖というようなものをつくって，そこに水を出し入れして，そこの水が大丈夫なようにきちんと管理をしておけば，その水は，多分，我々が飲料以外の水として十分に使えるはずである。そうして，自然河川には負荷をほとんど与えない。環境湖は人の日・時間変動のある水利用量の量的クッションになる。同時に，その水質，底質をしっかりと長期に管理することによって，自然への都市活動のマイナス部分の流出を防ぐ。飲料水を中心とする50 l／人／日（必要量の1/4）の上質水だけを清浄な自然に求め，自然生態系と共存する。PPP（Polutant Pay Principal）を具体化する都市水系を設け，運用する。そうすれば，我々は自分自身をかなりクローズしたことで，我々自身がいろいろなことをしていくことができる。自然も保てるだろう。我々の技術も保てるだろう。人口が減っていって生産力が

水環境区

- 高活動度・高人口密度の都市域の水システムはエネルギー消費を拡大させぬようにしながら，閉鎖化を強め，水質の有効（適切）利用と環境管理を厳密にする準クローズ系とする
- 水環境区は生態学的というよりは生体学的・生理学的構造を規範とする
- 流域総合管理は自立し，自己責任を果たす水環境区の導入によってより確かなものとなる
- Non discharge policy, Polluter pay principle

㊿

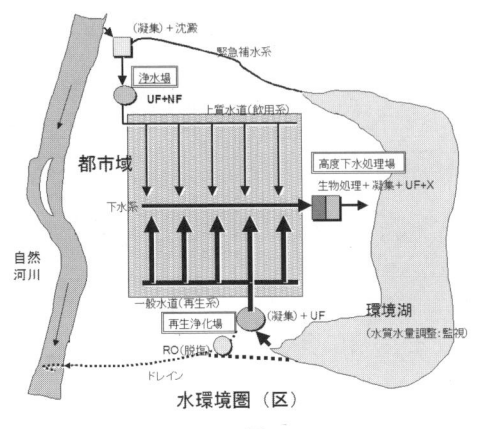

落ちてきたら，我々はそれを少し緩めて自然に帰っていけばいい。これからいろいろなことができるだろうと思う（㊿，㊱）。

㊲は，農業と我々がどうやって連鎖したらいいかという絵である。

■ 水システムも最終的にエネルギー的に

㊳をみてもらうと，我々は上水道で1トンの水を使うために，上流にダムをつくったりするけれども，これで大体 0.4 kWh/m³ くらいのエネルギーを使う。これはたいへん少ないエネルギーである。下水で捨てるときにもほとんど同じぐらいのエネルギーを使う。ところが，海には水が無限にあるといって，海水を淡水化しようと，沖縄ではやむを得ずやっていることだが，これを福岡が始めた。これは，今の世界最高の技術を使っても1トンの水を得るのに3〜7 kWh/m³ ぐらい，少なくとも今の10倍ぐらいのエネルギーが要るのである。そうして，同時につくられる濃縮海水を環境に捨てることになる。そのとき，長距離輸送をしないで手近の水を循環して使い，先の水環境区の絵で示したように，環境への負荷を小さくすれば，また別の水の使い方ができるのでは

㊱

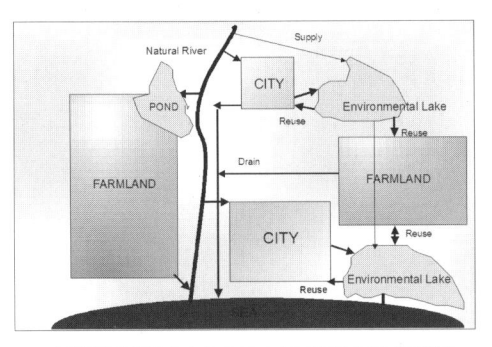

水環境区（都市水システム）と農業水利の連結

㊲

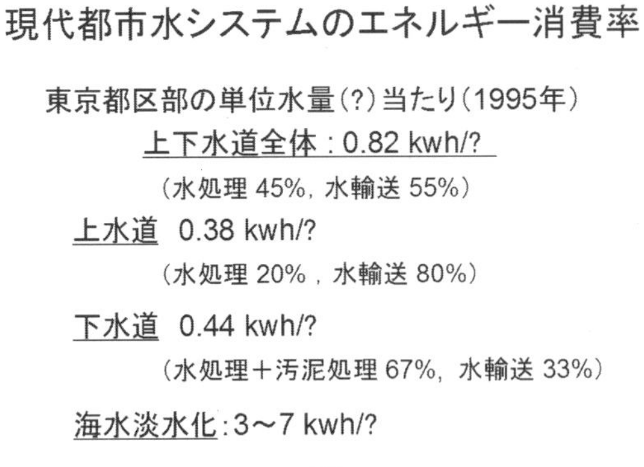

現代都市水システムのエネルギー消費率

東京都区部の単位水量（?）当たり（1995年）
  上下水道全体：0.82 kwh/?
    （水処理 45%，水輸送 55%）
  上水道 0.38 kwh/?
    （水処理 20%，水輸送 80%）
  下水道 0.44 kwh/?
    （水処理＋汚泥処理 67%，水輸送 33%）
  海水淡水化：3〜7 kwh/?

㊳

第1章　都市の水使いと流域

ないかと思う。上水道，下水道で楽々と水を使っておいて，足りなくなったからといって海水を淡水化するというようなむちゃは，多分できないだろう。

■ 乾燥地域や田舎では分離型トイレを

屎尿を分ければ，尿の中にあるリンを十分に循環して使える。屎＝大便もまた肥料として十分に使える。江戸時代は，そういうシステムであった。東京では無理かもしれないが，もしかしたら，マンションであれば真空でもって収集するシステムができるかもしれない。こういうシステムのことを，エコ・サニテーションといい，日本を除く世界ではずいぶん進んでいる。屎尿を分けるシステムは，TOTOやINAXあたりなら，世界のリーダーシップをとっていける産業になる。都市で進んでいるのはメキシコである。アフリカは水がないから，続々とこういうシステムでサステーナビリティーを維持しようとしている。中国の西部でも多分こうなるであろう。上水道，下水道というのは，ヨーロッパが中世の非常に困ったところから抜け出すためにつくったシステムで，水に比較的恵まれた温和な気候帯で発達したシステムである（54，55，56）。

57をみてほしい。南と南，乾燥地域と乾燥地域，ウエットエリアとウエットエリア，北と北，都市

水環境区田園地帯

- 長距離・大量輸送によるエネルギーの無駄を省き，水資源取得時の環境負荷と排水の集中放流による環境影響の増大を避ける
- し尿と雑排水の分離，し尿分離：糞の肥料としての循環，りんの回収，雑排水の灌漑や地下水涵養・溜池貯水などを経た再利用を衛生的な処理を加えて行う
- 分散型小規模施設と新衛生設備の技術開発：発展途上国における基幹的な適正技術となると共に，先進での20世紀まで汎用された高速大量水輸送系規範の水代謝系の見直しともなる

54

田舎の小規模施設

小規模し尿系施設
- し尿分離便所
- バキューム車，パイプ吸引収集系
- 嫌気性分解（ガス生成）＋好気性浄化＋良好な固液分離装置＋汚泥回収＋調整＋肥料化
- りんの回収
- 風・太陽光・小水力等のローカルエネルギー利用
- 回収したガス，有機汚泥の現地再利用

雑排水
- 雑排水の分離収集＋好気性処理＋高度処理
- 処理水の現地再利用
- 汚泥回収＋再利用
- ローカルエネルギーの利用

真に新しい原理と技術の提案に進む
- 生命科学，生物工学の原理的応用
- 機能膜による反応微生物の厳密保持と精密固液分離
- 制御工学の応用と新材料，新エネルギー回収システムの開発

55

45

と都市，農村と農村。これからの技術や思想なりというものは，だんだんに，世界中の連携で，個々の土地に合った形でつくられていくだろう。すべて東京，ロンドン，ニューヨークなどで技術ができて，それが世界中に分布していったらよかったという時代は終りつつあると思う。皆さん方は，これから新しい時代に入っていくときに，東京も非常に力のある都市であるが，東京の常識は東京外の非常識であるということがたくさんあるので，ぜひ，広い目でいろいろなものをみてほしい。ただ見ただけではいけないから，少し汗を流してがんばってほしい。

エコ・サニテーション

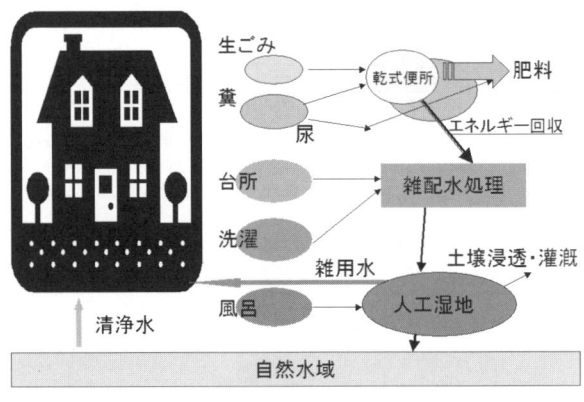

56

南と南，乾燥地帯と乾燥地帯，湿潤地帯と湿潤地帯，北と北，都市と都市，農村と農村が

- さまざまな自然環境の中で，はびこりすぎた多くの人間が生き続けていこうとすれば，風土に関係なく，画一的にダム貯水，近代上下水道，灌漑排水システムを汎用して水利用をするだけではすまなくなりつつある
- 近代の水（代謝）システムは，平均化されたほどほどの降雨量をもち，高い経済能力をもつヨーロッパに起源をもつ，単様な大規模システムである。主として輸送型の施設群からなり，広い正常な後背環境の存在を常に必要とする
- 世界には乾燥地帯から湿潤地帯，モンスーン地帯の変動気候などのさまざまな気候・気象・土地（風土）があり，住む人々の収入も高低さまざまである。したがって用いられる適切と考える水の使い方（文化，文明）もさまざまであり，近代の始まりや最盛期のように画一的ではあり得ない

57

第2章

土地所有の思想

石井 紫郎

桐蔭横浜大学大学院法学研究科客員教授
国立大学法人東北大学監事
東京大学名誉教授
元総合科学技術会議議員

第2章 土地所有の思想

■ 今日のテーマと「流域圏・都市再生」

　私自身は，法制史という学問を法学部でずっと研究し，これから話す日本の土地所有，あるいは土地所有をめぐる考え方，あるいはシステムの特徴というようなものも，私の専門的な領域の中に含まれている問題である。

　私は，たまたま総合科学技術会議の常勤議員として2年間，会議がスタートしたときから環境分野の担当であった。その常勤議員は，大体が自然科学，理科系の研究者で，ITとかナノテクとかライフサイエンスなどの分野については，当然，そういう専門の先生方が担当するわけであるが，環境は，自然科学だけではなくて，人文社会科学の問題でもあるということで，文科系の私が担当させられた。

　そこで，今回のような「自然共生型流域圏・都市再生」というようなテーマを掲げて，ひとつ大いにやろうじゃないかということをいった関係上，さまざまな問題について考え，あるいは語りながら，2年間を過ごしたが，その間は，どちらかと言えば，このプロジェクトを何とか成功させたいということで，講演の機会を与えられても，土地所有の思想のような，私の本来の専門のことについては，議論するのを避けてきたところがある。話が余計ややこしくなると思ったからである。つまり，いくら都市再生などと頑張っても，こういう根本的な問題を何とかしない限り，話にならないというようなことを言いたいのではあるが，いったん言い出せば，もう始末に負えなくなりそうな気もして，じっと黙っていたのだが，今回，こういう機会を与えられて，これは大学の講義でもあるということであるので，やっぱり根源的な問題についてお話をして，皆さんに考えていただきたいと思い，このようなややこしいテーマを掲げた次第である。

■ 国土再生と地権者の存在

　都市の再生であれ，あるいは流域圏も含めて，国土の再生であれ，荒れた日本の再生を考えるにしても，そこには地権者というものが必ずいるわけである。地権者がいるその土地を対象にして，再生ということを考えなければならない。ということになると，その権利，つまり，具体的には土地の所有というものを，しっかり見つめなければならない。これは当然のことであるけれども，そこのところをつい忘れがちである。

ただ，日本は，かつて一度だけ，地権者を気にしないで都市をつくった経験をもっている。中国の東北部，いわゆる満州。あるいは，遼寧省の，大連などがそうである。あれは，おそらく，西洋のモデルを勉強しながら，近代的な都市というものをつくり出そうという熱意を抱いたお役人や学者・建築家たちが，自分たちの夢をかけてつくり上げたものだろうと思う。

　大連へ行ってみてみると，涙が出るほど美しい。きれいにできている。むろん，片方では荒れている場所もあるが。それはともかく，できたときは，さぞかしすばらしかっただろうと思う。まさに絵にかいたような都市をつくり出したわけであって，これは，その地権者が，もちろんもともとはいたわけであるが，それを帝国主義的な，あるいは植民地主義的な発想で，ほとんど無視した形で，「えいやっ」とやってしまった。そういう例が，もちろんないわけではないけれども，通常そういうことはできない。

　たとえば，東京の高速道路をつくるときに，先日も放送大学のテレビ講義で，香山寿夫先生（建築学者）が指摘しておられたが，もっぱら掘割とか川を使ったわけである。これは，地権者から土地を買い上げるとか，そういうさまざまな問題がないからである。それによって東京の水は完全に崩壊したといって構わない。隅田川については，今，一生懸命頑張って再生させようとしているが，日本橋川はめちゃくちゃである。そもそも，日本橋という橋がどこにあるか，皆さん気がつかないくらいひどい状態である。日本橋の上に高速道路がかかってしまっているわけだから。あの日本橋川というのは，江戸時代はさまざまな意味で，物資であれ人であれ，それの交通，運搬の幹線河川の一つであった。本来，魚河岸なんていうのは，今は築地にあるが，あの河岸にあったのである。

　そういう，歴史的にみればきわめて大事な河川を，要するに，そこには地権者がいないというだけの理由で破壊してしまった。今，何とか日本橋の上から高速道路を取り払おうと，専門家の方々も，一生懸命考えて，地下にするか，あるいはちょっと横にずらしてどこかのビルの中を突き抜けるようにするかなどと，いろんな案が考えられているようであるが，いずれにしても，荒らしまくってきたことだけはたしかである。しかし，これをどうやって再生するかというときに，必ずまた土地所有の問題が出てくる。

■ 日本の高級住宅地の崩壊

　また，せっかくつくり上げたものも，その土地所有の問題から，どんどん壊れて

ゆくというケースもある。たとえば，東京の中に，いくつか高級住宅地が大正から昭和の初めにかけてつくられた。田園調布などというものはその一つであるが，都心にもいくつかある。巣鴨の駅の近くの本駒込六丁目，昔，駕籠町という地名だったが，そこに，通称，大和郷(やまとむら)という高級住宅地が，大正十年代につくられた。

　これは，実はドイツ・ベルリンにある Dahlem-Dorf という高級住宅地のまねである。Dorf というのは村である。ここの Dahlem と Dorf の間にハイフンがついているのが実はミソであって，普通，何々村というときにはハイフンがない。要するに，ハイフンがついているということは，人工的な村だというココロの現れなのである。

　実際，ベルリンには，Dahlem-Dorf という地下鉄の駅がある。その近くには，ベルリン自由大学の建物もいくつか散在しているが，すばらしいところである。軽井沢の別荘地を思わせるような樹木が生い茂る森の中の高級住宅地である。都心まで，地下鉄で 20 分で行くことができる。ベルリンというのはそういう形の都市計画によって拡大をなしとげた。その住宅地は，100 年以上一つも変っていない。一つ一つの土地のロットは，絶対に崩れていない。

　ところが，大和郷へ行ってみると，まず，建物はめちゃくちゃで，マンションが建っている。まだそれならいい方で，敷地が 2 つにも 4 つにも分割されて，いわばミニ開発とでもいうのか，小さな家が建てられて，荒れてしまっているのである。

　この大和郷があるところは，もともと，柳沢吉保の屋敷であった六義園という庭園や，三菱の創始者である岩崎家の大きな屋敷があり，その周囲に，いったん志をたてて立派な住宅地をつくったにもかかわらず，それが今，惨たんたる状態になっている。

　この種の状況は，多かれ少なかれ日本国じゅうに広がっている。軽井沢の別荘地の場合，$1\,000\,m^2$ 以下に割ってはいけないという町の条例ができているが，相続の段階になると，兄弟別々に家を建てる。あるいは，孫の代になると，いとこ，はとこがみんなで分けるようになる。その典型が，鳩山家の別荘である。1 万坪近くあると思われる敷地に，今，数え切れないほどの家が建っている。しかも，それぞれの間に金網が張ってある。つまり，軽井沢の別荘地をどう使うのか，どういう状態で保っていくことが必要なのかということが，まったく守られていないわけである。

　いずれにしても，そういう形でどんどん荒れている。私は，いろんな理由があると思うが，そこに，やはり土地所有の問題というのが非常に大きなファクターを占

めているのではないかというふうに思っている。

■ 日本における近代的土地所有者の成立過程

そこで，日本の近代的な土地所有の成立過程というものをまず振り返ってみたい。日本の近代的土地所有（一物一権）の成立過程の問題（**1**）である。近代的な土地所有の特徴はくつかあるけれども，最大の特徴は一物一権，つまり，一つの土地には所有権は一つしかないという，一物一権主義である。これが，日本においてどのように成立してきたかという過程を，まず簡単にみてみたい。

これは，西ヨーロッパと対比すると非常にわかりやすいので，そういう観点でみていくが，そのためには，まず，領主の土地に対する支配権（これを一応括弧つきで「所有」としておく），それから，その下の人民ないし，通常は，農民の土地所有と，この両面を観察する必要がある。

なぜかというと，ヨーロッパにおいては，実際に一つの土地の上に２つの所有権が存在すると考えられた時代があったからである。それは，上級所有権，下級所有権と表現されることがあるが，領主が上級の所有権をもち，農民のほうが下級の所有権をもつと考える。これをひっくるめると，分割所有権という言い方がなされるわけである。所有権が仮に一つだと考えると，上級と下級の２つにわかれているということで，分割所有権といったわけである。ヨーロッパにおける土地支配権というのは，近代に入ろうとする直前の状態においては，こういった分割所有権の状態にあったと，概括的にはいうことができる。

このことについては，また後でいろいろな形で言及するが，日本の場合，この上級所有権に相当する領主側の土地支配がどういうふうに解体していったかというと，まず，明治２年の版籍奉還があり，それから，明治４年に廃藩置県が行われた。その後，家禄処分，――廃藩置県というのは大名の支配権がなくなっただけであり，

1 日本の近代的土地所有（一物一権）の成立過程

西欧との比較 ← 領主の土地「所有」と「人民」の土地「所有」の両面観察 cf.「分割所有権」（上級所有権・下級所有権）
版籍奉還 → 廃藩置県 → 家禄処分（「封建」体制の廃棄）
田畑勝手作許可 → 永代売解禁 → 地租改正（地租：交換価値の一定割合）
地券発行（東京市街地）→ 売買・譲渡地へ → 一般地へ拡大（壬申地券）→ 改正地券
●地券：租税制度改革（交換価値を基準とする金納制移行）の手段
●納税責任者＝所有者（cf. 検地）

その下の家臣たちの家禄というのはまだ残っていて，これを処分しないと，当然，国家財政が成り立たないことから，これを処分した——これが，大体明治6～7年ぐらいから行われた。

　それから，今度は下のほう，人民の，あるいは農民の土地支配権についていうと，「田畑勝手作」＝「田畑に何をつくってもいいという自由」が，江戸時代にはなく，ここでは米をつくれ，米ができないところは何をつくれと，そういういろいろな制約がついていた。太陰暦が太陽暦に変るのが明治6年で，「田畑勝手作」を許すのは，太陰暦で明治4年9月で，「田畑永代売買の禁止令」を解除するのが明治5年2月15日であり，かなり早い段階から，江戸時代のさまざまな制約が解除されていく。そして，地租改正が，明治6年7月28日の地租改正令によって開始されるのである。

　これとちょうど並行するように，1筆1筆の土地に対して，それを証明する証書が発行される。これを「地券」という。地券は，まず最初，かなり早い時期，明治2年の後半から東京の市街地に対して発行されはじめる。その後は，売買・譲渡が行われるたびに，その土地に対して地券が発行されるというような過程を経て，やがて明治5年7月の段階から，全国の土地すべてに対して，原則として地券が発行されることになった。これを，明治5年の干支にちなんで，普通，「壬申地券」といっている。ちなみにこの年には，実は，日本では戸籍制度も始まるので，そのときに初めてつくられた戸籍のことを「壬申戸籍」といっているが，土地と人民両方の把握について非常に大きな改革が起きたのがこの明治5年，壬申の年である。

　やがて，明治6年以降の地租改正の事業が進行するに従って，壬申地券にかわって，今度は改正地券，地租改正の結果つくり出される地券に変えられていくのである。この地券には，土地の価格が書いてあるが，これは交換価値である。その交換価値の一定割合を，地租として徴収するという——今でいう固定資産税——租税制度が，ここで成立するわけである。

■ 納税責任者としての土地所有者

　ここまでのプロセスからわかるように，明治政府は，日本の租税制度を根本的に変えようとした。農民に対する年貢，つまり米等の穀物の取り立て方式によっていては，とても近代的な租税制度にはなれないので，金納，つまりお金で納めさせるというふうに租税制度を変えなければならないと考えた。その前提としては，今までの，収穫高を把握していたシステム，たとえば，この村は何石ある，あるいは，この土地は何斗何升の収穫があるということは，江戸時代，すでに，検地によって

すべて把握されていたが，こういう収穫高ではなくて，交換価値を把握して，それの3%なら3%という税率を掛けてお金を取り立てるという仕組みに，もっていこうとしたのである。

　つまり，地券というのは，まさに地租改正という租税制度の改革のために用いられた手段であり，日本の近代的な土地所有権は，この税制改革の反射として成立してきたということができる。

　一方，領主のほうの土地支配権は，さきほどお話ししたようにどんどん廃止されていく。ということで，一物一権が成立してきて近代的な土地所有が成立していくが，その土地所有権の成立は，もっぱら国家の租税制度の改革，あるいは近代的財政制度建設という目的に合せた形で成立するという大きな特徴をもっているのである。

　そこでもう一つ重要な点は，税金を納める責任者が土地の所有権者だという原則が，ここに非常に明瞭にあらわれていることである。この原則は，実は江戸時代の検地にもいえることである。検地帳で名前を載せてもらうということは，それが年貢を納める責任者だということを指定する意味をもっているわけである。そして，その検地帳に載った，検地の名請人になるということが，その土地の所有者を決めることであるという原則であり，そのとおりの原則が形を変えて，地券の受給者にも引きつがれた。つまり納税責任と土地所有とが裏腹の関係で，国家の制度としてきちんと確立したということである。しかしこの，公租を負担することの反射としての土地所有の観念は，ヨーロッパと非常に違った特徴であるということを，これからお話したいと思う。

■ 封建制と feudalism

　そこで，❷「日本の「封建」体制とヨーロッパの feudalism」に移る。「封建」とかぎ括弧をかけてあるのは，日本は封建制をもっていた唯一の非西欧国だ，とよくいわれるが，日本の封建制は，ヨーロッパの封建制と全然違うものだという話をこれからしたいので，ここで括弧をつけたのである。たしかに，江戸時代の日本の知識人は，「封建」という言葉を使っている。しかしそれは，中国語の封建制である。江戸時代の知識人たちは，自分たちが生きている時代の社会の仕組みを，中国古代の，秦，漢による統一国家が成立する前の時代に存在したといわれる封建制になぞらえて理解してきたから，江戸時代が封建制であるというのは，そういう言葉の使い方からいうと当然である。中国流の漢字で書いた封建制を江戸時代の体制にあてはめるのは，当然，そういう意味では正しいのであるが，ヨーロッパでよくいわれる封

第2章　土地所有の思想

2 日本の「封建」体制とヨーロッパの feudalism

日本：総御用達体制（[天皇 ←] 将軍 ← 大名 ← 家臣 ← 士農工商：「奉公」の体系）
私有財産と賦与された物との峻別なし（「預かり物」,「奉公」のための糧）
ヨーロッパ：Rat und Hilfe（Bede ← bitten, Steuer：支援・義捐金・租税）
Hof, court（宮廷）というものの機能：協議と決定の場
その前提：Eigen（義務なし）と Lehen（feodum ＝ fief: 奉仕義務付）の峻別 　　　cf. 18 世紀プロイセンの Lehen 廃止騒動
絶対主義フランスにおける官職の私財化（官職売買）
貴族の義捐要請 → 貴族の協議（後に市民に拡大 → 身分制議会）：
近代議会制, 租税法律主義の起源　cf. フランス大革命の発端：三部会召集
私有財産と公益との関係をこの協議を通して意識する。
nobiles oblige（"Adel verpflichtet"）→ "Eigentum verpflichtet"（Weimar 憲法）
●所有権(者)は支配者への義務を負わない代わりに，公共（後述）に対して義務を負う。しかしその義務付けは自己決定に基づくものでなければならない。
●所有権（上級所有権を含む）の不可侵性と（公共のための）土地収用制度・土地利用規制との共存

建制，ここでは区別するために feudalism という言葉を用いたが，それとは非常に違っているということを申し上げたいのである。

　日本の国家体制というのは，一言でいうと，私がよく使う言葉であるが，「総御用達体制」である。一番頂点にいる人のために，全員が御用達をする，お仕えする，奉仕する，奉公する。江戸時代は，天皇が一番上にいるということは，当時の人々にとっても，必ずしも明瞭に見えなかったわけであるから，**2**では括弧をつけてあるが，目に見えるところでは将軍様が一番上にいる。それに対して，各大名はお仕えする，奉仕する，御用達をする。その家臣が大名のために，そして，その下に農工商，人民がいて上の人たちに奉仕するという，奉公の体系がつくられていた。

■ 兵営都市・江戸

　大名たちが，参勤交代で，1年ごとに国と江戸を行ったり来たりしていたということは周知のことだが，あの参勤交代というのは何か。理念的には，江戸にいる将軍様を警固するというご奉公のために，出てくるのである。そのために，江戸城の周りに大名屋敷がつくられ，そこには大名だけではなくて，大名の軍隊が一緒に住んでいる。

　桜田門の前，今，法務省の赤いレンガの建物が建っているあたりの地域，あそこは毛利家の上屋敷であった。その図面をみてみると，恐ろしい過密状態である。そ

の長方形の土地の三辺は，家臣たちの長屋で埋め尽くされている。家臣の長屋で縁取りされているわけである。その縁取りされた残りのところに，大名が住む，あるいはその奥方が住むような場所ができている。本郷の東京大学の敷地は，元の加賀屋敷であるけれども，これも図面をみると，周囲がびっしりと家臣団の長屋になっている。将軍警固のための軍隊の宿舎なのである。

　そういう軍勢をたくさん連れて，国元と江戸を行ったり来たりすれば，確かに金がかかる。幕府はそうやって，大名の経済的な力をそぐことを図ったといわれる。それはそうであろう。だが，それを支えている理念というのは何かというと，将軍を警固するために，自分の兵を連れて行くということである。上屋敷というのは，そういう軍隊を正式に住まわせるところなのであるから，幕府がその敷地を下賜したわけで，上屋敷が幕府からの拝領地であった理由はそこにある。

　江戸というのは，基本的に兵営都市なのである。1年交代だから，全国の大名の半分の大名の軍隊が常住する大兵営都市に他ならない。その武士たちの生活を支えているのが，町民たちである。商人であり，手工業者であったわけであって，彼らは，埋立地の隅で，ごくわずかなところにひしめいて，小さな家に住んで，「御武家様」たちの御用達を勤めていたわけである。真ん中に城があって，その周囲に大きな大名屋敷，その周辺に中小旗本の屋敷があって，そして，隅に町人が住んでいる。

■ ヨーロッパの都市

　こんな都市は，中国にはあるかもしれないが，ヨーロッパには絶対ない。ヨーロッパというのは，元来は，君主は都市の外にいるのが原則である。パリの，ルーブル宮殿というのは，もともとのパリの城壁の外側にあった。つまり，そういう都市というものの構造，あるいは存在意義というものが，ヨーロッパと日本で全然違う。ヨーロッパにおいては，都市というのは，君主のために存在するものではないし，市民は君主の被支配者でなく，自由人である。日本はそうではない。将軍様，国元へ帰れば大名の城，お屋敷の御用を足すために，町ができているわけである。城下町というのは，まさにそういうものである。城下町という言葉自体が，日本独特の発想を示しているといってよい。

　ヨーロッパにおいては，都市自身が城なのである。自由の砦として，城壁をもつ。パリは，ノートルダムがあるシテ島，これが本来の文字通りシテ，つまり，英語でいうシティなのである。これが町の中心として，両岸にほんの小さな城壁を築いて防壁としたのが，最初の時期のパリである。それが少しずつ拡大していくわけであ

るが，ルーブル宮というのも，16世紀まで，パリの外側に存在したのである。こういうところからもわかるように，社会と都市の構造が全然違うのである。

■ **私有財産と賦与された物**

❷に「私有財産と賦与された物との峻別がなし」と書いておいたが，これはこういうことである。ヨーロッパにおいては，その3行下，「その前提」と書いてあるところをみてほしい。ドイツ語で Eigen と称せられる財産，これは所有物，あるいは自分の物と訳すべきところだろうが，それには一切義務がつかない。君主なら君主に対する義務が付着しないという大原則が存在した。Eigen というのは，自分が買ったり，自分の親から相続したりした自分の物であるから，それは自分で守っている，自分なり，自分の親・先祖が獲得したもの，これに関して，なぜ支配者に何か税金を納めたり，義務を負わなければならないのか，そんなばかな話はないというのが，ヨーロッパの基本的な考え方である。

他方でしかし，もう一つ Lehen，封，がある。fief という英語がその右側のほうに書いてあるが，これは当然義務がつく。なぜならば，君主から，支配者から賦与された物だからである。つまり，封というのは，奉仕をするという義務と引きかえにもらうものである。封建制というのはそういうものである。土地なり，いろいろな支配権，たとえば，関税徴収権とか，あるいは鉱山採掘権とか，さまざまな利益を生むもとになる権利を君主からもらう。そのかわり，1年に何日間か，これこれ，これだけの軍事的なサービスをする，軍事的奉仕義務があるということである。そういう引きかえの関係になっているのが，封である。それがヨーロッパの封建制である。

他方，日本の，江戸時代の将軍と大名の関係，あるいは大名とその家臣の関係においては，私有物というのが一切存在しない。つまり，毛利家37万石，あれはすべて自分のものではない。将軍から与えられたものである。鎌倉時代には，まだかろうじて私領と恩領の区別があった。私領というのは私の領地，恩領というのはご恩としてもらった領地。その区別がだんだんはっきりしなくなって，江戸時代には，およそ武士が支配する土地には，自分の私有地というのはほとんどまったくない。

例外的にあるとすれば，それは，江戸の町の中で，大名が買い取った屋敷地ぐらいのものである。下屋敷，抱屋敷，蔵屋敷というようなものを各藩がもっていたが，これは，そういう自分たちの目的のために，つまり，国元から物資を運んできて，それを蔵に入れておかなくてはならない。そのためには，河川や掘割の船着き場の

すぐそばに蔵屋敷をかかえるとか，あるいは，上屋敷では，窮屈でしかたがないから，たまには息抜きしたいというときには，下屋敷へ行きたい，それは，自分のお金で買った，これは私有地であるが，それはまったくの例外であった。大名の領地というのは私有物ではないということが，大原則である。そういう大名が将軍からもらった物，受け取った物というのは，預かり物だという言い方がされ，また，それは，将軍に対してご奉公するためのリソースであると考えられたのである。

■ Rat und Hilfe と Bede

ところで，ヨーロッパにおいては，封をもらっていない者は君主に対してまったく義務を負わないのかというと，そうではない。その義務とは❷の3行目に書いたRat und Hilfe，Rat は助言である。Rat という言葉は，いまだに日本の参議院に相当するドイツの議院に使われている。Hilfe は help である。援助すること。Rat und Hilfe とは要するに助言と助力である。

中世において，被支配者が支配者に対してお金を差し出す場合がなかったわけではないが，それは，ここに書いたように，Bede と呼ばれた。これは，bitten という，お願いする，英語の beg に由来する言葉であって，だれがお願いするのだといったら，上の者がお願いするのである。「すみません，出してもらえないか」と頼まれて出すのが Bede である。

それから，現在でも租税の意味で使われている Steuer という言葉，これは，支援とか義捐金という意味である。つまり，上から「出せ」と命令されて出すのではなくて，「出してくれないかね」と頼まれて，「それじゃあ出しますかね」と，こういうものが Steuer であり，Bede なのである。

その場合には，当然，その見返りをめぐってネゴシエーションがなされることになる。Bede に応ずる代りに，もっとほかの利権を下さいとか，いろんな形でネゴシエーションがある。だから，うっかり出してもらおうとすると，君主としては，またそれなりの出費を覚悟しなければならないということになっている。

■ Lehen 廃止騒動

Lehen には，もともと封建契約に基づく義務がついていると述べたが，それについては，❷に書いてある，18世紀のプロイセンの Lehen 廃止騒動という非常に興味ある事件を紹介したい。繰返しになるが，Lehen には，もともと軍事的な奉仕義務がついていた。騎士が馬に乗って戦争に行くというミリタリーサービスがくっつ

いているわけであるが、18世紀になると、国王としては、もうそんなものは要らない、金が欲しい。それで傭兵を雇って、きちんとした軍隊をつくりたいというわけで、「Lehen は全部あなた方の私有地にする。そのかわり、そこに租税をかけたい」と申し入れた。日本であれば、それは喜んで受け取っただろうが、プロイセンの家臣たちは猛反対をして、帝国裁判所に訴訟まで提起した。

　なぜかと言うと、私有地にしてくれるというなら義務なしにしてもらわなければならない。私有地にしておいてそこに租税をかけるなどというのはとんでもない。いったんこれを認めれば、従来からの私有地にも課税される突破口になる。私有地に課税するというのは概念矛盾である、そういう理屈であった。

　結局、この訴訟は最後、和解が成立して、軍事的な義務を、要するにお金に換算して払うということになった。義務が付く以上は Lehen なんだという原理・原則は動かさなかったということである。Lehen についているミリタリーサービスを、実際に軍隊を提供するのではなく、それを調達するお金を払うという形で決着がついたわけである。ことほどさように Lehen と Eigen、私有物と封との間の原理的な区別というものが、厳格に存在したわけである。

■ 租税法定主義の歴史的前提

　前述のように、君主が何がしか義捐をしてもらいたいというときには、結局、貴族を呼び集めて、いろいろ協議せざるを得ないということになり、これがいわゆる身分制議会成立のきっかけになるわけである。これが、さらに近代の議会制のもとになるのであり、租税法律主義、あるいは租税法定主義という近代国家の大原則は、ここに由来するといってもいいのである。

　租税法律主義というのは、要するに、法律でなければ租税を払う義務が発生しないという大原則である。法律というのは何かといえば、国民の代表が決めるものである。だから、国民が同意しているわけである。課税同意権が下のほう、つまり払う側にあるということである。つまり、下の者が納得しないと租税というのは払わないいう中世以来の原則が、租税法律主義というものに形を変えただけだというふうに、理解できるわけである。

　❷にも書いたが、nobiles oblige という言葉がある。貴族は義務づけるというのは、貴族という身分はその身分にある者を義務づけるという意味であって、ドイツ語でAdel verpflichtet という。Adel というのは、一人一人の貴族ではない。貴族というもの、あるいは貴族たる身分という意味である。それが、verpflichtet, 義務づける。

その身分にある人を，という部分が省略されているのである。

■ 所有権は義務付ける

　実をいうと，帝政ドイツが崩壊して，いわゆるワイマール共和国ができたときの憲法の中に，Eigentum verpflichtet という条文が登場する。有名な文章であるから御存知の向きも多いと思う。

　所有権は義務づけるという意味であるが，この背景には，Adel verpflichtet という言葉がある。つまり，所有権というのは，所有権者を義務づけるということである。これは，人からいわれた義務ではない。人に強制された義務ではなくて，所有権というもの自身が，それをもっている人間を義務づけるのだということであり，先ほどからいっている，Eigen には，本来，上から強制される義務は付かないということと，裏腹の関係にあるわけである。

　つまり，所有者あるいは所有権者は，支配者に対する義務は負わない。しかし，そのかわり，公共に対して義務を負う。しかし，これは後に述べるとおり，その義務づけは，自己決定に基づくものでなければならない。中世のヨーロッパの有名な格言に，「人の財布の中身を決めることはできない」というのがある。つまり，すべて自己決定，自分が同意してはじめて義務を負うということである。もう少し言い方を変えると，所有権の不可侵性と，公共のために土地を収用する，土地利用を規制するということは，何の矛盾もなく，今いった原則のもとで両立するわけである。つまり，自己決定という媒介によって，この２つは完全に結びつくのである。

■ 日本の土地所有観念と概念の不正確な使い方

　日本の近代的な土地所有というのは，ヨーロッパとはだいぶ違う様相をもっているということを，実は述べたいのであるが，ここに書いたように，まず，版籍奉還のときに，私有という言葉の使われ方が非常に混乱している。今まで私有していたけれども，私有するべきではないからお返ししますという考え方で，奉還の上表書を書いた大名もいれば，もともと私有ではなかったのだから，お返しするまでもなく，これは天皇のものであると書いた大名もいた。これは，❸に揚げた通りである。「固ヨリ人臣ノ私有ニ非サレハ，必シモ奉還ヲ待ス」というのは，そういう意味である。それまで大名がもっていたもの，支配していたものは，一体私有なのか，私有でないのか，その認識からして，まったくめちゃくちゃである。人によって認識が全然違う。

第 2 章　土地所有の思想

❸　日本の近代的土地所有成立過程の特殊性

○版籍奉還:「私有」概念の混乱 – 今まで大名がもっていたものは一体何だったのか？
・薩長土肥上表書:「尺土モ私ニ有スル事能ハ...臣等居ル所ハ天子ノ土...安ソ私有スヘケンヤ」。「爵録与奪ノ大権」を以て「与フ可キハ之ヲ与ヘ奪フ可キハ之ヲ奪ヒ、凡ソ列藩ノ封土...詔命ヲ下シテ改メ定ムヘシ」(谷干城:「各藩其盗物の分配せしを持ち主に返し、名義正しく...朝廷のご朱印を賜るべき」)
・新発田藩主等上表書:「固ヨリ人臣ノ私有ニ非サレハ，必シモ奉還ヲ待ス」
○廃藩置県までの 2 年間の制度的変化：藩主の「知藩事」化，家臣の「士族」・朝臣化　cf.「諸侯ノ臣ヲ陛シテ朝臣トス」=「名ハ郡県ニ非ズト雖モ実ハ郡県」(公議所答議)
○「封建ノ姿ニ郡県ノ意ヲ寓スヘシ」(岩倉具視) →「郡県の名備ると雖も...実上がらず」(徳島知藩事・廃藩置県建白書)
「当時(「朝臣化」の時点)，郡県の御仕法被仰出候」(広沢真臣)
○廃藩置県：上からの断行(cf. 4 ケ月後，岩倉使節団出発)
家禄処分:「悉く之を没収して可なり」(大隈重信✕)。「士族ノ禄ハ人民私有地ニ同ジカラザルモノナリ。士ノ禄ヲ食ムハ其職アルニ由。既ニ其職ヲ解ケハ則チ其禄ヲ得ル理ナシ」(明治 7 年 3 月山口県布告)　cf. 家禄税案:「一旦禄税を被課候上は，余禄は士族之所有物に相成...」ので反対(木戸)
●所有とは何か，封建的支配権は所有か否か，議論なし　cf.「所有権の存在」と「所有権の取得」の区別(サヴィニー)
●「人民所有地」のみが地租改正(地券制度✕の反射として近代化
●納税の反射としての所有観念：木戸の家禄税反対論参照(平安末期まで遡る)　cf. 相続税制と土地細分化(cf.「所有権及び相続権は保障する」(ドイツ憲法 13 条)
●公共に対する義務の観念希薄　cf. 西欧近世・近代初頭：“The Public"(公衆)=「私的領域における公共の利益を – 国王権力によってでなく – 自らの手で配慮する」ものの成立 → 市民社会=「公にされた法律」により「私のものと汝のものを保障する」社会(カント)の成立
市民社会の強制と服従：その社会自身の内的必要・存在条件として要請される → 私的所有:「共同所有における万人の合致した自由意思」に基づく
「コレクティヴで一般的な意思」が私的所有の法的権限付与
所有者のコミュニティに対する義務として固定資産税は観念されているか？
cf. 学校建設のために property tax 払う・(一時的)増税に賛成するか？

　もう一つ，版籍奉還から廃藩置県までの間に 2 年間あるわけであるが，その中で，非常におもしろい変化がみられた。❸の 5 行目の新発田藩主等上表書の下 2 つ目の○印をみていただきたいが，「封建ノ姿ニ郡県ノ意ヲ寓スヘシ」とあり，これは，版籍奉還の直後に岩倉具視がいった言葉である。つまり，版籍奉還で一度天皇に返ったのだけれども，ただちに封建制を廃止するということは難しいから，いわば封建という姿，これは形式と言い換えてよいから，要するに封建という形式を残しながら，その中に郡県制，つまり，中央集権制の実質的な中身を入れていこうではないか，それ以外にないといっているのが，この岩倉の言葉である。
　ところが，それから 1 年半後ぐらいであるが，徳島の知藩事，蜂須賀茂韶が，もう廃藩置県をやりましょうという建白書を上げているが，ここでは，「郡県の名備

ると雖も…実上がらず」といっている。もう封建制度の名はできているが、実が上がらないから廃藩置県しましょう、というのであり、認識がまったく逆になっているということにお気づきいただけるだろう。ここでは、封建制というものがもう形式上はなくなっている、郡県制になっているというのである。

その間にあった制度的な変化は何かと言えば、土地支配の面では、何も変化がない。たった一つあったのは、藩主が知藩事になったということ、大名ではなくて知藩事というものになったこと、それから、家臣をすべて士族に統一してしまったということである。士族に統一するということは、天皇のもとに、各藩の壁を取り払い、士族という一つの集団にしたことを意味する。今までは、毛利の家来、島津の家来という家臣団がいくつもあったわけであるが、それを取り払い、一つにまとめて士族にした。朝臣化、つまり天皇の臣下にしてしまったということである。そういう変化があっただけで、蜂須賀はもう郡県の名ができたと思っているわけであり、当時の人々にとっては、封建から郡県へという変化は、土地所有の次元の問題ではない、むしろそういう人的な関係、主従関係の次元のものでしかなかったということがいえるのである。それを端的に示すのが、すぐ下に書いた広沢真臣の言葉である。

■ 家禄処分

実は、家禄処分についてもまったく同じことがいえるのであり、大隈重信は、❸の12行目に書いた通り「悉く之を没収して可なり」といっている。士族の禄は人民の私有地とは全然違うのだということが、盛んにいわれる。

おもしろいのは、そのとき、いきなり家禄を取り上げるのはちょっとかわいそうだから、家禄は家禄で残しておいて、税金を払わせるようにしたらどうだという案も出された時の反応である。たとえば、知行高200石だったら何十円の税金を取るとか、そういうふうにしようという案も出てきた。家禄税案と呼ばれているが、これに対して、木戸孝允は、いったん課税をすると、その余った分が士族の所有物だというふうになってしまうとして反対した。さっき述べたとおりのことがここでも起っている。租税納入の反射として所有が認められるという発想がやはりここにもある。そういうものを前提にして、そうなるからこの案はだめといって、木戸が反対しているということは、非常におもしろい現象である。

非常に特徴的なのは、この段階において、所有とは何かとか、今まで大名や家臣たちがもっていたものというのは一体どういう性質のものかという問題については、まったく議論がなかったといってよいことである。したがって、ヨーロッパの

上級所有権に相当する領主的な支配権というのは，そういう意味では，まったく何の抵抗もなく解体してしまい，地租改正の反射としてのみ人民の土地所有が近代化した，ということになるわけである。ここでも，納税の反射としての私有観念というものが，ずっと続いていくわけである。

ここで大事なことは，こういう税金さえ納めればあとは自分のものだ，自分勝手だということになって，公共に対する義務という観念がなかなか発達しにくかったということである。西ヨーロッパの近世から近代の初頭にかけては，解体しつつある封建貴族と上昇しつつある市民層が一体となって，「公衆」といっておくが，要するに The Public というものが成立してくるわけである。これは，ユルゲン・ハーバマスというドイツの社会学者が，『公共の構造変化』という有名な本の中で述べていることを紹介しているのに過ぎないのだが，私的領域の，たとえば，土地所有なら土地所有の中にある公共の利益というのを，国王権力によってではなくて，自分たちの手で配慮するという世界が，ここに登場したのである。

カントの哲学においても，❸に書かれているように，それがものの見事に定式化されている。市民社会というのは，公にされた，パブリッシュされた法律によって，私のものと汝のものを保障する，要するに，私の所有とおまえ所有を共通に保障するのが社会であるという定式化を，カントはしている。市民社会における強制と服従は，その社会自身の内在的な必要，あるいは存在条件として要請される，とカントはいうのである。そういう意味で，私的所有というものの権限は，市民社会全体の「共同所有における万人の合致した自由意思」に基づく「コレクティヴで一般的な意思」によって与えられるのだというのである。まさに，ここでも自己決定の原則が貫かれている。そして，一人一人の所有者の意思ではなくて，「コレクティヴで一般的な意思」というものを想定している。それが一人一人の私的所有を基礎づける，こういう言い方をしているわけである。

■ 租税の本質

こんな難しいことをいわなくても，アメリカへ行くと，property tax というのはコミュニティに納めるものだという実感がある。私は，ハーバードにいたときに，大学近くの小さな町に住んでいたが，この町の学校が，私がいる間に火事で焼けた。そこで再建しなければならないというので，町の議会にかけて，臨時に property tax を値上げした。こうやって，自分たちのお金で学校を建てるのだという原理を実際に目に見える形で彼らは実践しているわけである。

日本は、税金の納付書に、あなたの税金はこういうふうに使われておりますということで、道路に何％、学校に何％、等々と印刷されているが、空念仏にしか感じられない。いつも決った率である。今年は学校が焼けたから何とか建て直しましょうよ、だからいつもより多く納めてくださいという議案を提出して、それで自分たちの合意によってそれをやっている。これと日本の固定資産税の発想とはまったく違う。

大体、所得税が国税であり、固定資産税が地方税だということは、皆さん、多分知らないと思う。税金を納めるようになると、自然にこれはこっちとわかるが、しかし、その間の違いというのは何に由来するものなのか、理解できるだろうか。日本では実感できない仕組みになっているのでないか。これは国税であり、これは地方税であると決っている。でも、その区別というのが、そもそもどこから来ているのだろうか。所得というのは、何もコミュニティのおかげでもらっているとは限らないわけである。遠い町の大学へ行って、エリートになって高収入を得ているのかもしれない。だから、所得税というのはナショナルなものである。固定資産というのは、まさにそこのコミュニティの一部として存在しているのであり、その意味でそれを所有している人間は、そのコミュニティをしっかりと盛り立てていく義務がある。所有は義務付ける、という通り、所有は自己決定による義務と結びついている。

■ 現代の所有権論

4に「現代ドイツ・フランス・イタリアの所有権論」と書いてあるが、これらの国々では、所有権の社会性、あるいは権利を制限するということは、外在的なものと観念されているのではない。外からいわれて、外からの要請で権利が制限され、小さくなるのではない。所有権という概念そのものの中に、制約性が内在しているという理論が一般的である。そういう考え方は、何も戦後初めて出てきたわけではなく、すでに19世紀の半ば以降、社会問題の発生とともに、さまざまな意味で、さまざまなところで、いろいろな形で説かれるようになってきたが、とくに、戦後のドイ

4 現代ドイツ・フランス・イタリアの所有権論

所有権の社会性・権利制限の概念内在性一層強調： 　権利制限必要性の立証責任を立法者が負う→ 不必要の立証責任を所有権者が負う
●機能的所有権論：〈所有権＝物をその通常の機能において用いる権利〉── 　物の機能別（不動産・動産、農地・市街地、個人財産営業財産 etc.）に権利内容法定．
・空間権としての土地所有権：その時その時の法によって定められた機能での利用権

第2章　土地所有の思想

ツ，フランス，イタリアでは，程度の差はあれ，あるいは議論の中身は少しずつ違うけれども，こういうことが一層強調されるようになってきたのである。

　これの非常に重要な帰結は何かというと，ここに書いてあるとおり，権利を制限する必要があるということを立証する責任を，その立法をしようとする側が負うのか，そのような権利制限をする必要はない，ということを，所有権者が負うのか，つまり，証明責任がひっくり返ってしまう。これが，非常に大きな違いである。

　六本木ヒルズのあの再開発，あれは都市再生でも何でもない。あれは都市の破壊でしかない。あそこには，江戸時代から続く金魚屋さんがあって，あの辺のわき水を使って，金魚の養殖をしていた。もちろんごじゃごじゃした町並みもあったが，その辺の池も何もかも全部壊して，六本木ヒルズができた。かろうじて毛利屋敷の庭園は縮小した形で保存した。だけど，あれは，ほんとうにあの地形に即した「保存」なのか。水があるとか，いろんな点で特徴ある町というものがまったくなくなってしまった。あの辺を歩いてみても，だれにも元の自然の姿は想像つかない。

　そういうことをやってはいけないということは，社会的所有権論を前提にすれば，何の説明もなく立法化できる。逆に，そこまで厳しく制限しなくたっていいのではないか，こういう再開発したいんだからやらせてほしいと，その必要性を訴えなければならないのはディベロッパーのほうなのである。あるいは，そこに住んでいる人々である。

　それに比べると，本郷には，実は似たような地形のところに，似たような金魚屋さんがまだある。樋口一葉が住んでいた家も残っている，なかなか風情がある町である。しかし，それはたまたまもうかるところではないから，ディベロッパーのお目こぼしにあっているだけであって，もし本郷三丁目一帯がかれらに目をつけられたら，あの金魚屋さんもひとたまりもないであろう。何も金魚屋として使わなければいけないとはいっていない。しかし，江戸時代以来金魚屋が存在したという地形と景観とか，さまざまなものをどうやったら活かせるかという発想を，きちんと都市計画の中でやろうとしても，今はなかなかできない。一帯の土地を買い集めて，わーっとやるほうが，やりやすい仕組みになっているわけである。つまり，権利制限の内在性という観念が，日本においてはほとんどまったくないといってもいい。

　これには，実は歴史的な理由がある。戦前において，社会的所有権論を説いた人の多くが，比較的右翼，右寄りの人か，あるいは転向左翼であったという事情である。「ゲルマン的所有権」などと盛んにいったため，所有権制限論は，一種の偏見をもって受け取られてしまい，戦後，こういう議論がきちんとした形で展開すること

ができないような状態になってしまった。

実は，これはドイツで，ナチの時代に盛んに唱えられたものである。でも，ナチの時代にはやったことだから全部やめましょうという単純なことではないはずであるし，実際にドイツの学界では，ナチの時代にいわれたことであっても，必要なものはきちんと継承して，さらに，ナチ的ではない，もっとリファインした形で再定義しましょうという議論になっているのである。その努力を，日本の法律学者は何もやっていない，国土交通省もやっていない，法務省もやっていない，どこもやっていない。

■ 機能的所有権論

そうしたドイツの流れの中から一つだけ，一番典型的な議論を紹介いておきたい。それは❹にも書いてある機能的所有権論というものである。物の機能別に，たとえば，それが不動産であるか動産であるか，あるいは農地であるか市街地であるか，あるいは個人的な財産であるのか営業用の財産であるかといったような機能の違いによって，その権利の幅を柔軟に考える，あるいは，そういうふうに機能的に所有権のあり方を考えなければいけないというのが，機能的所有権論の考え方の基本である。

土地所有権というものも，空間権として定義されると，それは，そのときそのときの法によって定められた機能においてだけ，利用できる権利ということになるわけである。もちろん，法律なしに勝手に制限するということはできない。しかし，法律によって，きちんきちんとこの所有権とこの所有権は違う，このキャンパスがある藤沢市遠藤というところの土地所有と藤沢駅前の土地所有とは違う，それが当り前であるというのが，機能的な所有権論なのである。そうなると耕作しないで放置されている農地は，所有者が貸したくなくても，農業をしたい，拡大したいという希望をもつ人に強制的に貸させる，という制度も構想できるはずである。

こういう考え方が日本でもきちんと議論されるようにならない限り，きちんとした再開発，あるいは再生もできないし，仮に，いっぺん再生したとしても，それはすぐに壊れる，非常に脆弱なものにしかならない。それをいいたくて，歴史に遡ってお話しした次第である。

第3章

近代都市・地域計画における流域圏プランニングの軌跡

石川　幹子
慶應義塾大学環境情報学部教授

第3章　近代都市・地域計画における流域圏プランニングの軌跡

　長い農耕社会が終焉し，産業革命，市民革命を経て，都市への人口，産業の集中が始まったとき，既存の古い都市を改造し，かつ拡大する都市を如何なる理念と手法によりつくりだしていくかという問題意識のもとに，20世紀初頭，誕生したのが近代都市計画（Modern City Planning）であった。"都市を計画"するという考え方は，当時としては，きわめて斬新な発想であり，多くの都市の共鳴するところとなり，1920年代までには，世界の主要都市の多くが都市計画に関する法制度を整えるに至った。

　ちなみに，日本における都市計画法の制定は1919年である。明治期の都市計画は，市区改正（Civic Improvement）と呼ばれた。これは，都市計画という用語自体が，世界各国にまだ，存在していなかったからに他ならない。近代都市計画への先鞭をつけたのはアメリカであり，各自治体の組織として都市計画委員会が立ち上がるのは，1910年代以降である[1]。近代都市計画運動は，国境をこえた国際的展開の中で，それぞれの国の歴史的背景を踏まえて，徐々にかたちづくられた。パトリック・アーバークロンビー[2]は，都市計画黎明期の各国の貢献を次のように述べている。

　まず，既存都市の改造に大きく貢献したのがパリであった。オスマンにより，1853年から1870年にかけて実施されたパリ改造は，迷路のような中世都市を切り開き，建築線の整ったマパルトマンとブールヴァールにより，「華麗な都」という近代の一つの夢を生み出した。これに対して，イギリスの貢献は，郊外の田園居住に対するヴィジョンを与えたことにあった。エベネザー・ハワードにより提唱された「田園都市」（Garden City）は，その本来の自立循環型都市の建設という理念の理解としてよりは，むしろ，時代が欲した都市の拡大という命題に合致する考え方として，世界各国に広がっていった。一方，ドイツの貢献は，いわゆる土地区画整理とゾーングという近代都市計画の基本となる手法を生み出したことにあった。アメリカの諸都市の貢献は，より具体的であった。アメリカでは19世紀中葉より，従来の格子型都市計画システムではなく，それぞれの土地の自然環境を踏まえた都市基盤整備の考え方が，「パークシステム」（Parks, Parkways and Boulevard System）という手法により，全米各都市で展開された。パークシステムとは，市街化に先立ち，良好な自然環境，水辺を計画的に保全し，自然環境により都市の骨格をつくるという考え方で，単なる自然保護思想ではなく，良好な環境の整備に伴う資産価値の増

大という経済的効果の連動に裏打ちされたものであった。

19世紀末から20世紀初頭にかけて,個別の都市で発達した近代都市計画運動は,1920年代になり,複数の都市の連坦したメガロポリスが顕在化するにつれ,広域圏を対象とする地域計画(Regional Planning)が誕生することになった。この地域計画の先鞭をつけたのは,アメリカであり,世界各地における地域計画策定運動の契機をつくりだした。

アメリカにおける初期の地域計画の特色は,水源地,河川という水資源の保護と,湿地,海浜地など,損なわれやすい水辺環境の保護など,いわゆる今日の流域圏計画として誕生したことが特色である。この考え方の背景には,河川や自然環境を都市の骨格として確保し,保全したパークシステムの考え方が基本にあり,地域計画は,小流域を対象としたパークシステムの実績を踏まえて生み出された。

本稿では,以下,「流域圏プランニング」という,これまでにはない視点から,世界各地の都市計画の底流に流れる「都市と自然の在り方」について考察を行う。

3.1　流域圏プランニングの萌芽

3.1.1　アメリカにおける都市形成とパークシステム

19世紀中葉,工業化の進展と移民の急速な流入に伴い,アメリカの諸都市は,都市の拡大に対し,如何なる対応をすべきかという問題に直面していた。移民の流入による不良住宅の拡大,ペスト,コレラなどの環境衛生問題は,ニューヨークにおいてとくに深刻な問題であり,市当局は広範な市民運動を背景とし,マンハッタンの中央に330 haに及ぶ,「都市の肺」としてのセントラルパークをつくりだした。

セントラルパークの計画思想は,都市の中に田園をつくりだすというものであり,交通動線により公園空間が分断されないよう,幹線道路を堀割りにし,立体交通システムを導入するなど,今日においても斬新と思われるさまざまな手法が導入された。セントラルパークは,都市住民にとって,未知のものであった新しいレクリエーションの場,新鮮な空気と自然環境を提供したばかりではなく,良好な環境を求めて,公園を取り囲む地区には,質の高い住宅地が建設されるようになり,固定資産税の増収により,公園整備が高い経済効果も合せて有することが,明らかとなった。

ニューヨークにおける公園整備を梃子とする都市基盤整備の考え方は,瞬く間に,全米に波及した。ブルックリン,フィラデルフィア,ボストン,シカゴ,ミネアポリス,サンフランシスコ,セントルイス等で,相次いで公園整備運動が起った。し

かし，都心にセントラルパークのような大規模の公園用地を確保することは，多くの都市においては困難であり，大小の公園緑地を並木のある街路で連絡させ，新しい都市の骨格をかたちづくるというパークシステムの考え方が誕生した。今日，アメリカの大都市のほとんどが，都心にパークシステムを有しているのは，このような歴史的経緯によるものである。

パークシステムの計画論としての特色は，従来の格子型街路計画に準拠した街づくりではなく，それぞれの都市の自然環境を下敷きにしたものであった。この自然環境の骨格として位置づけられたのが，河川であり，治水および小流域の環境管理の視点から，保全すべき湿地，水辺地，樹林などがパークシステムを構成する緑地として担保された。以下，この具体的事例を，パークシステム整備運動の先駆けとなったボストンを対象として述べる。

3.1.2 ボストンのエメラルド・ネックレス

アメリカ東部の都市，ボストンは独立戦争発祥の地として知られる。19世紀中葉，移民の急速な流入に伴い，ボストンでは，中心市街地に隣接する沼沢地(バックベイ地区)を埋め立て，市街地を拡大する都市基盤整備事業が行われた。その特色は，都市の核となるコモンに連続させ，埋め立て地の中央に都市の軸線として，並木を有する広幅員街路(コモンウェルス・アヴェニュー)の整備を行ったことにあった。良好な環境という付加価値の高い埋め立て事業は，大きな成功をおさめ，埋立地を処分した利益は，図書館や大学の設立などの公共的目的に充当された。良好な基盤整備が，経済的波及効果をもたらしたことは，その後のボストンの基盤整備に大きな影響を与えることとなった。折りしも，セントラルパークの成功が，広く知られていたことから，ボストンにおいても1870年代より，パークシステム整備運動が起った。

当時，コモンウェルス・アヴェニューに隣接する地域は，マディー川という都市内中小河川の氾濫原だった。マディー川流域の都市化の進展に伴い，治水，衛生面での対応が必要とされており，市当局が選択した道は河川の氾濫に備え，複数の調節地をつくり，緑地の整備，公園道路の敷設を行い，コモンウェルス・アヴェニューと連続したパークシステムをつくるというものであった。この事業は，治水，レクリエーションとあわせて，都市の自然を新たにつくりだすという画期的なものであった。

❶は，マディー川流域圏の元々の支流と河川区域を示したものであり，❷は，こ

のうちバックベイ・フェンズと呼ばれる調整池の計画図(1879年)である。設計者は、ニューヨーク、セントラルパークを設計したフレドリック・ロー・オルムステッドである。**3**は、この計画に基づき、行われたバックベイ・フェンズ地区の浚渫の様子であり、**4**は、この地区の120年を経過した現状である。

これは、今日でいうアーバン・エコロジー・パークの先駆的事例であり、緩傾斜護岸の整備による、水辺のエコトーンの形成、河畔林の育成により生物多様性を育む都市の緑地となっている。マディー川ぞいには、バックベイ・フェンズに続き、複数の調節池が整備され、水源林機能を有する樹林地と農地は、それぞれアーノルド樹木園、フランクリン・パークとして保全された。アーノルド樹木園は、ハーヴァード

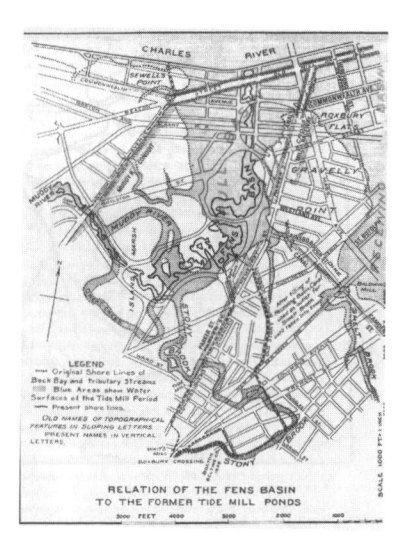

1 マディー川流域圏(Seasholes, S. Nancy (2003), Gaining Ground, The MIT Press, Cambridge, Massachusetts, p.213.)

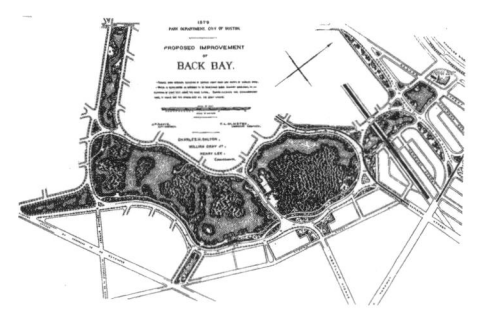

2 バックベイ・フェンズ計画図(1879年)(Ibid.p.218.)

3 マディー川浚渫風景(1882年)
(Seasholes, S. Nancy (2003), Gaining Ground, The MIT Press, Cambridge, Massachusetts, p.12.)

4 バックベイ・フェンズ(2004年)(石川幹子撮影)

第 3 章　近代都市・地域計画における流域圏プランニングの軌跡

大学の研究機関であるが，ボストン市は，土地の購入を行い1 000 年の契約を大学と結び，道路・建物・警備の責任を負い，大学側は，運営，教育に責任を負うという取り決めが交わされ，今日，重要な環境教育の拠点となっている。フランクリン・パークは，500 ha にのぼる大規模田園公園であり，ベンジャミン・フランクリンの遺産の贈与を受けて整備された。治水上の安全性の確保とならび，良好な緑地環境が整備されたことにより，マディー川流域は住宅地としての価値が高まり，川沿いには，美術館や公共施設，良好な市街地開発が行われ，今日では，市内，屈指の住宅地となっている。これらのパークシステムは，エメラルド・ネックレスと呼ばれ，今日なお，ボストンの象徴となっている（**5**）[3]。

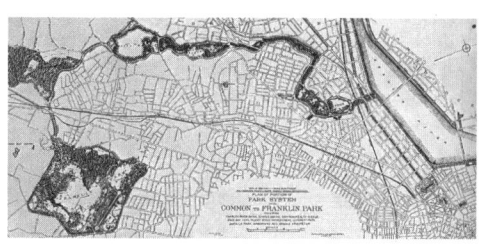

5 ボストン・パークシステム計画図（1894 年）
（Zaitzevsky, Cynthia（1982），Frederick Law Olmsted and the Boston Park System, The Belknap Press of Harvard University Press, p.5.）

3.1.3　ミネアポリス・パークシステム

　ボストンのエメラルド・ネックレスと並び，全米でもっとも美しいとされるのが，ミネアポリス・パークシステムである。ミネアポリスは 19 世紀中葉，わずか 1 500 人の寒村であったが，ミシシッピー川の水運を背景とし，急速な都市化が進んだ。市がミネアポリス商工会議所からの要請を受け，公園委員会を設置し，本格的なパークシステム整備に着手したのは，1883 年のことであった。

　パークシステムの原案を提案したのは，当時，シカゴ・パークシステムなど，中西部において活躍をしていたランドスケープ・アーキテクトのホレース・ウィリアム・クリーブランドであった。クリーブランドの提案はミシシッピー川を軸とし，ミネハハ・クリークという小河川の流域圏に点在する大小の湖をつなぎ，環状のパークシステムを形成するというものであった。当時，都市の拡大は急速な勢いで進んでおり，クリーブランドは，市街化に先立ち，もっとも損なわれやすい水辺の環境を保全することが重要であると提言した[4]。また，ミネハハ・クリークには，ミネハハの滝という名所が，ミシシッピー川との合流点近くにあり，急速な都市化の進展の前に，この滝の水源涵養地域の保全は，重要な課題であり，土地利用の制御を目的とした「流域圏プランニング」が必要とされていたのである。

　市当局が採用した案は，河川沿いの水辺地，河岸緑地，湖沼，湿地帯を保全し，

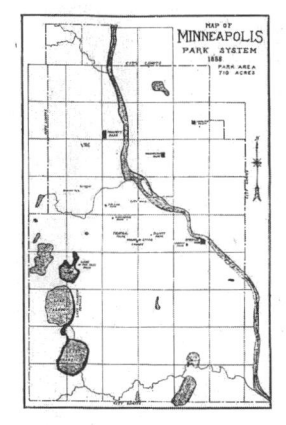

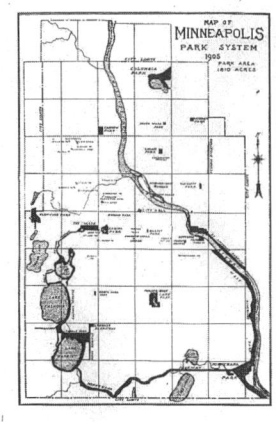

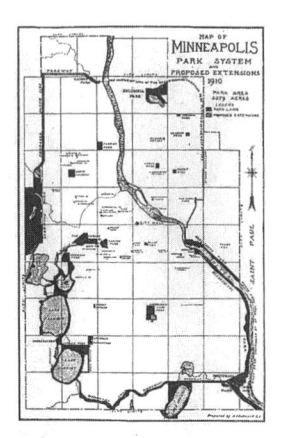

第1部　流域圏プランニングの視座

6 ミネアポリス・パークシステム（1888，1905，1910年）（Minneapolis, City of (1909), Twenty Seventh Annual Report of the Board of Park Commissioners. 挿入図）

7 ミネハハの滝（1908年）（Minneapolis, City of(1909), Twenty Seventh Annual Report of the Board of Park Commissioners.）

公園道路を整備することにより，レクリエーション利用と良好な住宅地開発を誘導するものであった。また，同時に水辺地を保全することは，マラリアや伝染病などの発生を防ぐ公共衛生上も重要であり，川からの冷涼な空気が都市気象を緩和する意義も保全の目的とされた。財源は，市の一般税収と隣接地の住民による受益者負担の併用により充当された。この案は，**6**に示すように，着実に継承され，今日のミネアポリスの都市軸となっている。**7**は，1900年におけるミネハハの滝の状況であり，周辺地域が市街化されたにもかかわらず，豊かな水量を維持していることがわかる。これは今日なお，変ることなく，継承されている。

3.1.4　流域圏プランニングとしてのパークシステムの波及

　ボストン，ミネアポリスで先鞭をつけたパークシステム整備運動が，全米的広がりを有する都市基盤整備の考え方として飛躍する契機となったのが，1900年の「遷都百年記念首都ワシントン改良計画」[5]におけるパークシステムの考え方の導入であった。首都ワシントンの都市計画は，1791年，フランス人技師，ピエール・ランファ

ンにより策定されたが，計画対象地は，都心に限定されており，急速な都市の拡大の前に，新たな首都のヴィジョンが必要とされていた。「遷都百年記念首都ワシントン改良計画」は，連邦政府の重要なプロジェクトとして位置づけられ，上院に特別委員会が設置され(委員長ジェームズ・マクミラン)，ダニエル・バーナム(建築家)，フレデリック・ロー・オルムステッド・ジュニア(ランドスケープ・アーキテクト)，チャールズ・マッキム(建築家等)が，計画の策定にあたった。課題は大きく二つあり，第一の課題は，既存の都心の改造であり，第二の課題が，拡大していく都市をいかなるヴィジョンにより首都として立ち上げるかにあった。第一の課題に対しては，当時，アメリカでは新古典主義様式を規範とする都市美運動が主流をしめており，バロック都市の軸線の構造を下敷きにしてつくり出されて来たワシントンは，都心については，この考え方を継承，強化する道を選んだ。

第二の課題に対して，改良委員会が選択した案は，各都市でのパークシステムの実績を踏まえた流域圏プランニングの考え方であった。ワシントンは，アナコスティア川とポトマック川が合流する位置にあり，マラリアの多発などから，水辺環境の改善が大きな課題であった。河川沿いには，良好な樹林地が存在しており，国家的施設として，植物園などの整備が求められていた。ランドスケープ・アーキテクトのオルムステッド・ジュニアは，ボストンでの経験を踏まえて，二つの河川の両側をベルト状の連続した緑地帯とし，大規模な樹林をナショナル・アーボリータム（国立樹木園）として確保し，軍用地など緑地を担保する土地利用の計画の提案を行った(**8**)。流域の分水嶺となる丘陵地の尾根線は，公園道路の計画地として確保され，旧市街地を環状に取り囲むパークシステムの原型が形づくられた。国会議事堂前のモールの軸線がポトマック川に合流する地域は，首都のシンボルとなる水辺の公園として整備され，ここに日本から桜が送られたのである。

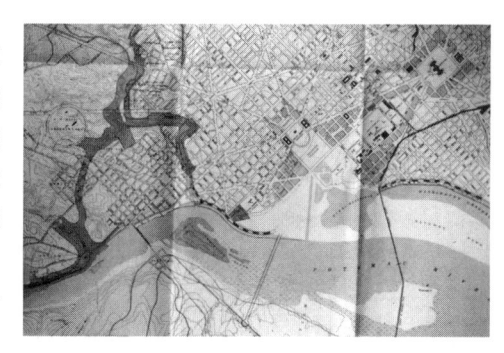

8 遷都百年記念ワシントン首都計画図(1902年)
(Moor, Charles ed. (1902), The Improvement of the Park System of the District of Columbia, Fifty-Seventh Congress, First Session, Senate Report No.166., Washington, D.C., : Government Printing Office.)

このように，首都ワシントン計画は，都市計画という明確な領域が存在しなかっ

た20世紀初頭において、「既存都市の改良」と「拡大する市街地の整序化」という課題に対し、一つの具体的解を示すものであった。この両者をつなぐものが、河川であり流域圏プランニングであったことは、興味深い歴史的経緯であるといえる。

「都市を計画する」という考え方は、大きなうねりとなり全米に波及した。20世紀初頭を代表するシカゴ・プラン、カンザス・シティの都市計画等も、流域圏プランニングを下敷きにしてつくり出されたものである。重要なことは、河川を軸として立ち上がったこれらのパークシステムは、激動の20世紀をこえて、そのほとんどが継承されている点である。「サステイナブル・プランニング」という用語があるとすれば、流域圏プランニングは、まさに、そう呼ばれるにふさわしい実績を有しているといえる。つぎに述べるボストン広域パークシステムは、これまで述べたパークシステムが、主として単独の都市内の小流域を対象としたものであるのに対して、複数の市町村にまたがる河川に対する流域圏プランニングが、地域計画という新しい領域を生み出し、今日に継承されている事例である。

3.2 地域計画と流域圏プランニング

3.2.1 ボストン広域緑地計画と流域圏プランニング

近代都市計画における重要な領域である地域計画（Regional Planning）は、都市の拡大が進展し、複数の都市が連坦することにより招来された広域都市圏に対する計画論として、1920年代以降にうみだされた。その先鞭をつけたのが、ボストン広域パークシステムであった。前節で述べたボストン市では、マディー川の流域にエメラルド・ネックレスが、1890年代までにつくりだされた。このパークシステムの整備は、隣接する市町村にも大きな影響をあたえた。ボストン市を取り囲む都市においても、飲料水の安全な確保、水辺地の保全、良好な自然環境の保全が大きな課題となっていたからである。

1893年、ボストン広域圏を構成する12市24町は、行政界をこえて、協働で広域圏の緑地の保全・創出のための広域公園委員会を設立した。この広域圏委員会のモデルとなったのは、1886年に設立された広域下水道整備委員会であった。ボストン広域圏の中央を流れるチャールズ川は、工業の発達により汚染が深刻となり、行政界をこえた下水道の整備が強く求められていた。水源林、緑地の計画は、下水道の整備と併行して実施に移されたのである。計画案を策定したのは、フレデリック・ロー・オルムステッドの晩年の弟子であるチャールズ・エリオットであり、広

域圏内のすべての緑地を実査し，保全すべき緑地の一覧と優先順位の戦略プラン[6]の作成を行った．新聞記者，シルヴェスター・バクスターは，その啓蒙活動を展開した．[9]は，チャールズ川沿いの湿地帯確保のための計画図（1895年）[7]，[10]は，このボストン広域緑地計画の策定後30年を経過した1924年の実績図[8]である．河川流域に沿って，水源林・湖沼，川沿いの湿地・河畔林，そして都市地域では，堤外地や海浜緑地の保全が途切れることなく，短期間の内に確保された．このことから，広域パークシステムが流域圏をベースにした，きわめて戦略的計画であったことを理解することができる．

この計画は，マサチューセッツ州の発行する40年満期の公園債，失業者対策事業の創設，ガソリン税（1933年以後）等，多様な財源確保の政策が導入され，緑地の公有化が行われた．1907年までに確保された緑地は，4 082 ha，パークウェイの総延長は43.8 kmに及んだ．

ボストン広域緑地計画が策定された当時，自動車の時代は，いまだ，到来していなかった．しかし，1920年以降の急速な自動車交通の発達は，世界各地の大都市においてメガロポリスの形成を促すこととなり，流域圏プランニングとして成立した，ボストンにおける地域計画の考え方は，20世紀初頭から中葉にかけての世界の地域計画に大きな影響を与えることとなった．

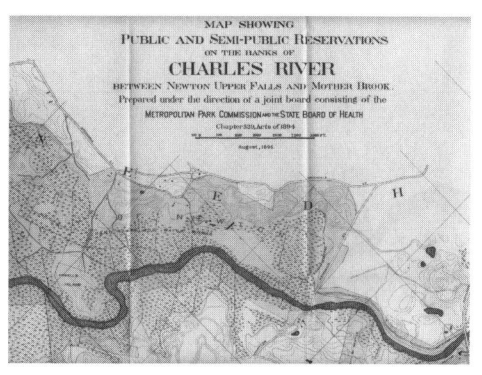

[9] チャールズ川流域緑地保全地区（1895年）
（Metropolitan Park Commission and the State Board of Health（1896），Report of the Joint Board upon the Improvement of Charles River. 挿入図）

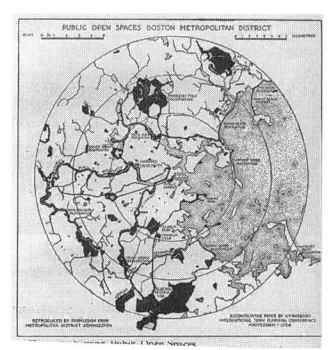

[10] ボストン広域緑地図（1924年）
（International Town planning Conference Amsterdam1924, Part1, Papers, p.224.）

3.2.2　地域計画の国際的波及

20世紀初頭，都市の拡大，自動車交通の進展という時代の要請に対し，世界の各都市では，それぞれの都市の歴史的背景を踏まえて，都市計画および地域計画が

相次いで誕生した。イギリスでは，住宅・都市計画法の成立を受けて，1910年，王立建築家協会の主催による都市計画会議が開催された。この会議は，当時の都市計画の現状を一堂に集め展示，討論を行ったもので，これ以降，都市計画の領域における活発な国際交流が展開されることになった。

1911年，イギリスの建築家・都市計画家であるレイモンド・アンウィンは，全米都市計画会議出席のため，フィラデルフィアを訪れ，シカゴを始めアメリカのパークシステムを見聞した。アンウィンは，後にロンドンのグリーンベルト計画の基礎を築くこととなったが，「シカゴでの緑の環状帯の実査が，20年に及ぶロンドンでの仕事の基礎となった」と述べている。

地域計画の方法論の確立に大きな貢献をしたのが，アーバークロンビーであった。彼の出世作となったダブリン都市計画競技設計第1席案は，パークシステムの影響を大きく受け，河川沿いに緑地を保全し，水辺地へのパブリック・アクセスを確保したものであった。1914年，第一次世界大戦が勃発し，ヨーロッパは戦場となった。アンウィンとともに，ハワードの田園都市の建設に携わってきたトーマス・アダムスは，カナダ政府の招聘により，イギリスを去った。アダムスは，カナダにおける土地利用計画，都市計画の基礎を築くとともに，ラッセル・セージ財団からの招聘により，ニューヨーク地域計画の策定に携わることとなった。

地域計画の展開に一時期を画した国際会議が，1924年アムステルダムで開催された国際住宅都市計画会議であった。この会議では，いわゆるアムステルダム宣言とよばれる7か条が採択され，20世紀都市計画の理想を示したものとなった。すなわち，①大都市の無限の膨張は，望ましいものではない。②この解決のために，衛星都市をつくり人口の分散化を図る。③既成市街地のまわりにグリーンベルトを導入し，家屋の無限の連担をふせぐ。という方針が採択されたのである[9]。

❾のボストン広域緑地計画は，このアムステルダム国際会議で発表されたものであり，地域計画という未知の領域に対して，すでに30年の実績のある事例の提示は，法制度，計画，政策，財源などの観点から，各国の都市計画家に大きな影響を与えることとなった。折から，出席していたのが，愛知県都市計画地方委員会技師，石川栄耀等であり，前年のイェーテボリ大会に出席していた飯沼一省とともに，日本における地域計画推進の先導役を担うこととなった。

流域圏プランニングの考え方から策定されたこの時代の都市計画・地域計画としては，ドイツにおけるルール炭鉱地域計画，ヘルシンキの河川を軸とする緑地計画，ニューヨーク地域計画があげられる。

3.2.3 ニューヨーク地域計画と流域圏プランニング

　ヨーロッパの地域計画が，当初より，成長管理型の思想を包含していたのに対し，アメリカの地域計画は，都市の成長に柔軟に対応するダイナミズム型であったことが特色としてあげられる。流域圏の持続性を保つために水系に沿った緑地の連続的保全を行い，良好な郊外居住を推進しようとするものであった。

　この考え方が，顕著にあらわれているのが，ニューヨーク郊外，ウエストチェスター郡のパークシステムであり，河川を軸とし，ネットワークが形成された。**⑪**は，ウェストチェスター郡における緑地保全地区[10]の事例である。河川に沿った低湿地，氾濫原，および湧水地，河畔林が丁寧に保全されている。緑地確保のための財源は，公園道路の整備などによる資産価値の増大による固定資産税の増収により賄われた。ニューヨーク地域計画は，基本的にこのウエストチェスター郡におけるパークシステムの，流域圏プランニングの思想と経済合理性を下敷きにして展開されたものである。**⑫**は，1928年に策定されたニューヨーク地域計画の広域パークシス

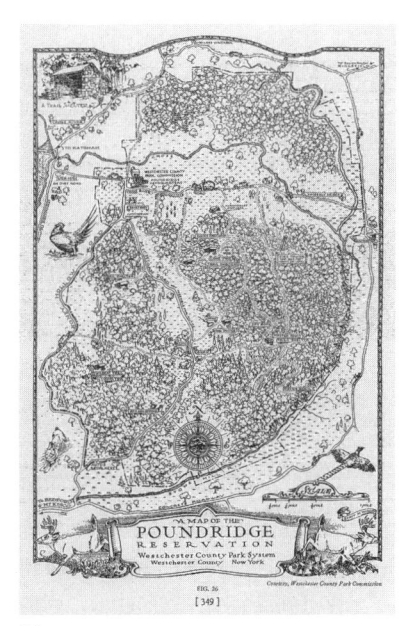

⑪ ウェストチェスター郡における緑地保全地区(1929年)
（Regional Plan of New York and Its Environs(1929), The Graphic Regional Plan, Vol.1, p.349.）

⑫ ニューヨーク地域計画における広域パークシステム図(1929年)（Regional Plan of New York and Its Environs（1929），The Graphic Regional Plan, Vol.1, 挿入図）

テム図である。大規模な水源林，湖沼，河川区域とならび，海浜沿いの湿地帯の保全が，ネットワーク型で計画されたことがわかる。

　このような，緑地軸の保全の方針は打ち出されたが，ニューヨーク地域計画は，結果的に都市の無限の拡大を助長することとなった。1994年，第三次ニューヨーク地域計画が策定された。この計画は，都市の拡大を阻止し，緑地の担保により，サステイナブルな地域としていく成長管理の考え方を初めて明示したものであり，大規模な水源林の保全のために，水源税の徴収について，水道料金の一部を充当して支払うことが決定された。

3.3　日本における近代都市計画と流域圏プランニング

3.3.1　明治期の公園制度の導入と東京市区改正設計における水辺の考え方

　19世紀中葉以降の近代化の中で，都市計画と流域圏プランニングについて，欧米を対象としてみてきたが，日本における歩みはどのようなものであったのだろうか。明治維新後,廃藩置県により,江戸の人口が激減し桑茶政策が導入されるなど，環境の視点からみれば，日本の近代は比較的，穏やかなスタートをきった。都市の環境政策として，始めに登場したのが，1873年に発せられた太政官布達に基づく，公園制度[11]の導入であった。日本の諸都市には，封建時代より継承されてきた，それぞれの都市が誇りとする勝区があり，明治政府は，地租改正の遂行からも，これらの勝区の土地所有を明確にし，公有地とする土地政策を行う必要があったのである。今日，全国，各都市の都心に存在する公園の多くは，この太政官布達により担保されたものである。東京では，上野，芝，飛鳥山，大阪では住吉，四天王，浜寺，京都では丸山公園などである。これらの多くは，社寺境内地，城跡，景勝地などであり，大阪府の浜寺公園は，高師の浜として名高い白砂青松の地を保全したものであった。

　明治中期となり，封建都市の改造が本格化する中で，東京においては1888年，東京市区改正条例が公布された。街路，上下水道，公園などの基本的都市基盤整備がこれに基づき計画された。公園整備の考え方として興味深いのは，市区改正計画の当初，公示された案には，隅田川に沿った河岸公園（向島公園，約55 ha），高輪に海岸公園（高輪公園，約6 ha）など，水辺に大規模な公園が計画されたことであった。これは，江戸の名所約300箇所所の半数が，水辺地であり，花見，納涼，雪見と庶民の生活と水辺が密接にかかわっていたからに他ならない。しかしながら，財

源の問題からこれらの水辺の公園は，1903年に公示された市区改正新設計では削除された。また，1906年には河川法が制定され，低水工事から洪水を防ぐための高水工事へと政策転換が行われた。安全な都市への改変は必須の課題であったが，一方で水辺の軽視，水辺の文化の喪失への歩みが始まったともいえる。

目を全国に転じれば，太政官布達に基づき，担保された公園は，松島，厳島，天橋立，水戸偕楽園，沼津，南湖(白川)，大沼など，名だたる水辺の名勝地が名を連ねた。日本のおける都市の緑地は，欧米における「都市の肺」ではなく，「都市の文化」を象徴する空間として，近代へと手渡されたことがわかる。

3.3.2 都市計画法の公布と風致地区

大正期に入り，急速な工業化と都市化が進展する中で，1919年，都市計画法と市街地建物法が交付された。日本における最初の都市計画法はつぎの3つの目標のもとに制定された。第一は，地域制(ゾーニング制度)の導入による土地利用の明確化(住居，商業，工業)，第二は，土地区画整理事業による既成市街地の改良，そして第三が，新しく市街地になる郊外の整序化と秩序ある都市の自然の保全であった。この第三の課題に対し，創設された制度が風致地区[12]制度である。

風致地区とは，良好な自然的，歴史的環境を有する地域の保全のために，地区指定を行い，土地の形状の変更，竹木土石の採取，工作物の建設，水面の埋め立て等について，一定の制限を設け届出制を導入するとともに，建築物の高さ，建蔽率などを定めたものであった。自然環境を保全するために公有地とするには，財源の問題があり，今日なお，これが大きな課題となっている。風致地区は，私権制限の穏やかな制度であったが，全国各地で導入され，身近な自然環境の保全に大きな役割を果してきた。この時代の風致地区は，河川空間や湖沼と一体となって指定されたものが多く，流域圏という明確な認識はみられないが，水辺の環境保全政策のさきがけとなった。代表的事例としては，岐阜長良川，別府，東京における現在の区部外縁の石神井，善福寺，和田堀，洗足，玉川，江戸川等は，このような考え方のもとに水辺地への風致地区の指定が行われた。

3.3.3　防災都市計画とパークシステム

3.1で述べたアメリカのパークシステムが，主として，拡大する都市を整序化する手法として発達したのに対して，日本におけるパークシステムは，防災都市計画として導入されたことが特色である。都市計画法が公布されたにもかかわらず，実

際の都市基盤整備は，遅々として進まなかった。1923年9月に起った関東大震災により，東京は焦土と化した。復興にあたり，不燃都市への目標は，木造を主体とする当時の状況では遥かに道は遠く，導入された考え方は，広幅員街路，河川，公園緑地などの延焼遮断帯を計画的に整備することにより，安全な都市を再興しようとするものであった。このような考え方は，明暦の大火後の江戸，ロンドン大火後のクリストファー・レンの復興計画でも，すでに実施に移されていたが，関東大震災後の復興計画に直接的影響をあたえたのは，1871年のシカゴ大火等を踏まえて広く，知られていたパークシステムの考え方であった。

　前述のように，パークシステムは，水辺の計画を重視した計画論であり，明治の市区改正で削減された隅田川沿いの公園が，規模は縮小されながらも実現に移された。また，横浜では，港に沿って山下公園が整備された。東京のパークシステムは，このように水辺に関しては断片的なものに終ったが，石川栄耀がその任にあたった名古屋都市計画は，庄内川，堀川，街路，郊外の大規模公園をネットワーク化させた意欲的なものであった。

3.3.4　地域計画と流域圏プランニング

　日本において，地域計画の理論と適用が，最初に実施に移されたのが，1932年から7年間の歳月をかけ，調査，立案が行われた「東京緑地計画」[13]であった(⓭)。この計画は，1932年に東京市が周辺82町村を合併し，500万都市となったことを契機として策定された広域緑地計画である。1938年の計画書には，ボストン広域緑地計画図が，先例として掲載されている。しかし，ボストンが約30km圏を対象としたのに対し，東京緑地計画は，東京駅を中心とし100km圏を対象とする気宇壮大なものであった。この計画の中核となる東京区部における環状緑地帯計画は，流域圏プランニングの典型的事例であった。

　すなわち，荒川，多摩川，江戸川の大河川のみならず，区部を流れる神田川，白子川，石神井川，善福寺川，妙正寺川，呑川，綾瀬川，中川，新川沿いは，放射環状緑地帯として位置づけられ，その要所，要所に大小の公園が計画された。水源林，遊水地，崖線の緑地や湧水地が保全の対象となった。すなわち石神井川の水源林として小金井公園が担保され，神田川については井の頭，善福寺，和田堀の各公園，東部の水郷地帯では小合溜一体が確保され今日の水元公園となっている。この計画の特色は，私権制限によるゾーニング型の緑地ではなく，公有地として確保していくというパークシステム本来の考え方を踏まえたものであった。財源は防空法に基づく，

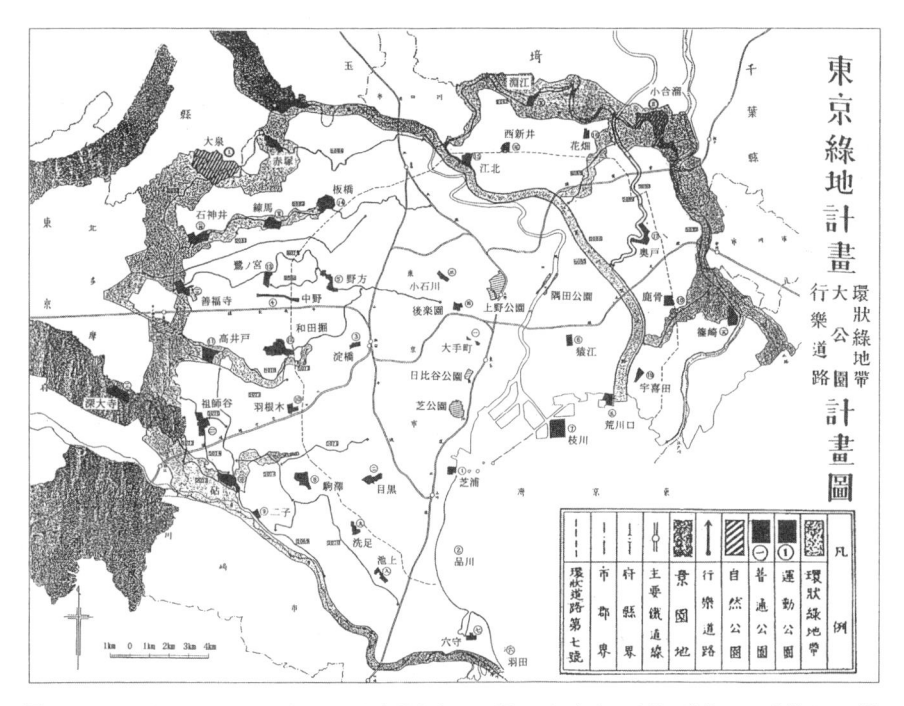

13 東京緑地計画環状緑地帯・大公園・行楽道路計画図(『公園緑地』(1939)第3巻第2・3合併号,口絵)

防空緑地という名目で捻出された。1940年から1943年にかけて,確保された緑地は,東京で1 413 ha,川崎で222 ha,横浜で189 haにのぼった。これらの緑地は,第二次世界大戦後,農地解放により半減したが,今日なお,過密都市における貴重な緑地となっている。

3.3.5 戦災復興計画から高度成長期まで

　第二次世界大戦の終了により,日本の被災都市では戦災復興計画への取り組みが始まった。戦災復興計画の特色は,都市計画区域を市街化区域,緑地地域,留保地域としたことにあり,人口分散政策を基本とする成長管理の思想を色濃く反映したものであった。緑地地域は,主として河川,湖沼,海浜,樹林地,農地など防空空地帯を根幹として指定されたが,法は建蔽率10%という制限であったため,急速な市街化の圧力の前に,指定解除が相次ぎ,東京においては,実に29回に及ぶ改廃をへて,1969年の新都市計画法の施行に伴い全廃された。

地域計画のレヴェルでは，1950年首都建設法，1956年に首都圏整備法が公布された。首都圏整備法は，グレーター・ロンドン・プランの影響を受けたものであり，近郊地帯というグリーンベルトに相当する地域が，都心から10〜15 kmの位置に，おおむね10 kmの幅員で計画された。しかし，この近郊地帯は，開発規制による地権者への損失補償，買取り請求時の財源措置を欠いたものであったため，地元自治体と地権者から強い反対運動が起り，1965年，廃止となった。近郊地帯は近郊整備地帯と改められ，計画的市街地整備を行い，あわせて緑地を保全する地域とされた。保全する緑地の財源を担保するために，1966年，首都圏近郊緑地保全法が制定されたが，指定区域の拡大は，ほとんど進んでいない。

3.3.6 市民運動を背景とした緑のまちづくりの広範なひろがり

20世紀後半における日本の都市計画は，戦災復興という宿命を背負わざるをえないものであったが，経済発展，利便性，自動車交通のまえに，自然環境に基礎をおく流域圏プランニングは，大きな後退を遂げてきた。その中から，しだいに力をつけてきたのが，地域の実情にあわせて，草の根的に起ってきたのが，河川環境の保全や里山保全の運動であった。また，都市内にうるおいと安らぎを求める市民の後押しで，清流復活の広がりは，全国的広がりをみせている。

都市計画において，法的にこれらの運動を支え，計画論の枠組みを提供しているのが，緑の基本計画，都市計画マスタープラン等である。これらの計画は，1994年における都市緑地保全法，都市計画法の改正により，市民参加を前提として策定されるようになった。現在，約10年を経過し，都市ごとに特色のあるものに移行しつつあり，明確に流域圏プランニングの思想を有している優れた計画も登場している。

加えて，1997年には河川法が改正されて，治水，利水と並び環境が，その目的に加えられたことから，戦後の空白期を経て，ふたたび，流域圏プランニングの時代が到来しつつあると言える。しかしながら，実際の都市計画と河川の計画の距離は，思いのほか，遠いものがある。それは，河川の多くが，基礎自治体ではなく，国，県の所管であるため，自治体の責任において策定されるマスタープランと結びついて計画されることが困難なためである。さまざまな階層，および目的からなる流域圏の水循環を，誰が，どのような責任と意思決定により，遂行していくかは，21世紀初頭において取り組むべき重要な課題となっている。

以上，本章では，近代都市計画・地域計画の領域に限定し，流域圏プランニング

の約150年にわたる軌跡について述べた。激動の時代を経て，流域圏の水環境を基本に立ち上げられた計画は，その多くが，今日に継承されている。これは東京のように部分的に実施された都市においてすら，貴重な都市の自然環境を構成している。この意味で，流域圏プランニングは，都市計画の様ざまの計画論，手法の中でも，群を抜いてサステイナビリティが高い手法であるということができる。

参考文献

1) 石川幹子（2001）『都市と緑地』岩波書店，pp.134-142.
2) Abercrombie, Patrick(1933), *Town and Country Planning*, London：Thorton Butter Worth Ltd.
3) Zaitzevsky, Cynthia(1982), *Frederick Law Olmsted and the Boston Park System*, Cambridge Mass：Harvard University Press.
4) Cleveland, H.W.S.(1883), *Suggestions for a system of Parks and Parkways, for the City of Minneapolis*. Minneapolis：Johnson, Smith & Harrison.
5) Moor, Charles ed.(1902), *The Improvement of the Park System of the District of Columbia*, Fifty-Seventh Congress, First Session, Senate Report No.166., Washington, D.C.：Government Printing Office.
6) Eliot, Charles W.(1902), Charles Eliot, *Landscape Architect*, Boston：Houghton Mifflin.
7) Metropolitan Park Commission and the State Board of Health(1896), Report of the Joint Board upon the Improvement of Charles River.
8) International Town planning Conference Amsterdam1924, Part1, Papers, p.224.
9) International Town planning Conference Amsterdam1924, Part2, Report, pp.55-57.
10) Regional Plan of New York and Its Environs(1929), *The Graphic Regional Plan*, Vol.1, p.349.
11) 石川幹子(2001)『都市と緑地』岩波書店，pp.192-194.
12) 北村徳太郎(1927)「風致地区に就いて」『都市公論』第10巻第4号，2-13頁；第7号，2-17頁；第8号，pp.12-32.
13) 石川幹子(2001)『都市と緑地』岩波書店，pp.244-259.

第4章

流域圏構想の過去・未来・現在

下河辺 淳

(有)青い海会長・下河辺研究室会長
元国土審議会会長
元国土事務次官
元総合研究開発機構理事長
元東京海上研究所理事長

第4章　流域圏構想の過去・未来・現在

　最初にいいたいのは，こういう流域圏の議論というのは，世代の感覚とつながりが大きいことである。世代によって受け取り方が非常に違うということが私には興味があって，今日，たくさんお集まりの若い方々が，流域圏というような言葉でどういうことを感じとられているかということに興味がある。今の若い人たちに，何が興味のあることなのかと問いかけたときに，「別に」というような答えが返ってくることが多い。つまり，我々が若いときよりも，今，若い人たちは，自分の関心のあるテーマを失いつつあるのではないかという気がしていて，人間と水との関係にもう少し深入りした興味をもつ若者たちが出てきたらおもしろいと思って今日は出てきた。

　何しろ人間というのは，水とともに生きてきたし，地球は水でできている。私がこれから，過去と現在と未来ということでお話しすることになったので，最初に過去のことを話したいと思う。

■ 過去のこと

　生命が地球に生れてから38億年ぐらい，宇宙ができて50億年ぐらい，地球という惑星ができてから45億年ぐらいの歴史があると思うが，今日の議論として，流域圏で生命というものとの関係が論じられるようになった流域圏構想というものは，38億年の歴史を語ることを必要としているということが，過去というテーマで私が一番興味をもつところである。その38億年というのを考えてみると，銀河系の中で星雲というか，星くずが惑星として非常に高温で高速な形で宇宙を飛び歩き，あるいはみずから爆発したというようなことが最初にあって，それが速度も落ち，温度も落ちて，地球というものも惑星の一つとして冷える時代が始まったというあたりから流域論というものが成り立っていると思うので，宇宙として，地球のガスの中の水蒸気で雨が降ったというあたりから，今日の論争にまでつながってきているということが，おもしろいことだと思う。

　ただ，自然現象としてそういう歴史をもっているが，人間としては20万年ぐらいの歴史をもった論争ではないかというようなことを思うと，ホモサピエンスと流域構想とは，どういうかかわり合いをもっていたかということは，無限におもしろい問題になってくる。

水というものは船を利用する空間であるということになって以来，流域圏というものが違った現実性をもってくるというようなことを体験してきたが，日本で，とくに文明との関係で言えば，縄文人は，一体，流域圏構想をもっていたかということはきわめて大きな問題である。流域圏ということで縄文の遺跡をみてみると，彼らは海や川を最大限に利用はするが，居住は丘の上で，水や海の驚異を避けて上手に住んでいる。驚異を認めて避けると同時にそれを最大限に享受しているという縄文人たちの生活の知恵は，まさに流域圏構想で生きていたといってよいのかもしれない。

また，私が興味をもつのは，13世紀ぐらいの歴史であり，世界に冠たる文学的な日本というものができた時代であるが，この時代の文化人たちは，水と遊ぶということが基本的なテーマであって，お酒と水とが一緒のことさえあるようなおもしろい享楽的な時代を迎えている。それが18〜20世紀になると，城をつくる，そしてそのまわりに城下町をつくるというような都市計画をやってきた歴史があって，これもおもしろいと思う。とくに，日本の現在の地方都市のおもしろさは，この時代に城下町としてできた町が圧倒的に多いということも，なかなか愉快な話だと思うのである。

■ 明治維新の時代

20世紀というのは，明治政府の対応策が基本になっていて，明治政府の人たちは，水というもの，河川というもの，海というものは公有化するものであって，公的なもの，土地はむしろ私有財産だという認識に立って，土地の私有財産と水の公的な空間とをコントロールすることを政府が握っていたということはおもしろいことである。しかも，明治政府は西欧の思想や技術や文化を入れてくることを優先して，先進工業国になろうとしただけに，河川についていうと，驚異を克服してしまうということを理想にしたということであるが，こういうことは人間にとって不可能なことで，現在でも，とても自然の驚異に勝てるというような状況ではない。そのことが認識されたのが今日のおもしろさかもしれないと思う。

人間たちは，技術や知恵や統治によってシェルターの中で自然を排除でき，自然の驚異から逃避できると，ほんとうに思っていたし，明治政府もそう思っていて，帝国大学の土木，建築の学科などはそれを理想とする勉強ばかりしていた。私もその1人なのだが，そういう歴史をたどったのが過去であって，ホモサピエンスで20万年，縄文時代で5000年（あるいは1万年という人もいるかもしれないが），そ

して，今日までつながってきたという過去について思うことはなかなかおもしろいことであり，こういう過去から学ぶこともいろいろとあるのかもしれない。

■ 現代の時代

現在は，産業革命が人間の生活を豊かにしたということが特色的かもしれない。産業革命では，どちらかというと鉄道とか自動車とか飛行機というようなものが発達して，流域圏という中で生きてきた人間が，とうとう交通技術によってネットワーク化されて生活していく。都市もこのネットワークのターミナルとして認識されてしまうようなことが，今日まで続いている。

そうなると，交通というのはできるだけ水平に走りたいわけで，コンターライン（等高線）に沿って走る，それができないと橋梁をかけたりトンネルを掘ったりして，できるだけ水平にということになる。流域圏で生きていた時代は，むしろ上流，中流，下流，海という一貫性を求めていた時代であるから，水系で生きることと，交通系で生きることとが直角に交わるということが，日本列島の構造になってきたのであるが，この直角に交わったものを国土として整然とさせることは，なかなか難しくて，どちらかが犠牲になる。どちらかと言えば水系が犠牲になるという時代が20世紀だったと思う。

これを決定的にしたのは東京オリンピックであり，東京の川というものを全部道路のために犠牲にしたという形で，オリンピックを開催したので，日本橋でも，神田川にしても，何とも見苦しい，道路に圧殺されてしまったようになっているのを，皆さんもみていると思う。川が道路にいじめられている現状だと私は思っている。

つまり，現在は，流域圏構想からいうと，いろいろと間違ってしまった時代であると私は思っている。とくに困ったことは，明治政府の廃藩置県が，江戸を卒業する条件の大きな一つであるが，その廃藩置県で都道府県やあるいは市町村というものを成立させたのはいいのだが，その境界線をほとんどみんな川に求めたということで，川が行政界となってしまった。そして，行政界になった途端に流域圏という思想はなくなって，右岸と左岸とは無関係な行政体のエリアであるというような不思議な，あるいは当然という人もいるかもしれないが，状態になったというのが，現在である。

■ 流域圏を考える時代

こういったときに，人間がもう一度自然と共生しようとか，あるいは流域圏とい

うことを思い起こそうと気がついた，あるいは論争を始めたということはすばらしいことであって，未来ということであれば，流域圏ということを再生することに尽きるというふうに思っている．ただ，皆さんが使っている都市という言葉が，どうも流域圏構想からいうと少し間違った考えに陥っていないか，つまり日本人は都市というと，何か建物とか道路とか，構造物でできていると思っている人が意外と多い．都市というのはそういうものではなくて，そこに住む人間が文化的に洗練されたところを都市というということをもう一度思い起して，都市という言葉を，流域圏構想のもとで生きる洗練された文化人の住むところということに，決定的に改めてもらわなければならないと思う．アーバニゼーションという言葉を日本語にするときに，都市と訳したことが間違いであった．アーバンというのは，洗練された人々の住むところと訳すべきであるというのが，未来に対しての一番大きなテーマである．

洪水とか堤防の破堤とか，あるいは沈没とか，高潮とか，いろいろな危険な状態に対して対応しようということを一般的に，とくに河川局（国交省）を中心に考えているが，その河川局で審議会を開いて，特別な勉強会を開いて出した報告書があり，これは明治以来の河川行政を革命的に変える要素をもったすばらしい報告書だと私は思うが，そこでいっているのは，自然災害と人間との関係について，一つ新しい考え方をもとうということである．それを防ぐ，克服するのではなく，共生するということである．そうはいっても，自然災害と共生するというのはそんなに簡単なことではない．日本人はそういう考え方がなかなか難しくて，何とか行政が洪水を防いでくれるといいと思っている人のほうが普通かもしれないとは思うが，そういう意味で，一言でいうと，川，流域圏というのは，365日ということを考える必要がある．危険なときが何日かあるが，それだけにこだわるのではなくて，それも含めて，ふだん非常に豊かな環境を与えてくれる流域圏ということも含めて，365日の水と人間というテーマを論じようということで河川局と議論ができたことは，とてもすばらしいことであったと思う．

そうやって議論していくと，365日の水ということになると，河川の水だけを議論していてもしようがないということになる．地下水のこともあるし，上水道，下水道，農業用排水というようなことも含めて，人間が水とかかわりあう姿全体をとらえてみてもう一度議論しようということで，ローマの美術館に行ってみると，レオナルド・ダ・ヴィンチが都市の水系をかいた絵がある．これは1枚の木の葉の中を，水が毛細管として駆けめぐっている姿と同じことを都市全体について描いていて，我々の住む都市というものは，水がこうやってネットワーク化している，そして最

後に排水として，木の葉から排水を飛び出させているというようなことをダ・ヴィンチが描くのをのをみて，やっぱりルネッサンスというのはすごい1世紀だったんだなということをしみじみと思う。

したがって，今思うことは，流域圏の基本法をつくるということである。あるいは，人間と水の基本法というようなことであってもいいかもしれない。そういう形で日本列島を見直してみたら，こんなおもしろいことはないということで，河川局の一部の有志たちと，いまだに日本列島全体の流域圏構想を検討してみているが，日本というのは小さな島国なので，大河川で流域を考えるということと違って，長くとも300kmぐらい，鶴見川みたいな小さな川もある。しかし，小さいものは小さいなりに流域圏ができているということで，全国約130ぐらいの流域圏に分けて論争しようということを試みて，今少数のグループで議論を始めている。基本的に信濃川とか，あるいは北上川というようなあたりは，日本では少し大きな川で，その2つとも流域圏構想として議論が始まっているということであり，河川の流域圏構想というものから，我々の生活の真の豊かさを発見していこうということはすばらしい試みであって，高度成長期に企業の合理性を求めて市場経済の中で勝利すればよいと思っていた時代とは非常に違ってきたということが明らかである。このことがきょうの研究会の，やはり一番関心をもっていただける点なのではないかと思っている。

■ 世代による感覚

若い方々がやってくれないと意味がないのであるが，昭和10年～30年の間に生れた人たちにも私は注目している。この年代は，一体，流域圏に，みずからどういう考え方をもっているのだろうか。隠居する前に，そういったことを少し発表してもらうとうれしい。しかし，ほんとうに期待したいのは，昭和30年以降に生れた人たちであり，若者たちが，流域圏をどう考えるかということである。我々がつくった戦後経済というものからいうと，1年中，季節に関係なく，グルメな食べ物を食べ，したがって毒ばっかり食べて生きてきた。私たちは，食べても直接の影響はすぐにはないから，死ぬことと毒がまわってくるスピードが似ているので安心しているが，30代の人たちは，これからまだ50年生きるとなると，現在の毒が体に回ってくるわけで，お気の毒なことに非常にトラブルの多い人生になってくる。このことが，実は流域圏生活とつなぐことの意味として非常に大きな条件であり，季節のものをその地域の特性のものとして食べていくような構想が，そもそも流域圏構想そのも

のであると，もう毒入りのグルメをやめたほうがいいだろうと，そして生活全体も含めて，食べ物についても旬のものというか，季節のものとつないだ形をとってもらうことが，今日本列島にとって一番大切であると思う。

■ 戦後5回の全総計画策定

　私が戦後5回，全国総合開発計画をつくることに参加して，5回目のところでちょっと違った雰囲気の計画にした。それは，計画それ自体を計画することではなくて，そういったことに注目することを計画とするということである。しかも宿題を出しておくということである。宿題のついでに，過去にやったものがよければ継続，悪ければ中止という宿題も出すけれども，新しい21世紀に対して，定住という人間の生活像というものをどうみるか，三全総でもやったが，今になってみるとどうも間違ったのではないかと思う。

　生れたところで死ぬまで定住する人はすでにいないが，今の若者たちは，どのくらい一つのところに住むのか。同じ家に5年以上住むということは，例外的になってきたのではないかというような気がする。人々は絶えず新しい居住地や家を求めて移動することのほうが当り前であり，しかも，それは知的な要求に基づいて移動していく。私たちは「ノマドな」などという言葉を好んで使うようになって，文化的な人間はノマドな状態の生活をするので，都市はむしろホテルといったほうがいいぐらいのものであるというようなことで論争をし始めているが，東京も確かに，世界中からノマドな文化人が泊まりにきて生活する。長くとも半年とか1年，短いと1日というような構造で東京ができているというようなことを考えている。

　365日の水ということで流域圏を考え，そこにできた都市をノマドなホテルとして考えていくというようなことが，未来に対する私のおもしろさであり，そして結論的にいえば，水というものが，人間にすべての情報を提供する情報のネットワークであるというような見方がおもしろいのではないかと思っていて，今は携帯電話とかインターネットというようなことで通信技術的に動いているが，これが通信技術をこえた形でネットワーク化していく情報論ということを議論していくと，私は，ひょっとするとそのメディアは水ではないか，地球を覆っている水というものが，人間同士，あるいは人間に対してすべての情報を伝えるメディアになってきているのではないかとちょっとおもしろく思っていて，海から，水の中から生命を得て出てきて，二本足で歩くようになって，そしていろんな文明をつくり上げてきた人間たちが，何かそういう形で見えてくると非常に楽しいと思っているのである。

■ 人間の未来

　人間も恐竜と同じで，やがては地球から消える日がくるだろうが，それまでにはまだ少し時間がありそうな気がしていて，これからいよいよ地球上の人口は減少して，滅びる時代に入ってきているという。日本も1億3000万人から7000万人，そしてやがては4000万人時代がくるという。地球全体にしても，40億という人口が100億になるといった人もいたが，60億ぐらいまで増えたにしても，将来的に言えば，やはり7億とか10億という時代がくるのではないかということを考える。しかも，温暖化ということがテーマになっているが，寒冷化と温暖化が繰り返しくるのが地球であって，やがて人口が減少することと寒冷化というものとがドッキングしたときに，いわゆる地球がスノーボール化するというようなことさえ議論になるということは，私が死んだ後であるから勝手なことをいっているだけで意味がないが，そういう議論も流域圏構想の一環としてはおもしろいテーマではないかということを思ったりしたわけである。

第5章

流域,流域圏のとらえ方について

吉川　勝秀

慶應義塾大学政策・メディア研究科教授
(財) リバーフロント整備センター部長

第5章　流域，流域圏のとらえ方について

1. はじめに

　本書では，自然共生型流域圏・都市の再生を議論している。

　本章では，流域，そして流域圏について，本書での各執筆者の議論や考察を踏まえつつ整理しておきたい。

　歴史を振り返ると，狩猟採取の時代には，人間は物質やエネルギーの循環を変えることなく，自然の生物圏の中で暮らしていた。約1万年前ごろ，間氷期に入り農耕牧畜の時代になると，森林を伐採し，湿地を開発して農耕を始め，地球の水を含む物質の流れを変え，エネルギーの流れを変える人間圏をつくってきたといわれる。日本では，稲作農耕の時代になると，川から水田への取水や一時的な貯留，里山・奥山での物質やエネルギーの取得など，一つの水系・流域内で水やエネルギーの流れに手を加えるようになった。その延長上で人口が増加し，社会が発展し，物質やエネルギーは世界的に移動するようになり，現在にいたっている。

　日本では，江戸時代はもとより，戦後も1960年代ごろまでは，水田での稲作と里山や奥山の森林と密接に関連する水の流れや，木材や肥料としての草等の物質の移動，薪炭林によるエネルギーの流れ等，その地域の流域・水系とのかかわりが濃厚に感じられる，いわゆる流域圏といえる地域社会が成立していた。

　その後，エネルギーの転換（薪炭から水力，石炭，石油等へ），鉄道から始まり道路，航空による交通・移動手段の発展等により，水系や流域圏をこえた社会経済活動が行われるようになった。

　しかし，人口が安定し減少するこれからの時代の地域や国土の計画・経営，人々の暮らしや地域社会の経営や再生は，流域圏に立脚することが求められる時代となった。

　以下では，流域や流域圏のとらえ方について述べ，本書第Ⅲ部で議論する際の流域圏とは何かについて明確にしておきたい。

2. 流域，流域圏のとらえ方

　ここでは，そもそも流域，あるいは流域圏とはどのようなものかを，この本の執筆者の議論等を引用しつつみておきたい。

第1部　流域圏プランニングの視座

(1) 水や水を媒介とした物質の移動(水・物質循環)からみた場合

流域の基本的な概念を**1**に示した。流域は，川の支流に対応したいくつかの支流域(あるいは亜流域)を包含するものである。その支流域の中で，さらにその支流に対応した支流域をもち，流域は，いわゆる入れ子構造となっている。

ここで，「流域」と「水系」という，類似した言葉の定義をしておきたい。流域は，河川の流れ行く区域，あるいは河川の四周にある分水界によって囲まれた区域とされる。水系は，地表の水が次々に集まって系統をなして流れる時，その系統をいう(以上，広辞苑)。このような前提で，以下では，言葉を使い分けることとしたい。

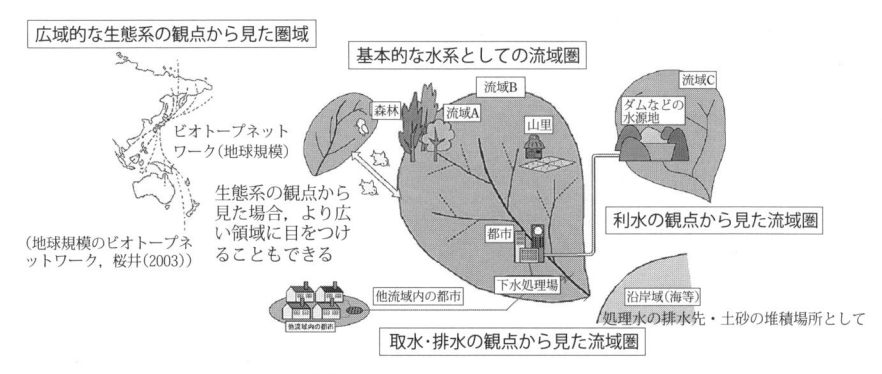

1 一般的な流域と流域圏のイメージ

①流域にかかわる圏域

水・物質循環の視点からは，**表1**に示すように，流域にかかわるものとしてつぎのような圏域がある。

- 集水域
- 氾濫域
- 利水域
- 灌漑域
- 沿岸域
- 下水道域
- 地下水域
- 総合的な流域圏

それぞれは**表1**に示したような領域に対応するものである。

②その実例

第5章 流域，流域圏のとらえ方について

表1 流域，流域圏に関する各種の領域

観点	圏域	この本での言及者等	領域，内容
水・物質循環系の観点	集水域＝流域	虫明・辻本・岸1)・石川	表面流が集まる領域（集水域）をいう。
	氾濫域	虫明・辻本	洪水の際に氾濫水が及ぶ領域または及ぶと想定される領域をいう。
	利水域	虫明	利用する水を他の流域から運んでくる領域はそのあつめられる領域も含めて、水を利用に関わる領域をいう。
	灌漑域	辻本	灌漑のために水を運んでいる領域をいう。
	排水域	虫明・辻本	利用した水・処理した水を排水する領域をいう。排水する先が他流域や海などの場合、そこも含まれる。
	沿岸域	虫明・辻本	利用後の水を排水する領域、あるいは土砂が流れし堆積する領域をいう。
	下水道域	虫明・辻本	下水道で水の流れる領域をいう。
	地下水域	辻本	地下水の流れる領域をいう。
	総合的な水循環から見た流域圏	虫明・辻本・丹保・鶴見川水マスタープラン2)	上述した水が移動する領域のすべて、あるいは一部を含んだ領域を流域圏と定義する。
生態系の観点	生態系の空間的な広がりに対応した表面流が集まる集水域（流域）	岸1)	生態系の空間的な広がりは、しばしば恣意的に限定されることが多く、表面流が集まる集水域（流域）は地形的にわかりやすく、河川を軸とした物質流動の構造を持つため、生態系の諸要素を総合的に把握しやすい。
	地図の基本単位としての表流水が集まる集水域	岸1)・石川	流域を入れ子状に分割していくことで行政的な区分にかわり国土を分割できる。この流域を地図の基本単位とする考え方は流域住民との共生に自然と感覚をもたらす。
	舟運等を通じて人間活動の及ぶ領域	虫明・辻本	舟運等により人間が移動する範囲を経済圏・文化圏としての流域圏とする。
経済圏・生活圏	第三次全国総合開発計画（三全総）3)		三全総は定住構想を提唱し、その実現のために定住圏を想定していた。定住圏は地域開発の基礎的圏域であり、流域圏、広域通学圏、通勤通学圏について言及した。（三全総当時の人々の基本的な生活圏域、つまり当時対応できる流域の適切な運営を図ると思われる）。この流域圏はその適切な運営を図ることにより、住民一人ひとりが創造することが可能となる国土の上に総合的居住環境を形作する。江戸時代の幕藩体制下の藩が、山から始まり里山・川・水田・都市を含む領域に対応した亜流域であることが背景にあると思われる。
	鶴見川水マスタープランという流域圏	鶴見川水マスタープラン2)	水循環と人間との関わりを考えた場合、流域および関連する分水界を超えた水利用域や排水域などを含む総合的な空間的広がりを生態流域圏を捉える。
総合的な流域圏			

注）1) 岸伸二：流域とは何か，流域環境の保全，朝倉書店，pp.70-77, 2002, 2) 鶴見川流域水協議会：鶴見川流域水マスタープラン, 2004, 3) 国土庁：第三次全国総合開発計画，1977 および本書を参照し、作成。

第1部　流域圏プランニングの視座

　上記の圏域について，そのいくつかの実例をみておきたい。
　まずは流域，すなわち集水域である。日本最大の流域である利根川流域は，❷にみるようなものである。この流域は，すでに江戸時代から大きな改変が行われた流域である。すなわち，元々は東京湾に流入していた利根川は，東の鬼怒川の下流に流入するように東に付け替えられ，鬼怒川と一体となって千葉県の銚子で太平洋に流入する河川となった。すなわち，元々は独立していた2つの大きな流域が人工的に一つとなったものである[4),5)]。❷に示す利根川の流域より，大きな流域やその支流域がイメージされよう。
　❸は，首都圏というメガシティにある都市化流域として，丘陵地の鶴見川流域と低平地を流れる中川・綾瀬川流域（かつての利根川，荒川の氾濫原を中心とした流域）を示したものである。
　❹は首都圏を構成する主要な河川流域を示したものである。
　❺は，東京という都市の利水域を示したものである。東京を流れる多摩川と荒川から取水した水に加えて，図の上方の利根川，左下の相模川から水をもってきて利用している。「利水」を通じて複数の流域間を水が移動する圏域が形成されていることが知られる。

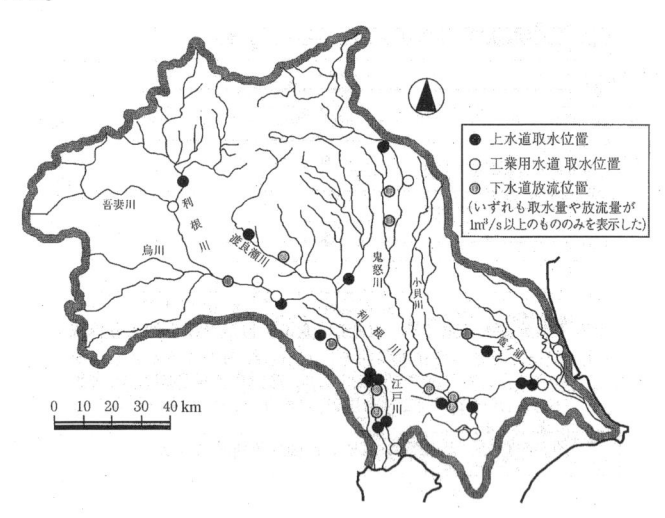

日本最大の流域。江戸時代の東遷事業により複数の流域（利根川・江戸川・鬼怒川・小貝川流域）にまたがった流域を形成している．特殊な流域の一例．
出典：『変革と水の21世紀』（丹保憲仁監修，山海堂）

❷　利根川流域[6)]

第5章　流域，流域圏のとらえ方について

　利水と表裏の関係にある汚水排水域(下水道域)を東京についてみたものが，**6**である。図中の下は，都心で比較的早くから下水道の整備が行われ，その延長上で現在の下水道の排水域(公共下水道域)ができている区域のものである。図中の上は，東京の郊外の下水道の排水区域を示しており，広域をカバーする流域下水道域を示している。いずれの下水道域も，多くの場合は重力による汚水の流下が行われ，河川の流域あるいはその支流域にほぼ対応している。

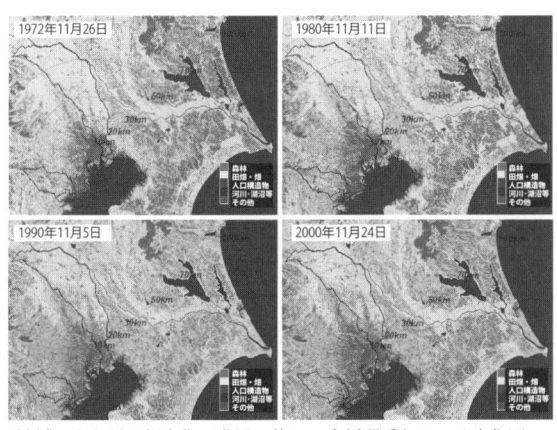

流域にまたがる都市化の進展に伴い，水循環系あるいは文化圏・生活圏の観点から見た場合には，個々の流域が閉じた系とならず，複数の流域が集まって一つの圏域を形成する。

3　関東平野における都市化の進展と中川・綾瀬川流域(左上の線で囲まれた区域)，鶴見川流域(左下の線で囲まれた区域)

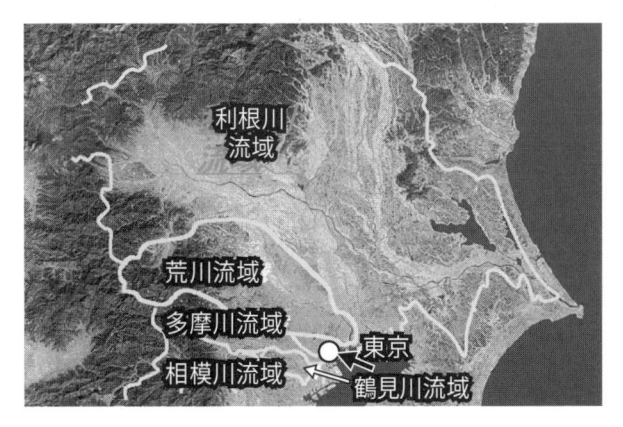

4　首都圏を流れる大河川の流域

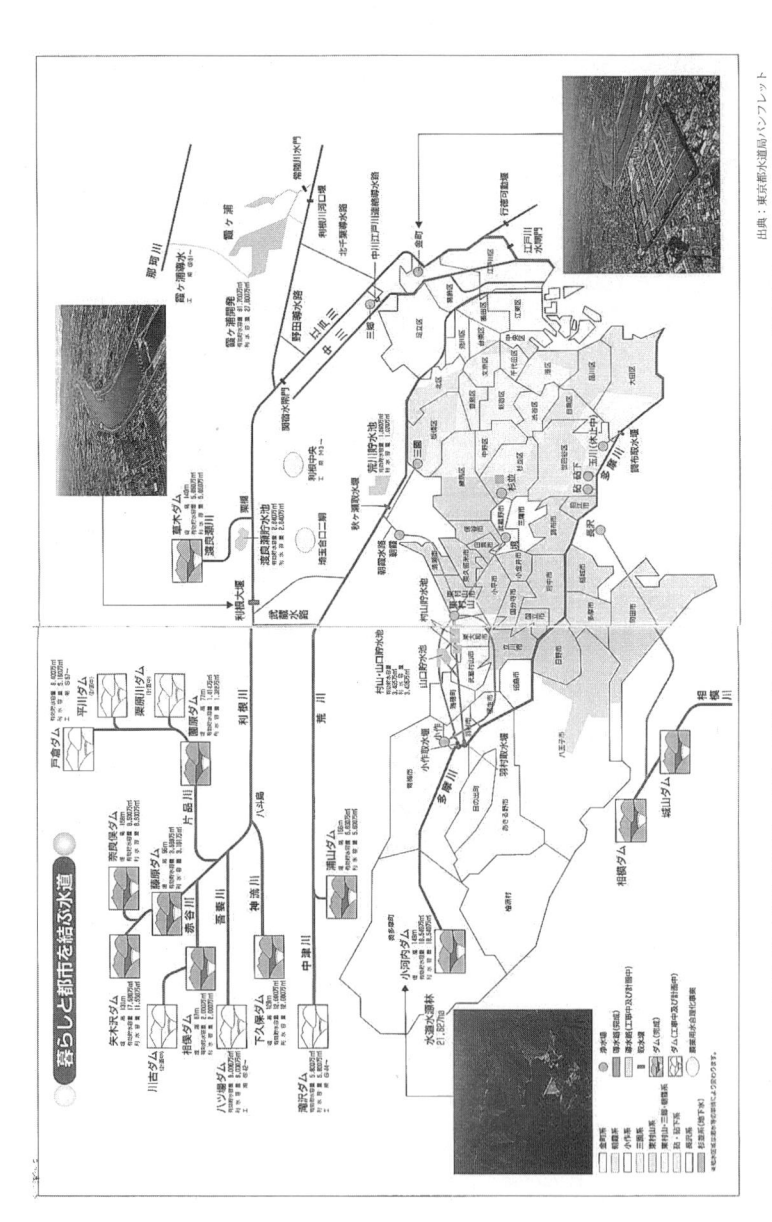

第1部 流域圏プランニングの視座

5 利水域のイメージ(東京都上水道域)

東京圏は水源を多摩川・荒川・利根川という流域の異なる河川に依存している。利水域はこのように別の流域から水を持ってくる場合は、そこも圏域に合わせて考えるイメージである。

出典:東京都水道局パンフレット

第 5 章　流域，流域圏のとらえ方について

東京都流域下水道全体計画図

東京都区部下水道全体計画図

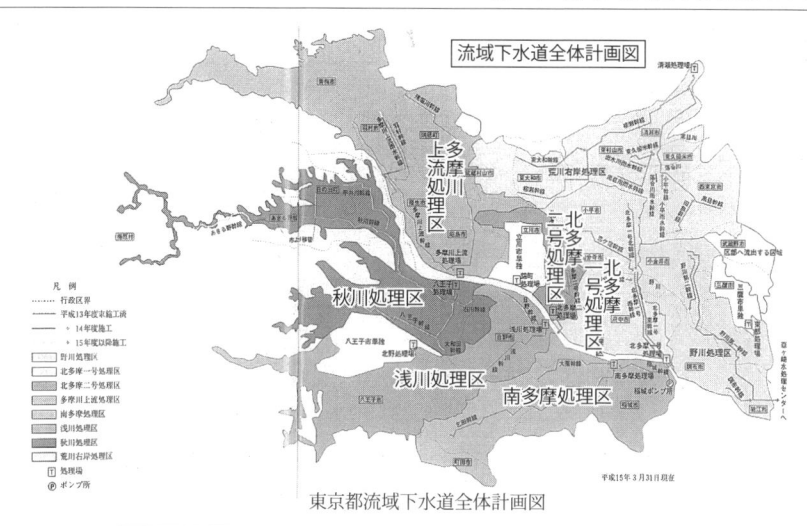

出典：東京都下水道局パンフレットより作成

利用した水・利用後処理した水を集排水する領域をいう．排水する先が他流域や海などの場合，そこも圏域に含まれる．東京都圏域の場合，多摩川流域，荒川流域および東京湾が含まれる．

❻　排水域のイメージ（東京都区部および流域下水道全体計画図）

105

第1部　流域圏プランニングの視座

　日本の人口の約50％，資産の約75％は河川の氾濫域(氾濫原)に集中している[5]。**7**はその氾濫域(氾濫原)について，関東の場合をみたものである．関東の主要な河川による氾濫原が示されており，河川の氾濫により浸水する可能性がある地域である．**3**に示す中川・綾瀬川流域の大半は，利根川および荒川の氾濫原であることが知られる[5]。

　8は地下水の流れを示したものである．**8**(a)は浅層地下水の流れのイメージを示したのである[7]。雨水や水田等の地表面，さらには河川などからの浸透，河川への流出など，地表や河川との水のやりとりがある浅い層の地下水の流れを示している．**8**(b)は，深い層の地下水盆に関係した地盤沈下を示した図である．地盤沈下は，都市等での地下水の汲み上げにより，深い層の地下水の層が圧密沈下して生じたものであり，深層地下水盆の存在を示している．かつては深層地下水の汲み上げ(と天然ガスの採取)により東京の低平地で，そして現在は利根川の埼玉県の栗橋周辺で沈下が著しい．

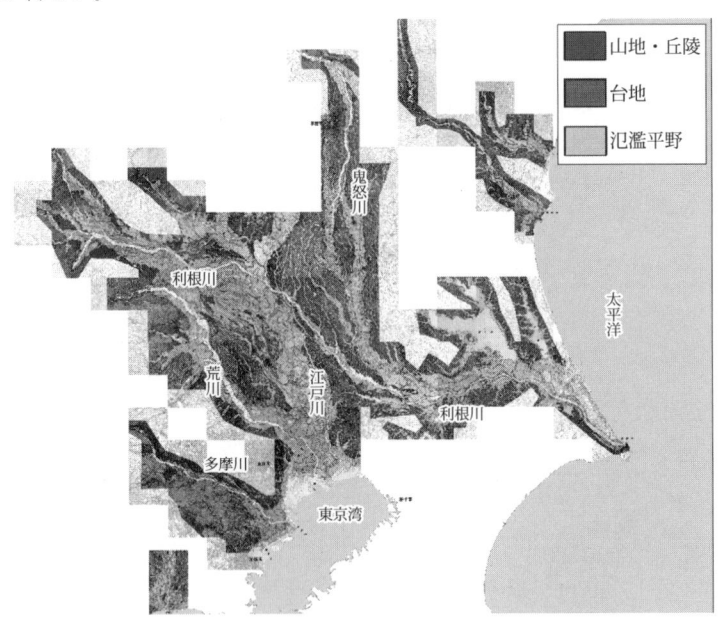

洪水の際に氾濫水が及ぶ領域または及ぶと想定される領域をいう．
これには流域の一部(この場合は氾濫平野)のみが圏域に含まれる．

7　氾濫域(関東)

(2) 生態系からみた場合

生態系の広がりの視点として，岸由二は，表1に示すように，生態系を総合的に把握するために，表流水が集まる集水域が地形的にわかりやすく，河川を軸とした物質流動の構造をもつため，生態系の諸要素を把握する上で適当であるとしている[1]。

水生あるいは水際の生態系は水系に密接に関係し，陸域の生態系も河川流域の地

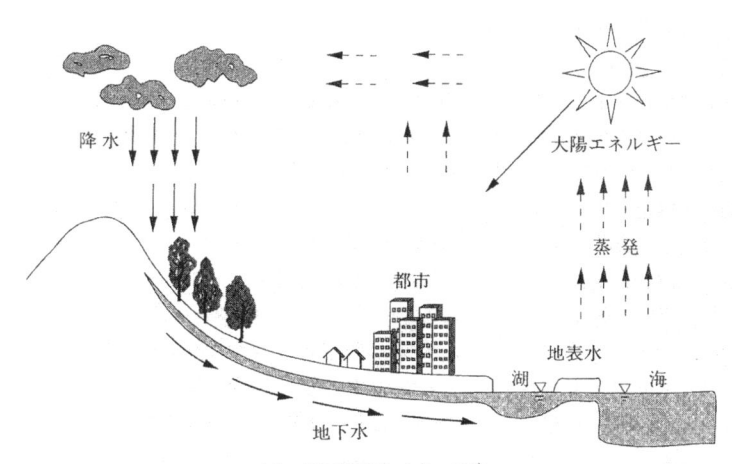

(a) 浅層地下水イメージ[7]

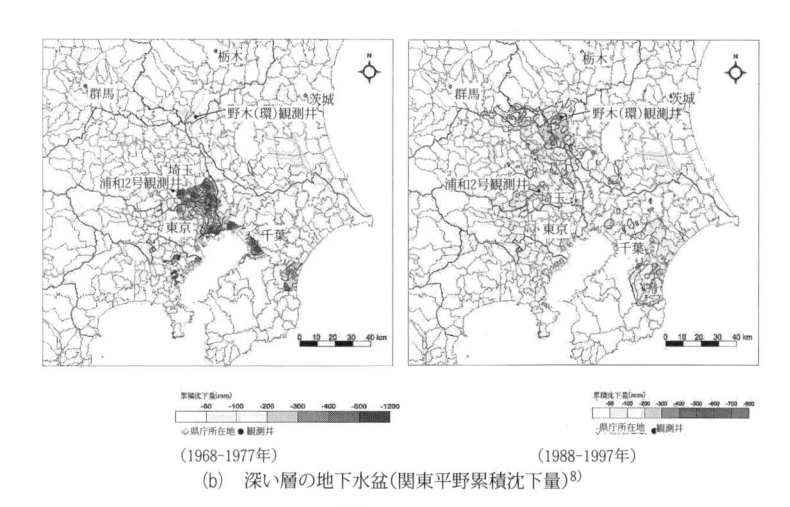

(1968-1977年)　　　　　　　　　(1988-1997年)
(b) 深い層の地下水盆(関東平野累積沈下量)[8]

図8　地下水域[7),8)]

第1部　流域圏プランニングの視座

形や地質に関係していることから，流域，すなわち集水域が生態系の諸要素を把握する上での重要なベース（ランドスケープ）であるといえよう。

鶴見川流域では，生物多様性の保持や水と緑のネットワーク形成の視点から，流域（支流域）に対応したものとして，❾のようなものが示されている[2]。

❿に関東地域全域について，森林等を含む生態系と流域地形とのかかわりを示

流域の緑の保全・創出・活用

■森林
■畑
■水田
□谷戸地形
…骨格となる河川・沿川農地
…骨格となる源流緑地
…骨格となる崖線・尾根緑地
□支川流域界

0.0 1.0 2.0 km

源流緑地，崖線・尾根線緑地の保全・回復
・緑地の保全・回復計画の立案と土地利用規制・誘導に努める
・緑地の維持管理への支援を行う
沿川農地の保全・回復
・沿川農地（水田）・丘陵農地（畑）の保全・回復計画の立案と土地利用の誘導に努める
・農地後継者，担い手の育成に努める
・営農環境を改善し維持管理への支援を行う

❾　生態系と流域地形との対応（鶴見川流域）[2]

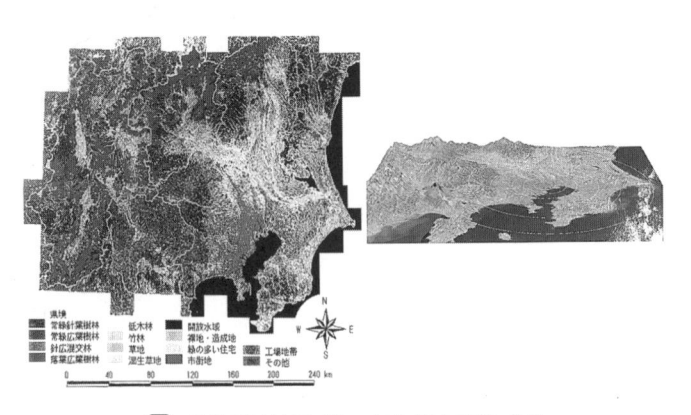

❿　生態系と流域地形との対応（関東地域）[4),5)]

108

した。

(3) 経済圏・文化圏・生活圏

　この観点からの圏域としては，表1に示したようなものがある。

　この中では，第三次全国総合開発計画（三全総）で提唱された，いわゆる流域圏構想が注目されてよい[3]。そこでは，明確な流域圏の定義は行われていないが，ある程度まとまりのある流域，大河川では支流域がその圏域として想定されていた。

　流域圏構想は，おおむね次のようなものである。

　三全総では，その基本理念として定住圏構想を提示した。そこでは，人間居住の総合的環境の形成を図るという方式（定住構想）を選択するとし，人間居住の総合的環境としては自然環境，生活環境，生産環境が調和したものでなければならないとしている。

　定住圏は地域開発の基礎的な圏域であり，流域圏，通勤通学圏，広域生活圏として生活の基本圏域であり，その適切な運営を図ることで，住民のひとり一人の創造的な活動によって，安定した国土の上に総合的居住環境を形成することができるとしていた。

　三全総の中の水系（三全総では，流域を水系と称している）の総合的管理の項では，水系の森林，水田，ため池等の土地利用の転換による水害の問題，自然環境の容量の低下，水循環系の短絡化による河川流量の減少や河道の単調な人工水路等による陸水環境の悪化，瀬と淵等の川のもつ独特の自然環境が消滅し，多様な陸水生態系が貧困化したこと等，今日を見通した指摘をし，水系ごとに，その流域特性に基づいて流域の土地利用の可能性と限界を求めつつ，流域の適正な開発と保全の誘導を図るとしている。この他にも，その後の総合的な治水や多自然型の川づくり，瀬と淵からなる多様な陸水生態系の維持，流域全体の水循環システムのあり方の検討等の将来を見通した提言がなされている。

　大都市圏流域については，災害の観点からの土地利用・構造物の誘導・規制といった総合的な治水対策や悪化した陸水環境のための水質対策を，流域を系として総合的に実施すること，そのために都市的開発等について，抑制の観点からその適正化を図る等のことを示している。小流域では，自然の容量が小さいことから国土の保全と利用にとくに細かい配慮が必要であること，土地利用の要請からとくに画一的，単調な断面の水路になりやすく，瀬と淵を有する陸水環境が損なわれ，貴重な都市域の自然環境・生活環境空間が喪失されることから，それらに十分配慮するとして

いる。湖沼等の閉鎖性水域を有する流域では，排水規制，下水道整備とあわせて，湖沼の集水流域内の適正な土地利用，人口・産業の配置に努めるとしている。

この計画が策定されたのは経済の高度成長期のまっただ中であったが，その時代を背景としつつも，今日でも通じる思想や構想が示されている。

この構想の際に，全国は200〜300の定住圏，流域圏としては約230流域の圏域が想定されていたという。この圏域数は，幕藩体制下での藩の数（270程度）や現在の小選挙区制の数（約300）に近いものである。

この構想は，矢作川流域や五ヶ瀬川上流での一部の活動を除き，ほとんど実現することがなかった[4]。

そして，時代を経て，21世紀の国土のグランドデザイン（五全総）で下河辺らによりふたたび新しい時代の流域圏の議論がなされた[9]。

これからは都市と自然，暮らしと自然を考えるにあたって，住むということ（定住）の概念も，本書で下河辺淳が述べているように，移動が激しい時代となった現在では，その地で一生住むというのではなく，住む時間は短くなっていることも認識しておく必要がある。

(4) 総合的な視点からみた場合

11は，総合的な水循環の視点に加えて，流域内での生物多様性の保全，水と緑のネットワークづくり等が議論されている鶴見川流域圏のイメージ図である[2]。そこでは，**表1**に示した総合的な流域圏という視点がとられている。人々の生活や経済活動とのかかわりから流域圏をとらえる場合，都市域では，このような総合的な流域圏ということになる。

同様に，水循環系を中心とした再生が議論されている印旛沼とその流域では，**12**に示したような流域圏のとらえ方が行われている[10]。

3. 本書の第III部での取扱い

流域，流域圏にかかわる上述のことを理解した上で，ここでは，本書の後半で議論する再生シナリオや流域圏プランニングで用いる「流域圏」という言葉の定義をしておきたい。

地表面の水が流れて集まる区域を流域といい，水文学では集水域ともいう。すでに述べたように，水・物質循環の観点からは，表流水の集まる流域というエリアに加えて，洪水の氾濫する可能性のある区域を示す氾濫域，水利用の形態からみて他

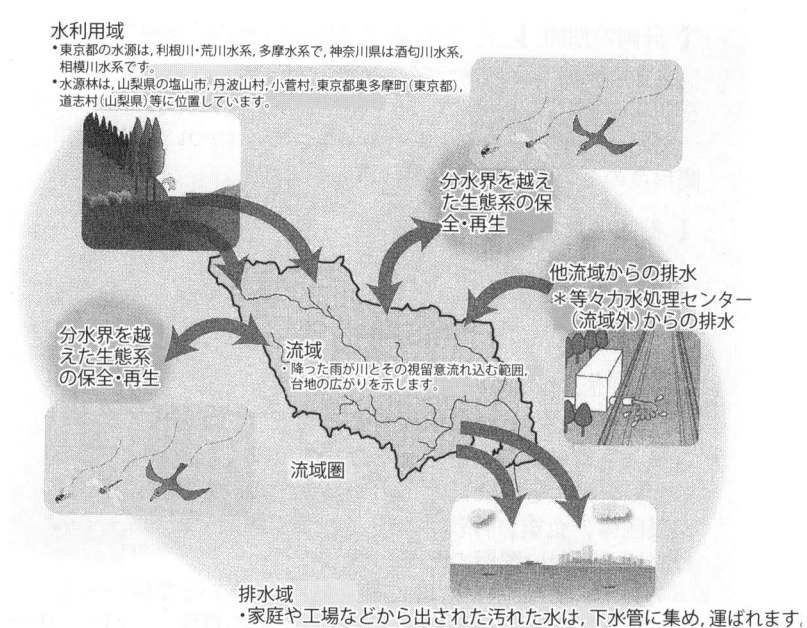

第5章 流域，流域圏のとらえ方について

水利用域
・東京都の水源は，利根川・荒川水系，多摩水系で，神奈川県は酒匂川水系，相模川水系です。
・水源林は，山梨県の塩山市，丹波山村，小菅村，東京都奥多摩町（東京都），道志村（山梨県）等に位置しています。

分水界を越えた生態系の保全・再生

他流域からの排水
＊等々力水処理センター（流域外）からの排水

分水界を越えた生態系の保全・再生

流域
・降った雨が川とその支川に流れ込む範囲．台地の広がりを示します．

流域圏

排水域
・家庭や工場などから出された汚れた水は，下水管に集め，運ばれます．
・そして，下水処理場できれいにされ，川や海（東京湾）に戻されます

流域の緑の保全・創出・活用
鶴見川流域水協議会：鶴見川流域水マスタープランより
流域 ：降った雨が川と支川に流れ込む範囲．水循環を考える際の基本単位．
流域圏：水循環と人間との係りを考えた場合，流域及び関連する分水界を越えた水利用域や排水域などを含む「流域圏」をとらえる必要がある

11 総合的な流域圏（鶴見川流域でのイメージ）[2]

の流域から水をもってきている場合に，その水が集められる流域も含めた利水域，利用した後の水の排水に着目したときの排水域，さらには地下水の流れに着目した地下水域がある。このような水循環の観点からは，それらのすべて，またはそのいくつかを含めた範囲を流域圏とみることもできるが，それはあくまでも水・物質循環的な見方である。

　流域は，表流水の流れとともに，その地域のランドスケープを形づくっている。そして，奥山，里山，水田，都市，海に至る区域を包含した流域では，自然の状態ではそのランドスケープに対応した生態系があり，人々の暮らしと経済活動があった。現在では人間活動の影響を大きく受けているが，その人工的な作用のもとでも，流域のランドスケープに対応した水の流れと生態系が残されている。

　三全総で提唱された流域圏といった場合は，かつて自然の流域のランドスケープ

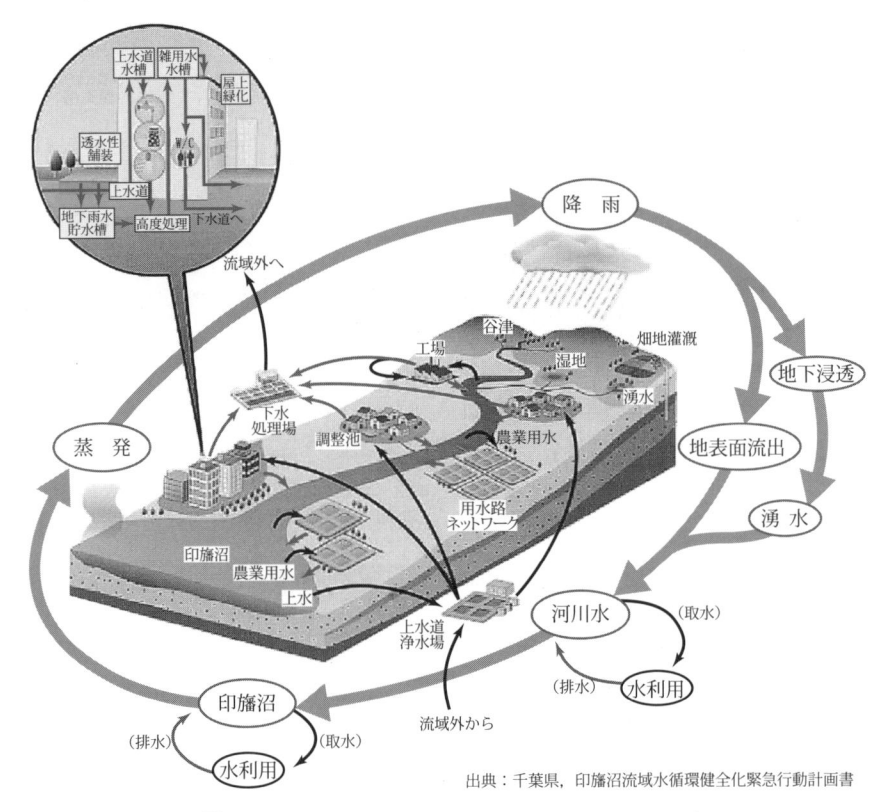

出典：千葉県，印旛沼流域水循環健全化緊急行動計画書

12 水循環の健全化が議論されている印旛沼流域の流域圏[10]

に対応して人々の暮らしと活動があり，それに対応した見事な水系社会が成立していた歴史から，この場合には，表流水の流域を流域圏とみていたといってよい。

水・物質循環や生態系，基礎的な人々の暮らしや生産活動と比較的よく対応し，自然と共生する流域圏・都市の再生計画づくりや実践の単位としてわかりやすいことから，本書の第Ⅲ部では，流域圏を表流水の流域に対応させて議論を進めることとしている。

4. おわりに

流域圏の圏域について，本書での議論等を踏まえて，水・物質循環，生態系，経済・文化・生活という面から，多角的な視点で検討した。そして，本書の後半，第

第 5 章 流域，流域圏のとらえ方について

Ⅲ部で述べる再生シナリオやプランニングの議論でいう流域圏とは何を指すのかという点を明確にした。

国土での問題への対応は，それを扱うべき圏域がある．本書の後半では，その圏域として，表流水に対応している通常の流域(集水域，水系)を対象として議論を進めている．

参考文献

1) 岸由二：流域とはなにか，木平勇吉編　流域環境の保全，pp.70-77，朝倉書店，2002.
2) 鶴見川流域水協議会：鶴見川流域水マスタープラン，2004.
3) 国土庁：第三次全国総合開発計画（三全総，閣議決定），1977.
4) 吉川勝秀：人・川・大地と環境，技報堂出版，2004.
5) 吉川勝秀：河川流域環境学，技報堂出版，2005.
6) 丹保憲仁監修，21世紀の社会システム，国土管理のあり方に関する研究会，河川環境管理財団：変革と水の21世紀，山海堂，2004.
7) 丹保憲仁・円山俊朗編：水文循環と地域水代謝，技報堂出版，2003.
8) 国土交通省土地・水資源局水資源部：国土審議会水資源開発分科会　第2回利根川・荒川部会　参考資料，2002.
9) 国土庁：21世紀の国土のグランドデザイン－地域の自立の促進と美しい国土の創造－（五全総），1998.
10) 千葉県：印旛沼流域水循環健全化　緊急行動計画書，2004.

II 流域圏プランニングの現状

第6章

流域圏・水循環再生

虫明 功臣

福島大学教授
東京大学名誉教授
(独)科学技術振興機構 CREST「水循環研究領域」
　研究総括
総合科学技術会議地球規模水循環変動研究イニシ
　アティブ座長

第6章 流域圏・水循環再生

　私の専門は土木工学で(最近は社会基盤工学などということが多いが)，土木工学系の，水を専門とする水文学，水資源学である。今日のタイトルは「流域圏・水循環再生の事例」ということで，副題を「流域ぐるみの健全な水循環系づくり」とする。

　健全な水循環系というのは，ある種のテクニカルタームになっている。これは後で話すが，自然共生というのははやり言葉としてはいいが，私自身は同じような意味で，健全な水循環系というようなことを水の分野では使おうとしている。

　水循環という用語は，一般によく使われているが，今日はその概念とか，さらに健全な水循環系の概念についてお話しする。それから，私自身が土木系の技術研究者で，分散型の水循環保全対策ということをやってきたのでその話，さらに，そういうものを含めた，流域として具体的に水循環をどう好ましい形にしたらいいかというような事例がここ10年のうちにいくつかあるので，その中で私がかかわったものについて紹介しようと思う。時間がないので，鶴見川などは石川先生，岸先生がよくご存じなので，少しだけ触れることとし，ここでは，主に，印旛沼の話をしたいと思う(**1**)。

流域圏・水循環再生の事例
―流域ぐるみの健全な水循環系づくり―

福島大学行政社会学部
虫明　功臣

- 水循環系と人間との係わり
  * 流域水循環系健全化の概念／＊都市化による水循環系の変化と対応策
- 分散型流域対応策：雨水貯留浸透技術
- 都市化流域における水循環系健全化計画の展開
  * 展開経緯／＊先進的事例としての海老川流域における試み／＊鶴見川流域水マスタープラン／＊印旛沼流域水循環健全化計画
- まとめと課題

1

■水循環とその変化

　まず水循環ということであるが，水というのは，一部の地中深く閉じ込められた化石水を除いて，すべてが循環している。これは，いい状態であっても悪い状態であっても，つまり，洪水を起すような状態でも渇水を起すような状態でも，あるいは，きれいな状態でも汚れた状態でも循環しているということで，いわゆる循環型社会といわれるような，リサイクル社会の循環とは違うということをぜひ認識してほしい。そういう循環をしている水と，人間を含むあらゆる生物がつき合っているという認識である。その循環の仕方の特徴としては，自然な状態でも非常に，時間的にも空間的にも変動が激しいということと同時に，人間の活動によってその循環系が変化する。地球規模でいうと，ご存じのとおり，炭酸ガスを出したり温暖化ガ

第2部　流域圏プランニングの現状

スを出すということで，地球規模の水循環系も変っている。それからもっと身近なところでは，後で概念を説明するが，河川流域ではさまざまな人間活動があって，吉川教授の話にあった，昔ののどかな里山があり，水田があるというところから大きな変化を受けているわけである。水文学というのは，この水循環系を科学的に明らかにするという分野である（**2**）。

その人間活動であるが，**3**は吉川教授からもらったスライドであるが，この100年間ほどをみてみると，1900年には日本とフランス，イギリスの人口は同じだったのが，2000年になると，日本がはるかに伸び率が高くて，人口がフランスとイギリスの2倍以上になっている。この急激な変化は，先進国でも異例だと思う。アジアはまだどんどん伸びているが，アジアでも異常な経験をしたというわけである。この中で，まさに都市問題も水問題も，あらゆる社会問題が経験していない，いろいろなことがあったわけである。それをどう回復しようかというのが一つの視点だと思う。

水循環とその特徴

- 水の存在→良くも悪しくも循環していること
- 人間を含むあらゆる生物―循環している水との付き合い

温暖化ガスの放出などにより，地球規模で水循環系が変化

地球規模水循環

- 水循環の2つの基本的特徴
  1) 自然現象として時間的・空間的に偏在
  2) 人間活動によって変化

様々な人間活動によって水循環系が変化

流域水循環

水循環系の解明 ⇒ 水文学の役割

2

Japan's Experiences: Rapid Population Increase

- In the year 1900　The population as same as France and U.K.
- In the year 2000　2 times more than France and England

3

■ 人間と水循環系とのかかわり

水が循環しているといったけれども，その循

環系と人間のかかわりというのを分けてみると，これは土木的な分け方であるが，水を利用する立場，それから水害を経験する，多い水に対して災害をなくすという立場と，もう一つは環境の保全・回復機能を保持するという3つに分けることができる。それぞれの水利用の立場でも，たとえば，都市用水と農業用水との間では，要求の違いとか対立関係がある。あるいは治水問題では河川の上流と下流で利害の対立があるけれども，この異なる3つの部門間でもこれまた要求が違うということ。人間と水のかかわりには要求の違うものがあるという認識が実は非常に重要で，それぞれの異なる要求あるいは対立をいかに調整し，バランスのとれたものにするかというのが，技術的なあるいは制度的な立場からの視点だと思う。総合的にこういう立場を調整するというのが，水の政策とか行政の最終目標であるし，一方，学問分野では我々の水資源工学の対象だというわけである（❹）。

人間と水循環系との係わり

・価値観と利害が異なる3つの側面
　＊利水：各種の水利用と排水
　＊治水：水害の軽減
　＊環境の保全・回復：親水，自然を育む水の機能の保全と回復
（各側面での要求の相違，地域間，部門間での利害の対立：新たな技術の適用とそれに伴う制度的な対応は，そうした対立を和らげる方向にあるが，本質的に問題として存在）

・水循環系（量だけでなく質を含む）と人間との好ましい関係の構築

　　　　　　↓

・水施策／水行政の総合的目標（水資源工学の対象）

❹

■ 流域水循環健全化とは？

そういう発想から，1990年代に入って，やはり環境問題が非常に重要になったという視点から，単独部門だけで物事をやっていたのではうまくいかないという認識が出てきた。平成6年に，旧国土庁の水資源部に水資源基本問題研究会というのがあって，国土庁は各省庁が集まってできたところなので，こういう議論が非常にしやすいところであったが，健全な水循環系というテーマを取り上げて，定義とか議論した。そのときの定義は，"河川流域を対象として，治水の立場，利水の立場，環境保全・回復の立場から，水の循環を持続性があってバランスのとれた状態にする"というものであった。これが「健全な」という意味で，健全なという文学的な表現であるが，治水，利水，環境の持続性とバランスというのがキーワードになっているわけである。これは，流域あるいは流域圏を単位とした総合的な水のマネジメントだと言換えることができる（❺）。

なぜ，流域ないしは水循環系としてとらえるか，その必要性と意味についてであ

「健全な水循環系」とは？

「流域を中心とした水循環の場において，治水と利水と環境保全に果たす水の機能を持続性があり，バランスのとれた状態にする」

⬇

「流域（圏）を単位とした総合的水マネジメント」
❺

るが，1つは水問題，水利用も治水の問題も，後で話すが，流域というのは，狭い水文学的な定義では分水界，分水嶺を境として水が集まってくる区域のことをいう。だから，自然的な水の循環の地上での一つの単位になるわけである。その中で，水系が形成されていて，魚類とか水生生態系というのは，生態系としても圏域の一つの単位になるということ。

それから，人間活動がさまざま行われて，いろいろな汚染問題，洪水問題が起るが，それは起っているところでみていたのでは解決しない。原因は上流にあったり，中流にあって，その結果下流にあらわれてくるということである。それから地下水問題も含めて，流域の中での水循環系に対して，それぞれ人間がどうかかわっているかという見方をすれば一つの筋が通る。水というのは大気圏から地圏，あるいは水圏，あるいは生態系圏というものを貫いて循環しているわけで，その中でみることによって，いわゆる総合的な見方ができる。

それからもう一つ，先ほど吉川教授の話の中に，三全総で提唱された流域圏を単位とした定住構想ということがあったが，その発想も，流域という地形的な単位が，実は昔は経済圏，文化圏になっていて，それが，交通網が発達することによって破壊されたというような背景を意識しながら，もう少し自然な国土にのっとった国土計画をしようという発想だったと思う。なかなかそれはうまくいかなかったと思うが，流域，水循環系という概念をもとに，流域が共同体意識をもつということができれば，流域圏の復活になるのではないかという意味もあるかと思う（❻）。

■ 流域と流域圏

流域とか流域圏ということを少しちゃんと定義しておきたいのであるが，流域というのは，分水界で囲まれたところだというのは，水循環を専門とする水文学の定義であるが，これだけでは人間のかかわりを含む流域内のいろいろな活動を，マネ

流域水循環系として捉える意味と必要性

- 地上における水循環の閉じた場となる河川流域は，水利用とその後の排水や洪水災害の軽減を考える上でも，魚類等の水生生態系の保全・回復を図る上でも，一つの重要な圏域の単位である。
- 利水・治水・水環境に係わる各種の問題は，それが生じている場所のみに着目するだけでなく，上流域から中流域から下流域へ，また地表水から地下水へという水循環系の立体的な広がり，すなわち河川流域圏全体を視野に入れて総合的に対処や解決を図る必要がある。　➡ 水施策の総合化（水循環系を軸として）
- 昔は河川水系が舟運路として使われ，流域が一つの経済圏，文化圏を形成していた。その名残は今でも残っている。「流域水循環系の健全化」の概念の基に社会・経済・文化的な圏域としての流域圏を復権（流域共同体）できる可能性を持っている。

❻

ジメントの立場から考えることはできない。それに加えて，流域をこえて氾濫するところ，とくに，下流部はそういうところが多い。それから，水を利用する区域，**❼**は鶴見川を例にしているから，いろいろなところからもらっているという意味では，都市用水をもらっている区域としては利根川とか酒匂川まで入るわけである。そのほか，利根川の水などは東京でもいろいろ配っている，そういう利水域，それから，それを排水する区域として，まさに鶴見川の例では東京湾とか沿岸域を含む区域。人間が水循環系を人工的に変えた影響範囲として，こういうものが含まれると考えるべきだと思う。ただ，どこまで考えるかというのはその問題によって違って，いきなり，たとえば，鶴見川の問題，後で話す印旛沼の問題を東京湾と直結して考えると，また非常に話が広がって混乱するから，まず，そういう広がりがあるという視野をもちながら考える。そして，できる行動はそういうところまで広げてやっていくということだろうと思う（**❼**）。

■ 水施設の展開経緯

急激な都市化というのは，とくに，首都圏についてみると，昭和35年から十数年間の間，毎年30万人をこえる人口移入が15年間も続いた。これは，たとえば，私のいる福島市は，県庁所在地だが，人口30万人をわずかにこえた都市である。現在の福島市以上の都市が15年間，毎年首都圏に入ってきたというような急激な変化なので，そういうことで考えれば，これはたいへんなことだというのはよくわかると思う。

都市化による水循環系の変化に対する対策の経緯をみてみると，まず問題になっていたのは，都市化によって洪水の出が増えたということと同時に，旧来氾濫していた水田のようなところに住宅地が建ったという都市水害の問題であった。それに対しては，河道だけではなくて，流域対策をしようという総合治水対策が打ち出さ

第2部　流域圏プランニングの現状

流域と流域圏（水管理の立場から）
流域　：集水域（水文学の定義）
流域圏：集水域＋氾濫域＋利水域＋排水域

鶴見川の流域圏
← 上水道等の流れ

❼

れた。やや遅れて，やはり都市河川が三面張りにされて排水路化していく中で，これを潤いのあるものしようという問題，それから，都市河川の問題だけではないが，河川そのものが治水，利水を中心に展開してきたものを，もう少し自然を回復しようという動きがあった。さらに，これは，石崎勝義氏（当時，建設省河川局）がリードされたが，都市の地震・火災など非常時の水をどうするかという発想から，それには，普段からちゃんとストックを増やして，環境的にも治水的にも使おうというアーバンオアシス構想が出された。それから，清流ルネッサンス21と称して，これは下水道と河川が協力して質と量を同時に，都市の水循環を改善していこうというようなこと。そういう動きの中で，初めて都市の「水循環」と

| 都市化流域の水循環系保全対策の展開経緯 |

・総合治水対策：線（河道）から面（流域）へ　　1977
・親水事業　　うるおいのある水辺空間の創出　　1980〜
　　　　　　　生態系を含む自然環境の回復・保全　1990〜
・アーバンオアシス構想：都市域への水ストックの拡充に　1985
　　　　　　　よる非常時用水の確保
　　　　　　　治水対策の向上，
　　　　　　　水環境の創出，
　　　　　　　平常時の水利用
・清流ルネッサンス21：水循環・水環境の改善　　1993
・都市の水循環再生リーディングプロジェクト　　1996〜
　（河川審議会答申「今後の河川環境のあり方」1995年3月）
・河川法の大改訂：治水・利水＋環境，地域住民の参加　1997
・健全な水循環系構築に関する省庁連絡会議　　1998
・特定都市河川浸水被害対策法　　　　　　　　2003

❽

いう言葉が行政で使われるようになったと思うけれども，都市の水循環再生プロジェクトということが行われて，河川法の改正とか，水循環健全化に関する省庁連絡会などにより，だんだん総合化に向い，去年，「特定都市河川浸水被害対策法」，これは浸水対策であるが，法律的に下水道，都市計画，河川が連携する仕組みを初めてつくられるに至ったのである（❽）。

■ 雨水貯留浸透技術

　技術の方向としては，都市では，下水道が雨水対策に責任をもっているわけであるが，下水道法には，「雨水排除」と書いてある。ところが，排除だけではとてもうまくいかないというのが総合治水の発想でもあった。やはり，貯留浸透対策，すな

わち，排除することからストックを増やしましょうという方向が重要になっている。別の言い方をすると，河川・下水道施設整備に加えて，個々の私有地や公共用地も含む流域での対策が必要であるということになってきているのである。そういう技術の代表的なものとして，これも石崎さんが仕掛けられたのであるが，こういう住宅開発地において雨水を浸透させましょうという研究会が，1980年から始まって，今ではこういうものをつくる技術指針もできている。どこの地盤に対してどれくらい水が入るかとか，それが地下水になって，流域としてどんな効果をもつか，というところまでできるようになっているわけで，これは，地下水の涵養，洪水の低減，もろもろの水循環をゆっくりさせるという効果がある（❾，❿，⓫）。

同じころに海外でも同様なことが行われていて，それを我々は見に行った。実はEUに，European Junior Scientist Workshop on the Stormwater Infiltration というグループがある。Stormwater Infiltration というのは豪雨による雨水をしみ込ませるという意味である（⓬）。スウェーデン，ドイツ，デンマークとみて歩いたのであるが，ドイツのハーメルンというところの小学校の一角に，アダムス先生というハノーバー大学の博士号をもった研究者

技術の方向性

フロー ＋ ストック

雨水排除 から 雨水貯留浸透 へ

河川・下水道施設整備 ＋ 流域での貯留浸透対策

❾

雨水貯留浸透施設
―雨水を浸透させるいろいろな仕掛け―

❿

雨水貯留浸透技術の役割

● 都市化によって速まった水循環スピードをゆるやかなものに

● 地域（流域）にとって「好ましい水循環系」の形成
  □ 都市水害に対する安全性の向上：
    分布型治水の勧め
  □ 水環境の改善：
    都市河川に清流を，水と緑，そして大地に潤いを
  □ 水資源の保全：
    地下水涵養，水の有効利用とリサイクル

⓫

第2部　流域圏プランニングの現状

海外での事例

◇1980年代初め頃
European Junior Scientist Workshop on Stormwater Infiltration を組織
(スウェーデン，ポーランド，デンマーク，ドイツ，オランダ，イギリス，フランス)

スウェーデン
ドイツ　　　　← 水質改善（合流式下水
デンマークなど　　道の越流頻度を低下）

フランス・ボルドー市：洪水流出抑制

⓬

ドイツ・ハーメルン市郊外の新興住宅地の雨水浸透仕掛け

学校の1部屋に陣取ってハーノーバー大学アダムス博士が指導
(社)雨水貯留浸透技術協会：第1回海外ウォーターエコロジー研究会　94.6.13

⓭

ドイツ、ハーメルン市郊外の新興住宅地の
Storm-water Infiltration Devices（雨水浸透仕掛け）

窪地

雨どいなどから雨水流入　芝などの植栽　砂などで埋戻し　礫・砕石など

トラフ（窪み）・アンド・トレンチ（溝）
メンテナンス・フリーの浸透仕掛け

⓮

が，この新規住宅開発地で雨水を浸透させることについて指導をやっている（⓭）。⓮には1つの例を示したが，雨どいがあって，窪地に導かれている。これが断面の絵であるが，下にトレンチ，要するに溝を掘って砂利で充てんしてあって，この部分には砂を埋め戻してあり，この上に芝生があるという形である。花壇や池に導いてオーバーフローしているものがここへいく。こういう仕掛けの導入を促進する役割をアダムスさんがやっているのである。なぜこういうことを一生懸命やっているかというと，ドイツでは雨水排水を出すということは，このあたりは合流式下水道というシステムになっていて，都市化によって洪水量が増えると，汚水が水域へ出る頻度が高まって，水質汚染に直接つながるということがある。これに対しての原因者責任をとる，あるいは，自分の責任として，起った悪い現象を抑えるという考え方が浸透しているのである。もしこういう施設をつくらない場合にはお金を払う，そのどちらをとりますかということである。

振り返って日本をみると，実は，河川の治水にしても，下水道の雨水対策にしても，洪水対策，水を治める治水は国の責任だということになっている。したがって，下水道では汚水私費，汚れた水をきれいにする分は負担するけれども，雨水対策は公費である。つまり，こういう洪水対策に対しての自己責任という観念がない。これはある意味では合理的であ

る。日本あるいはアジアモンスーン地帯というのは，氾濫原沖積地に住んでいて，そういう土地に住めるように国が責任をもつというのは，アジアでかなり共通の概念で，それはそれでいいのであるが，都市化のような，原因者がはっきりしているものについては，やはり制度的にも自己責任という考えを入れるべきではないか。それが一つの形になったのが先ほどいった特定都市河川浸水被害対策法であり，これにはそういう仕掛けが含まれてきたという点で評価できる(⓯)。

庭造りと一体になった仕掛け

この地域では，雨水排水は自己責任／原因者責任
浸透仕掛けを入れるか，雨水排水負担金を払うかの選択

⓯

■ 都市流域での水循環系健全化の試み

　水循環健全化という話は先ほどしたが，治水，利水，環境を含めて総合的にやっていこうというはしりとなったのが，1993年に発足した都市の水循環改善研究会である。その延長線上で，それを実現しようというのでリーディングプロジェクト(⓰)とつながっている。まず，水の問題というのは，やはり公共性が強いということで，お役所がやる気にやらなければできないという面がある。河川，下水道，都市，住宅というような関連部局が集まって，ここで2～3年間，非常に密な議論をした。後でいうが，そのときに都市の水循環とは何かということを見えるようにして，それで下水道はここでやっている，河川はここを受けもっているという議論をすることによっ

都市河川流域での水循環系健全化の試み
－流域水マネジメントへ向けて－

- 都市の水循環改善研究会：1993～1995年，都市の望ましい水循環系の構築に向けて，各関連部局（河川，下水道，都市，住宅，道路など）を横断する総合的施策の提言

- 都市の水循環再生リーディングプロジェクト：1996～1998，神田川（東京都），東川（埼玉県），和泉川・平戸永谷川（神奈川県），海老川（千葉県），菩提川（奈良県）の6河川流域

- より大きな都市河川流域での試み→"行政部門間の連携・協働／地域住民参加型行政"における壮大な社会実験

＊新河岸川流域（東京都と埼玉県）水循環マスタープラン
＊鶴見川流域（東京都と神奈川県）水マスタープラン（関係者100名以上）
＊印旛沼流域水循環健全化会議

⓰

て、いわゆる部局間の縦割りというものがかなり薄まることができる面があった。私がやっている水文学を自画自賛しているわけであるが、やはり皆さんが客観的な事実を見えるようにして議論することが非常に重要だということを実感した。実際そこで議論したことをやっていこうというプロジェクトが具体的なプランにつながる。ここにあるのは、神田川を除いて小河川で、小河川というのは $10\,km^2$ 単位のオーダーの河川である。大きいのは、新河岸川という、東京都と埼玉県をまたがって流れる $400\,km^2$ の川で、やはり実施計画を立てようとしていて、これはまだ途上で、続いている。鶴見川では5年ぐらいかかり、これは石川先生にもマスタープランづくりで非常にお世話になったけれども、やっと今年できたものである。これは $270\,km^2$。なぜ流域の大きさをいうかというと、スケールによって非常に対応の仕方が違うからである。印旛沼流域というのが $540\,km^2$ あるけれども、これは緊急行動計画というのがまさにできたばかりである。内容についてはあまり立ち入ってはお話しできないので、後で要点だけを話す。

■ 海老川流域水循環再生計画

最初に水循環系の再生に取り組んだのは、千葉県の海老川流域である(**17**)。先ほどの都市の水循環再生リーディングプロジェクトの中の一つとして、$27\,km^2$ という流域、船橋市がこの面積をカバーするぐらいの範囲で、組織としても千葉県と船橋市がやる気になればできるというところで、そういう意味でやりやすいところである。行政がそれぞれ役割分担をして、これから開発していこうという人たちには、貯留浸透を義務づけましょうという計画である。

地域住民の参加をキーワードとしている。これは大体どこでも同じなのであるが、その具体的なあらわれ方はまったく

海老川流域での水循環健全化の試み
〜「海老川流域水循環再生構想」(平成8年)〜

○都市の水循環再生リーディングプロジェクト(1996〜1998)
　神田川(東京都)、東川(埼玉県)、和泉川・平戸永谷川(神奈川県)、海老川(千葉県、流域面積27km²)、菩提川(奈良県)
　の6河川流域

○3つのキーワード
　「行政間の役割分担と連携」
　「開発事業者への協力要請と義務づけ」
　「地域・住民参加の推進」

平成10年3月
海老川流域水循環再生構想検討協議会

17

違っている。鶴見川の場合は，非常に地元の住民組織がしっかりしていて，これは岸先生のグループの功績だけれども，非常に熟度が高い。ところが，海老川では，ほとんどそういう成熟した市民運動，住民運動はない。ただ，いろんな環境団体があるので，むしろ協議会方式でやっていく中でそういう人たちを啓蒙するという役割，色彩が強かった。だから，キーワードは同じでも，やり方は地域によってまったく違うということである。ここでもやはり，水害問題あるいは環境問題，渇水時の水利用問題を掲げているが，これはもう実行計画に移って，それぞれの進捗具合を見ながら展開している。全国の最先端といったけれども，これはやりやすいからそうなっているという面もある (⓲，⓳)。

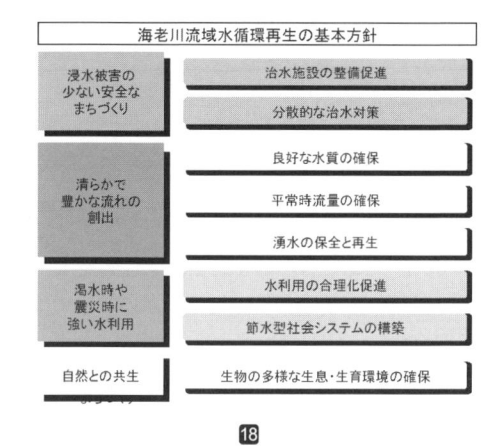

■ 鶴見川流域水マスタープラン

　鶴見川流域は，⓴にあるように，人口が現在180万人余りで，40年前の20万人に対して，9倍にも増えている。先ほど話したように，ここには中小の地方都市が五,六個入ってきたことになる。そういう意味では，日本の中でももっとも都市化

第2部　流域圏プランニングの現状

鶴見川流域 水マスタープラン

鶴見川は，流域市街化率約85％の典型的な都市河川です。流域対策と併せて治水対策を進めてきましたが，急激に進んだ都市化により，治水面だけではなく環境面，防災面等，流域を取り巻くさまざまな問題が生じています。

⑳

基本理念

・流域的視点から川やまちのあり方を再構築する
・土地利用に水循環系の視点を取り入れる
・市民・企業・自治体・国が役割分担と連携を図り，取り組む

水循環系の健全化を基本とし，総合的な流域管理・水管理の視点から，都市流域の再生を目指すビジョン

㉑

水に関する施策の総合化

	洪水時	平常時	自然環境	震災火災	水辺ふれあい
源流域(谷戸)保全					
水田等農地保全					
環境防災調整池・水路の構築と新しい河川の整備・管理					
流域まちづくり・土地利用・住まい方の誘導					
生物の多様な生息・生育環境の保全・回復					
水の総合学習，防災学習の推進					
持続可能な流域社会構造への転換					
流域合意・調整のしくみづくり					
水の総合行政の推進					

㉒

の影響を受けたところで，1977年に，最初の総合治水の発想が生れたのが，ここ鶴見川流域だった。その当時から，やはり治水問題をもとに地元の関心が高くて，それが鶴見川ネットという，岸先生たちが主催しているグループ運動に発展したと思うが，問題が深刻であるがゆえに，やはりそれなりの問題意識をもった人が出てきているという見方もできる。ここでは，川だけでものを考えてもだめだということで，流域的視点から川やまちのあり方をみよう，土地利用を考慮しよう，それから，それぞれ市民・企業・自治体・国が何ができるかをちゃんと明確にした上で連携しながら進んでいこうということで，健全な水循環系，治水・利水・環境という全体を総合的に考えようとしている。それで，流域再生というのをキーワードに進んでいるが，具体的には①洪水時の問題，②平常時の問題，③自然環境保全・回復，④震災・火災の非常時の水問題，⑤水辺とのふれあいの5つに分けて，それぞれどういう対策があるかということを考える。それと同時に，それぞれの5つの対策が，実は単独に意義をもつのではなくて，それぞれの空間的なところ，あるいは施策的には横断的な意味をもっているということで，むしろ横断的に連携することを重視しながら計画を立てている（㉑，㉒）。

第 6 章　流域圏・水循環再生

■ 印旛沼流域水循環健全化計画

　印旛沼流域は，540 km² というかなり大きな，16 市町村を含む流域である。海老川や鶴見川では，都市開発が流域変化の一番大きな問題になっているのに対して，この印旛沼流域には，佐倉市，八千代市，千葉ニュータウンという，いくつかの都市問題もあるけれども，農地問題も含まれている。農地，森林，市街地が混在している中で，いろいろ問題をもっているのである。というのは，印旛沼は，今はこういうふうに2つの湖をつなぐ水路があるけれども，もともとは1つの沼だったのところを，昭和40年代の初めに食料増産のために大規模干拓したという経緯がある。もう一つ，鶴見川とか海老川と違うのは，沼という閉鎖性水域で，とくに水質問題が非常に深刻であるということである。人口は2倍しか伸びていないのであるが，経済活動もそれなりの伸びがあり，変化があるところである(㉓)。

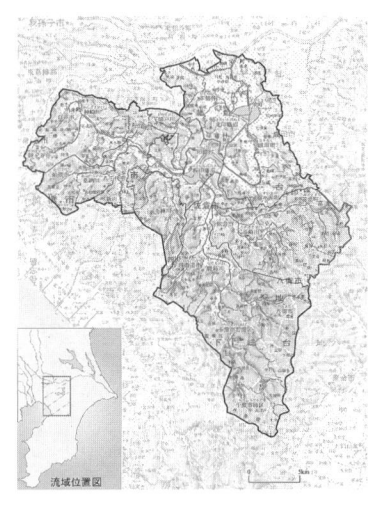

流域の概要

・流域面積：541.1km²（16市町村）
・土地利用：農地，森林，市街地の「混在地域」
・水系：印旛沼を中心とした「閉鎖性水域」
・社会指標：

項目	過去(1967年)		現在(2001年)
人口	34万人	(2.1倍)	71万人
利水量	0.6億m²	(4.3倍)	2.6億m²
商業販売額	2,720億円	(12倍)	3兆1,660億円
工場出荷額	1,330億円	(15倍)	1兆9,900億円
水稲収穫量	47,000t	(0.9倍)	43,000t

㉓

■ 流域の特徴と課題

　土地の自然的な特徴としては，台地であること。台地というのは，海の底で堆積したものが，造山運動，プレートテクトニクス運動で陸化したところで，海の上で堆積した砂層とか粘土層が交互に重なっている層の上に，陸化してから富士，箱根火山の噴火の影響を受けた厚い関東ローム―関東地方の黒い土は大体そうなのであるが―の平らな台地と，それが浸食された谷津(低地，谷，低湿地)で，水循環の特性上も，鶴見川のような丘陵地とは違う特徴がある。とくに，ローム台地から砂層というのは浸透がよくて，それが湧水として出てくるところがたくさんある。台地あるいは谷津の変化というのが問題になってくるのである(㉔)。

　㉖は四街道というところの近辺で，過去40年間にどういう変化があったかを示

第2部 流域圏プランニングの現状

地下水涵養に支えられた流域社会

○大地の斜面からの湧水→谷津の水田をうるおした

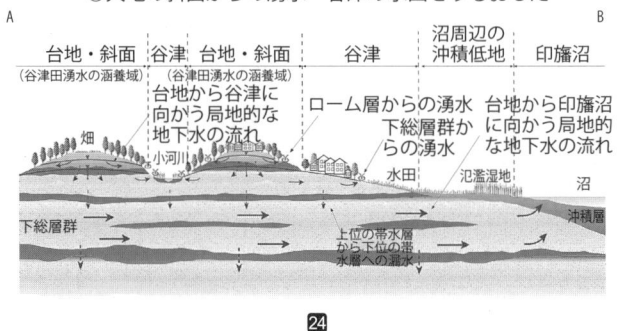

24

約40年間の流域の変化

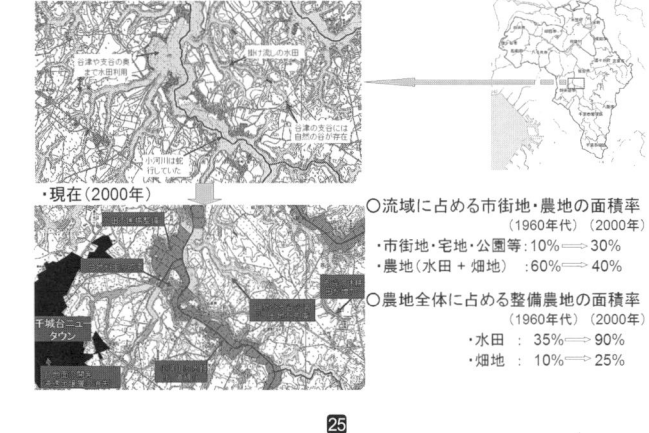

・過去（1960年代）

・現在（2000年）

○流域に占める市街地・農地の面積率
（1960年代）　（2000年代）
・市街地・宅地・公園等：10% ⇒ 30%
・農地（水田＋畑地）　：60% ⇒ 40%

○農地全体に占める整備農地の面積率
（1960年代）　（2000年代）
・水田：35% ⇒ 90%
・畑地：10% ⇒ 25%

25

している。昔は，今のように水田のきれいな圃場の整備が行われていなくて，田んぼから田んぼへ掛け流していくか，一枚の田んぼに行ったのがその次の田んぼへ流れて来るような形をして，川も蛇行していて，谷津にもそれなりに生産が行われていたのが，最近は，近くに大きなニュータウンができたり，河川は蛇行修正されて氾濫が少なくなり，谷津も埋め立てられたりあるいは放棄されたりして，耕作が行えなくなったというような変化がある（**25**）。

印旛沼での深刻な課題をいくつか指摘しておくと，干拓が終ってからしばらくしてから，アオコが発生。それから，現在では水道水源としては全国ワースト1ということで，ここを水源とする水道は，オゾンを入れた高度処理による高コストの浄水となっており，技術的にももうすでに限界であり，水道局も，この印旛沼の問題には非常に関心を示している。**26**はその汚染の原因である。生活系というのは下水や排水であるが，自然系に農地を入れる分類には実は問題があり，修正すべきだが，実は農地からの汚染というのがかなり問題になる。

それから台地部は，ピーナツの畑作で有名な八街というところである。非常に肥

第6章　流域圏・水循環再生

料をたくさん投入するもので，湧水の全窒素濃度が 10 ～ 20 ppm，10 ppm こえるところがたくさんあって地下水が窒素で汚染されているという問題。これは畑地の過剰な施肥による問題である（㉗）。

一方，低平地に都市が進出してきたのが主な原因であるが，5年に1回ぐらいはこういう洪水被害が起る。土地利用のコントロールが日本ではほとんどできないというのが問題で，佐倉の駅前のまさに氾濫地に，今，都市基盤整備公団が広大な住宅地開発を行っているのである。さらに洪水被害を激化させるような要因が進みつつあるということである（㉘）。

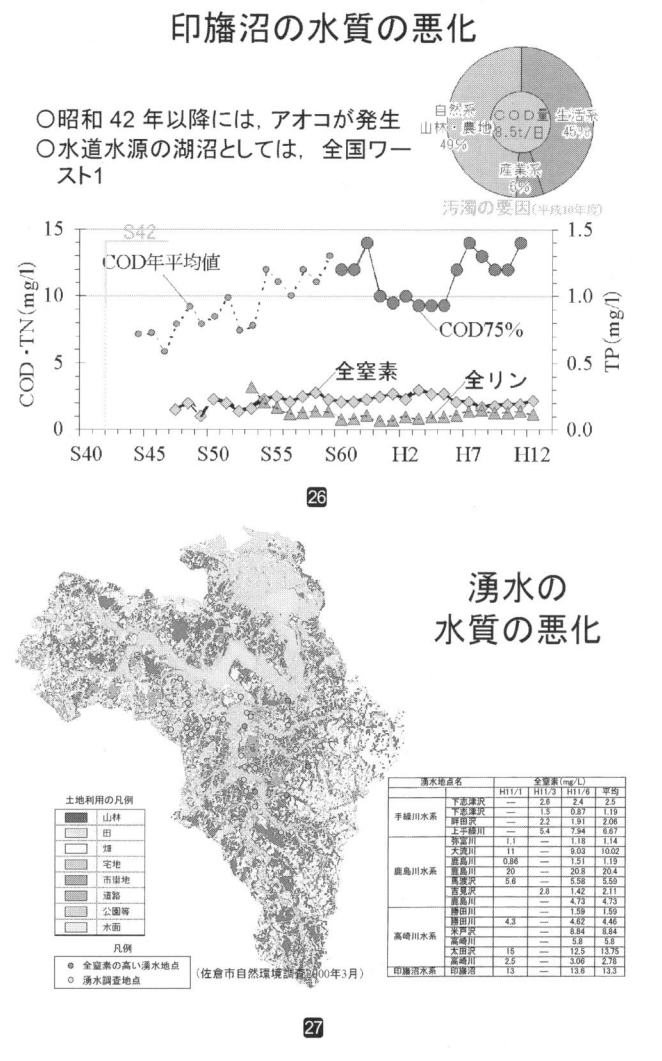

印旛沼の水質の悪化

○昭和42年以降には，アオコが発生
○水道水源の湖沼としては，全国ワースト1

㉖

湧水の水質の悪化

㉗

■ 計画策定の枠組み

印旛沼流域水循環健全化会議が3年ほど前にできて，そこでどういう枠組みで議論しているか，計画策定をしているかについて話をする。まず，海老川でも鶴見川でもそうであるが，やはり計画当初からすべてのステークホルダー，つまり，利害関係者を含めるということが重要だと思う。どういう社会でも，話を聞いて

印旛沼周辺で頻発する洪水被害
印旛沼の周辺や佐倉市を中心に洪水被害が頻発

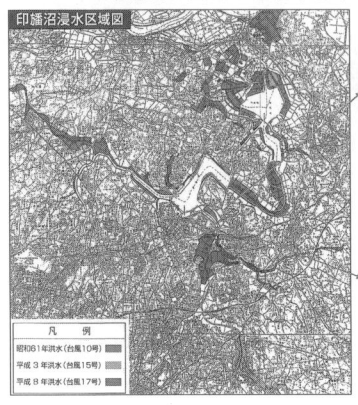

平成3年9月 台風18号佐倉市内の浸水状況

平成8年9月 台風17号佐倉市内の浸水状況

㉘

いないというのは拒絶理由の一番大きなことで，最初から関係者を入れること。それから，これはにいろんな立場があると思うけれども，私は水文学の研究者として，やはり科学技術的な事実と見通しをベースにした議論をすべきであると思う。私自身は，水文研究者として，水循環のイメージをもっている。しかし，一般の方々には，なかなかわからない。これを，ブラックボックスでなくて，目に見えるようにする。そうでないと，感情的な水かけ論になり，行政的な省益とか，あるいは既得権益の議論に陥りやすい。都市の水循環研究会でも，下水分野と河川分野ではかなり仲が悪かったのであるが，実態を見ながら議論すればうまくいくということがあるのである㉙。

会議の構成は，我々のような研究者と，それから自治体，これは16市町村ある。市町村の中でも，たとえば，河川関係，環境関係，水質関係，農業関係とにわかれており，そういう人たちがすべて含まれるかなり大きな会議になる。それから地元の団体としては住民代表，ここのNPOは，印旛沼もやはり水質汚濁が非常に深刻であるから，深刻な問題があるところにはやはりちゃんとした意識をもった団体が育つということで，いくつかの熱心な団体がある。ただ，鶴見川との違いでいうと，いわゆる新住民でなくて旧住民である。お年寄りの方を中心にした団体になっていて，新しい団地ができて入ってきた人たちはほとん

共通認識を持つための前提

計画当初からすべてのステイクホルダー（関連行政部局，地域・住民・市民団体，企業，専門研究者等）を含める

水循環系の実態と将来予測をヴィジブルにする：ブラックボックス（実態不明）では，感情的な水掛け論や省益，既得権益によるネゴに陥りやすい。合理的な議論の基に合意形成を目指すためには，ブラックボックスをできるだけ ホワイトボックス化することが必要

㉙

ど含まれていない。環境団体がいくつか動いている。それから，まさに国営の干拓事業が行われたところで，土地改良区がある。これが水に対してきわめて大きな関心と力をもっている。それから，漁業組合があって，実は水循環健全化会議をつくったときには，地元の団体のあいだでほとんど議論にもならないような状態だったのである。お互いが何を考えているかというのがよくわからないということもあったと思うけれども，それが3年目になると，土地改良区，漁業組合，住民が一緒に地元で議論できるようになったというのが，非常に大きな成果だと思っている(㉚)。

　こういう多数の，さまざまなステークホルダーをいかに調整して計画・実施にもっていくか，これが印旛沼健全化会議の役割である。それから，印旛沼の閉鎖性水域の水質をどう改善していくかということについては，こういう会議だけではできないので，専門的な技術検討会をもっている。それからもう一つ，これは吉川先生に非常にご尽力いただいたけれども，国の総合科学技術会議の自然共生型流域圏・都市再生の研究グループから，印旛沼に対してインプットをしてもらう，あるいは，印旛沼でいろいろ起っていることを，国での研究グループにフィードバックしてもらうという目的で，印旛沼・流域再生フォーラムを開いてもらい，それぞれのテーマについて，関係者を含めて議論するという場をもっている(㉛)。

印旛沼流域水循環健全化会議の構成

学識経験者	水文水資源，河川，環境，水質，農業　等
自治体	千葉県，千葉市，船橋市，成田市，佐倉市，八千代市，鎌ヶ谷市，四街道市，八街市，印西市，白井市，酒々井町，富里町，印旛村，本埜村，栄町　　　自治体間，行政部局間の連携
地域・住民	住民代表，NPO，土地改良区、漁業組合　地域住民参加型の取り組み
国	国土交通省 農林水産省

総勢85名の会議
(壮大な社会実験)

㉚

　そういう中で計画の策定が進むのであるが，「健全な水循環系」というようなことを十数年いろいろなところでいっていると，それが目的なのかと聞かれるが，これは目的ではなく，手段なのである。水を通して，印旛沼では治水問題と環境問題が一番大きな問題なので，洪水に対して安全にするということ，それから水環境を回復するということを通じて，やはり地域をいいものにしていくということが根本にないと，本末転倒，目的を見失ってくることになる(㉜，㉝)。

第2部　流域圏プランニングの現状

健全化会議と支援体制

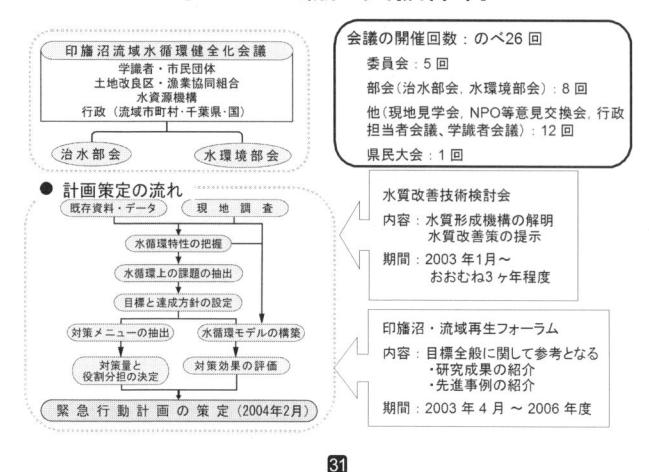

印旛沼流域水循環健全化会議
学識者・市民団体
土地改良区・漁業協同組合
水資源機構
行政（流域市町村・千葉県・国）
├ 治水部会
└ 水環境部会

会議の開催回数：のべ26回
- 委員会：5回
- 部会（治水部会, 水環境部会）：8回
- 他（現地見学会, NPO等意見交換会, 行政担当者会議, 学識者会議）：12回
- 県民大会：1回

● 計画策定の流れ

既存資料・データ／現地調査 → 水循環特性の把握 → 水循環上の課題の抽出 → 目標と達成方針の設定 → 対策メニューの抽出／水循環モデルの構築 → 対策量と役割分担の決定／対策効果の評価 → 緊急行動計画の策定（2004年2月）

水質改善技術検討会
内容：水質形成機構の解明
　　　水質改善策の提示
期間：2003年1月～
　　　おおむね3ヶ年程度

印旛沼・流域再生フォーラム
内容：目標全般に関して参考となる
　・研究成果の紹介
　・先進事例の紹介
期間：2003年4月～2006年度

㉛

自然と調和した活力ある地域づくり

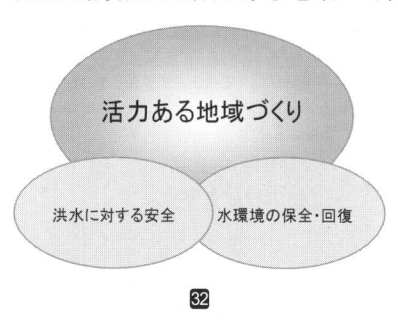

活力ある地域づくり
洪水に対する安全
水環境の保全・回復

㉜

水循環健全化の目標
（平成22年度を目処に）

（洪水時）
・「治水安全度の確保」
　（流入河川：1/10, 印旛沼：1/30）

（平常時）
・「泳げるような水質の確保」
　（COD平均値 5～8 mg/l）
・「生き物にやさしい印旛沼の回復」
・「親しみのある水辺空間の創出」

㉝

■ モニタリングとモデリング

　今いったように，治水問題と環境問題が主なのであるが，先にも述べた，実態をビジブルにするということが，我々，水文学あるいはそれぞれの専門家の役割だと思う。まず実態を明らかにするためには，いわゆるモニタリング，データを取得することが必要である。しかし，ただデータをとっただけでは，水循環とそれに伴って起っている物質循環の実態が見えてこない。やはり，それぞれの構成要素の関係を構造的に組み立てるということが必要で，それがモデリングである。データをとって，そのデータを使いながら，対象の構造を明らかにしていくということをしない

第6章　流域圏・水循環再生

と，因果関係がわからない。だから，モニタリングと同時にモデリングが必要なのである。水循環系については，かなりそういう研究は進んでいるが，物質循環については，おそらく，まだまだ遅れる。もう少しいくと，生態系についてもそういう発想が必要である。ただし，生態系のような多様で複雑なものが全部モデル化できるかはわからない。けれども，構造把握のためのモデリングということは

モニタリングとモデリングの意義

- モニタリング（データ取得）のない所にモデリングはない
- モデリングはモニタリング等で得られた知見の体系化－モニタリングだけでは全体の体系が見えない
- 水循環系はモニタリングとモデリングによって実態（因果関係）を把握できる対象
　－概念とか哲学ではない－実態把握から好ましい姿が見えてくる

㉞

やはり必要である。そういう因果関係，実態把握の過程から，どのように改善できるのかの見通しもつかめる。やはりモニタリングとモデリングというのは，我々専門家にとっては非常に重要なことである。ただし，これを悪用してはいけない。コンピュータを使ったのだからというような，「悪用」の例があるので，それはよくないけれども，本質的には，これは必要な手法である（㉞）。

実は，印旛沼でも，こういう環境団体・土地改良区の協力を得ながら，さまざまな量・質に関する同時観測等をやっている（㉟）。㊱は1つの支川であるが，河川水と湧水についての窒素の量の比較である。値の高いところは，なぜそういうことが起っているのか，ここは畑地の肥料のせいではないか，これは下水道が未整備だからとか，あるいは残土が原因のこともある。残土というのは結構問題なのである。悪い人がいて，谷津頭のところに大量に捨てていく。そういう因果関係を，明らかにしていくのである。

水循環については，

現状把握のための調査・観測（モニタリング）

凡例
- ● 河川流量調査
- ● 河川水質調査
- ● 一斉流量水質調査
- ▲ 一斉湧水調査
- ■ 谷津調査
- ■ 沼内流況調査
- □ 沼内水質調査
- ◆ 水質自動観測

地域環境団体，土地改良区，学校のモニタリングへの協力

図　調査地点位置図

㉟

第2部　流域圏プランニングの現状

河川水／湧水一斉水質調査結果の一例
― 南部・勝田川：全窒素比負荷量 ―

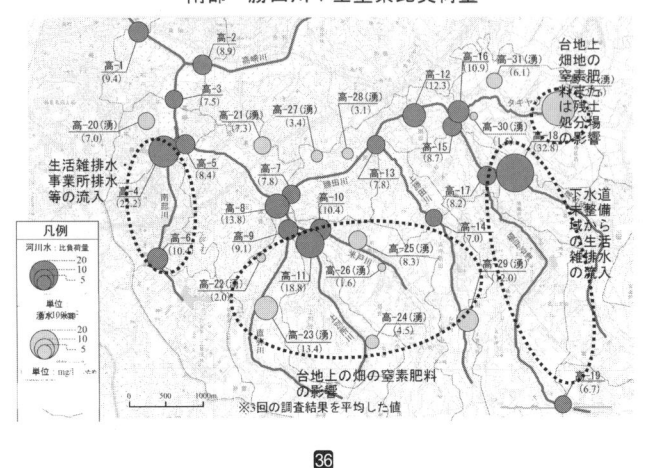

㊱

かなり細かいスケールで循環の過程を追うようなモデル化ができるようになっている。モデルを使えば，たとえば，過去より3倍も洪水量が増えたとか，湧水が減ったとか，そういうもろもろのことがわかる。それを見ながら，因果関係がつかめる(㊲，㊳，㊴)。

流域水循環モデル

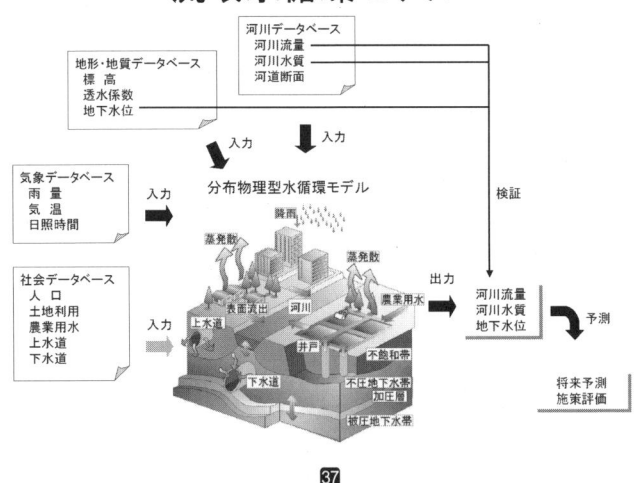

㊲

■ 緊急行動計画

印旛沼では，「緊急行動計画」というものが策定されている(㊵，㊶)。これがほかと違うのは，鶴見川では，5年かかってマスタープランができて，これから実施に

第6章　流域圏・水循環再生

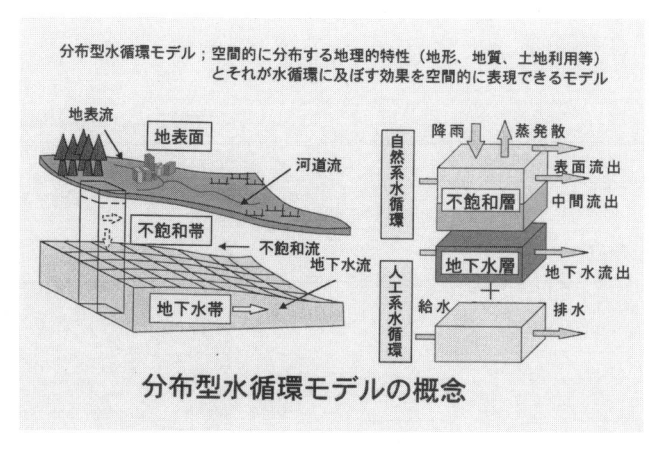

分布型水循環モデルの概念

図38

過去と現在の流域水循環の比較
過去（昭和40年代初頭：干拓前）と現在（平成11年）

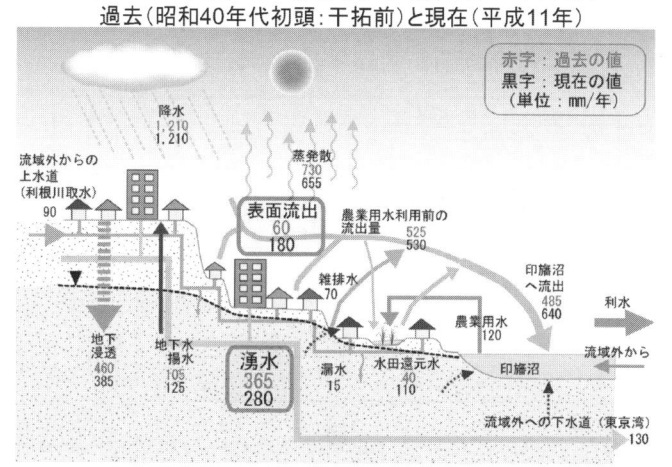

図39

移ろうとしているが，全体のマスタープランの作成は，きわめてたいへんな作業である。印旛沼では，まずは，今までの分析と議論をもとに，できることからやりましょうということになった。ここ5～6年の視野でできることをやりながら，長期構想というか，いわゆるマスタープランをつくりましょうということで進んでいる。

第2部　流域圏プランニングの現状

印旛沼の昔と今－「恵みの沼」の再生

計画書1ページ

昔
- 印旛沼とともに生き，独特の生活文化を形成
- 安らぎ，心のふるさと

都市化 → 変化 ← 経済社会活動の影響

現在
- 水道水源である湖沼としては全国水質ワースト1
- 在来動植物の減少
- 水害被害の発生

そこで ← 緊急行動計画

「恵みの沼」の再生

昭和30～40年代（佐倉市臼井付近）渡し船

アオコの発生

40

緊急行動計画の位置付け

計画書1ページ

「緊急行動計画（中期構想）」の策定（2004年）

2010年を1つの通過点，評価点として設定，それまでに実施可能な対策を抽出（できることから実行）し，各実施主体の役割分担を明確に定めるもの。

↓

「印旛沼流域水循環健全化計画（長期構想）」の策定

↓

「恵みの沼」の再生（2030年）

41

　「みためし計画」（**42**）というのは，昔から，農業用水で「みためし三年」というのがある。農業用水の配分は，その地域の生産力あるいは生死を左右する問題だから，まず新しい用水系統をつくって配水するというときには，3年間様子をみて，それからまた見直しましょうというので，「みためし三年」という。みためし計画とは，農村地帯の古い用語を使ったもので，走りながら考えるという計画である。具体的には**43**で内容をみてもらうこととして，いずれにしても，流域でできるいろいろな

第6章　流域圏・水循環再生

計画策定の視点
計画書
2ページ

1. **水循環の視点，流域の視点で総合的に解決する計画**
   印旛沼と，そのより広い流域で考えます。
2. **印旛沼の地域特性に即した計画**
   それぞれの地域の特徴を踏まえて取り組みを進めます。
3. **みためし※計画（Adaptive Management）**
   つくったら終わりではなく，必要に応じて計画を点検し，見直します。
   ※みためし（見試し）：実績を見ながら，試行錯誤を繰り返してよりよい方法を見出していくこと。
4. **住民と共に進める計画**
   流域住民が種々の取り組みやモニタリング調査などに参加します。
   アイデア・提案を広く住民から募集するしくみをつくります。
5. **行政間の相互連携・協働による計画**
   流域市町村・千葉県・国の各部局が連携して実施します。

㊷

水循環健全化の課題と目標

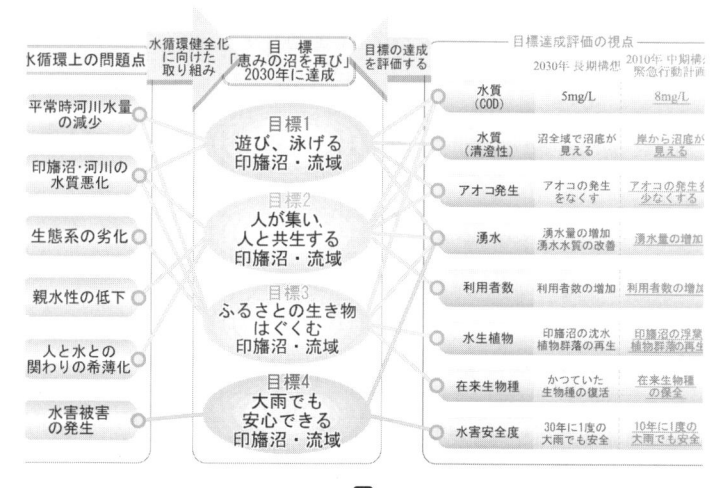

水循環上の問題点	水循環健全化に向けた取り組み	目標「恵みの沼を再び」2030年に達成	目標の達成を評価する	目標達成評価の視点 2030年 長期構想	2010年 中期構想 緊急行動計画
平常時河川水量の減少		目標1 遊び、泳げる 印旛沼・流域	水質(COD)	5mg/L	8mg/L
印旛沼・河川の水質悪化			水質(清澄性)	沼全域で沼底が見える	岸から沼底が見える
生態系の劣化		目標2 人が集い、人と共生する 印旛沼・流域	アオコ発生	アオコの発生をなくす	アオコの発生を少なくする
			湧水	湧水量の増加 湧水水質の改善	湧水量の増加
親水性の低下		目標3 ふるさとの生き物 はぐくむ 印旛沼・流域	利用者数	利用者数の増加	利用者数の増加
			水生植物	印旛沼の沈水植物群落の再生	印旛沼の浮葉植物群落の再生
人と水との関わりの希薄化		目標4 大雨でも安心できる 印旛沼・流域	在来生物種	かつていた生物種の復活	在来生物種の保全
水害被害の発生			水害安全度	30年に1度の大雨でも安全	10年に1度の大雨でも安全

㊸

ことの重要性を認識してもらって，今まで水関連省庁が扱ってきた，河川あるいは下水道に関する法的な制度では対応できないので，流域参加型でやっていくということがどうしても必要なのである。

　その中で，水量の回復については，水の循環をゆっくりにして溜めるとか，緑地保全，それから水質の改善に向けても，もろもろの問題があるけれども，規制的で

流域で実施すべき対策
― 地域住民／団体の役割大 ―

<u>水量の回復（水の循環の速さを緩やかに）に向けて</u>
- 地下水涵養量の確保：貯留浸透施設の普及
- 土地利用の適正化：　緑地等の保全，谷津の保全
- 地下水の適正利用：　涵養に見合った地下水利用

<u>水質の改善に向けて</u>
- 生活排水負荷量の削減：高度合併浄化槽の普及，無洗米の普及，廃油のリサイクル利用，し尿と生活雑排水の分離処理（バイオ・トイレ，エコサン・トイレ）
- 農業からの負荷量の削減：環境保全型農業，畜産排水対策（堆肥化）
- 湖沼浄化対策：水際植生による浄化，水耕栽培

＜環境保全ビジネスの育成＞

44

はなくて，やはり先ほどの活力のある地域活動が，ビジネスというほど大げさでなくていいけれども，生業になるということが必要である。たとえば，無洗米というのは，リンの除去に効果があるということで，これは実は環境団体が販売を実現した。こういうものも，やはり仕事になるということが重要だろう。水耕栽培でチンゲンサイをつくる市民団体がある程度の成果を上げており，そういう視点が重要だと思う（**44**）。

45に，重点的に進める5つの対策を掲げてある。それぞれについて，**46**〜**50**でみていただきたい。

緊急行動計画の取り組み

計画書
11ページ

- ●目標達成のため，63の対策を実施します。
  （詳細は計画書 資-8・9ページ）
- ●特に重点的に進める流域対策を5つに分類しました。

特に重点的に進める5つの流域対策群

1. 雨水を地下に浸透させます
2. 家庭から出る水の汚れを減らします
3. 環境にやさしい農業を推進します
4. 湧水と谷津田・里山を保全・再生し，ふるさとの生き物を育みます
5. 水害から街や公共交通機関を守ります

45

第6章　流域圏・水循環再生

重点対策群1　雨水を地下に浸透させます

計画書
12ページ

- 雨水をため，浸透させる施設を，住宅に設置します。
- 道路を透水性舗装で整備します。
- 流出抑制を目的とした施設（学校校庭貯留など）は，浸透機能をもたせます。

　効　果　

- 湧水が増え，平常時の河川水量が豊かになります。
- 降雨時に市街地の路面などから流出する汚濁負荷が軽減されます。
- 洪水流出が緩和されます。

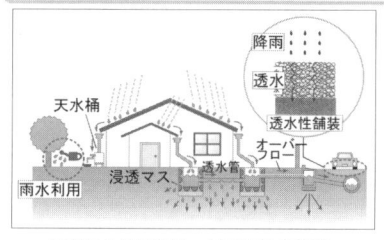

住宅における貯留・浸透施設の整備

学校校庭を利用した雨水貯留施設
（降雨時）

重点対策群2　家庭から出る水の汚れを減らします

計画書
13ページ

- 下水道や農業集落排水施設を整備します。また，下水道への接続を推進します。
- 窒素・リンを除去できる高度処理型合併処理浄化槽の設置を推進します。
- 家庭における台所などの雑排水対策を推進します。

　効　果　

- 河川や印旛沼の水質が改善されます。
- 印旛沼にかつていた生き物が復活します。

洗剤の適正利用 　　無洗米の利用 　　ろし袋の利用 　　油のふき取り

143

第2部　流域圏プランニングの現状

重点対策群3　環境にやさしい農業を推進します

計画書
14ページ

- 収量・品質を確保しつつ，土づくり等を通じて，化学肥料の削減を図ります。
- 農薬と化学肥料を従来の半分以下にする，ちばエコ農業を推進します。
- 水田で使用した水を再び水田に戻す，循環かんがい施設を整備します。

↓ 効果 ↓

- 湧水や河川，印旛沼の水質が改善されます。
- 印旛沼にかつていた生き物が復活します。
- 印旛沼流域が消費者にも環境にもやさしい農作物の産地となります。（"千産千消"施策との連携）

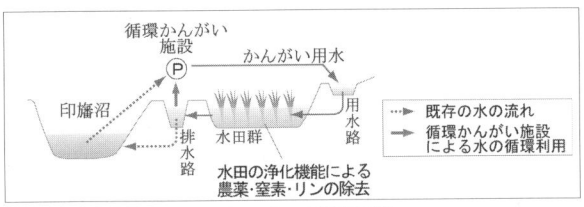

ちばエコ農産物認証マーク

循環かんがいによる負荷の削減

48

重点対策群4　湧水と谷津田・里山を保全・再生し，ふるさとの生き物を育みます

計画書
15ページ

- 山林や斜面林，伝統的谷津田を保全し，里山自然を再生します。
- 湧水の保全・活用を進めます。
- 外来種対策を進め，また，ゴミの不法投棄に対する監視を強化します。
- 印旛沼において，水辺の水生植物群落の保全・拡大を図ります。
- 多自然型川づくりや水路コンクリート護岸の再自然化を進めます。

↓ 効果 ↓

- 自然豊かな印旛沼流域となります。
- 湧水が増え，普段の川の流れが豊かになります。
- 自然本来がもつ水質浄化機能が回復し，水質が改善されます。
- かつて印旛沼にあった豊かな生態系が復活します。

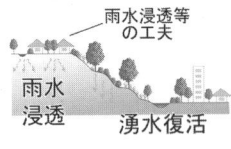

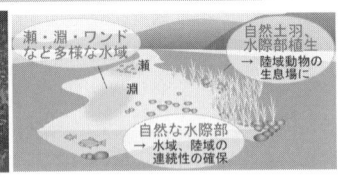

里山・谷津・湧水の保全・復元　　不法投棄(千葉ニュータウン)　　河川や印旛沼における自然豊かな水辺の復元

49

第6章　流域圏・水循環再生

重点対策群5　水害から街や公共交通機関を守ります

計画書 16ページ

- 印旛沼堤防の嵩上げや，流入河川の河道整備を進めます。
- 洪水を一旦貯留する調整池・調節池を設置し，排水機場を整備・改修します。
- 雨水浸透貯留施設の導入・普及を促進します。

効果

- 浸水家屋数や湛水深が軽減されます。
- 公共交通機関の不通が軽減されます。
- 水田の作物被害などが軽減されます。

50

■ 推進体制

　推進に向けてどういう団体がなにをやるかというのは，まだ実は始まったばかりで，不安があるところもある（**51**）。利害関係者を大きく括ると**51**にあるように6つ。つまり，流域市民団体や学校，土地改良区と漁業組合等の利水団体，企業関係，流域市町村，調査研究機関，それから県と国。国としては，印旛沼も水資源開発を行ったから水資源機構(旧水資源開発公団)，それに調査研究機関がそれぞれの役割でいろんなことをやっていきながら会議に反映する。それを実施，推進するのは，実は，行政機構しかないのであるが，それがこの図では抜けていて平等のようになっている。やはり推進体制に向けては，もう少し実施する責任がもてる，コアになる組織について議論が必要で，それは今後の課題だと思う。この調査研究機関には大学，公的研究機関には土木研究所，国立環境研究所，千葉県の博物館などが入っている。それから，地元の印旛沼基金に研究所部門もある。

　水問題というのは，ほんとうにトータルな問題である。我々は，特殊な分野の縦割りの専門家である。ところが，それぞれの狭い専門分野だけでは現場の問題を解決できないので，いわゆる異分野交流が不可欠だし，それが達成できる可能性があ

第 2 部　流域圏プランニングの現状

計画推進に向けた体制

計画書 19ページ

- 印旛沼流域水循環健全化会議を中心に，行政は，流域住民・市民団体，企業，利水団体などと連携して計画を推進します。

印旛沼流域水循環健全化会議
学識者，流域住民，市民団体，土地改良区，漁業協同組合，水資源機構，
行政（流域市町村，千葉県，国）
①計画の積極的な推進
②取り組み状況と目標達成状況の評価
③情報の発信
④計画の見直し

51

計画推進のプロセス　〜みためし3年〜

計画書 20ページ

モニタリング調査
・住民とともに行う調査（流域の湧水や水生生物、水質などの調査）
・水質、生物、アオコの発生、河川流量、湧水等

確認
・目標達成状況の把握

印旛沼流域水循環健全化緊急行動計画　→　継続的な計画の実行　改善　→　印旛沼流域の水循環健全化

実践
・計画実践

見直し
・計画点検、施策の見直し

計画推進体制（印旛沼の六者連携）

52

る。たとえば，国総研で水質を研究している若い人と，印旛沼の生態系モデルに取組む土研の研究者と，環境研の生態系の人が一緒に共同研究をやるというようなことが，生れてくるのである。やはり現場の問題というのはトータルで，それに対して視野をもっていると，研究分野が広がっていくというところがある((51))。

(52)，これも大体みためし計画なのであるが，現代流に言えばPlan-Do-Seeという，計画を立てたら，それを実行しながらよくみて，見直しましょうということで進めていく。これも，ちゃんとできることが重要なことである。

■ まとめと課題

「まとめ」としていいたいことは，まず，水循環に伴って起っている環境問題や治水問題は，流域という広がりの中での因果関係が深いものが多いから，やはり，それらの解決に向けて流域の共同体意識をもつということ。上流の人は下流のことを考える，下流の人も上流のことを考える((53))。自分の行動がもたらす結果を考えることが必要である。会議に参加している団体の人たちは理解していると思う。それから，先ほどいったが，流域水循環健全化が最終ゴールではない。よく法律用語で使われる，「地域の福祉と安全」という言葉に集約されること，それを向上させるのが最終目的である。

それから，海老川，鶴見川，新河岸川，印旛沼とみてきたが，それぞれでのキーワードは大体同じである。行政の連携や住民参加は同じだけれども，具体的なあらわれ方はまったく違う。やはり，その地域の自然的・社会的・文化的な特徴を理解し，その要求をとらえるということをやるのが第一で，そうすると，画一的にはなり得ない。

工学者の考えでは，マニュアルをつくろうという動きがどうしてもすぐ出てくる。考え方の整理はできるが，マニュアルにはならないと思っている。

それから，現場では，いわゆる多様な利害があるが，それをどう調整するかというメカニズム。実は，私は大学の研究者だから中立的なところで調整役になっているが，実施に向けて，本当に力をもった調整役をどうつくるかということが，実は非常に重要で，それが，今の日本の水行政に欠けている。やはり，その中で協働的に，それぞれの分野の利害をよくわかってそれを調整できるような視点にたつ行政官が必要であるということを強く感じている。現状では協議会方式が行われるのであるが，今，これはまったく任意の議論をする場で，ここでの決定にある種の拘束力をもたせるという仕組みがないと，計画はできても，実施はなかなか難しいだろ

うという気がしている。

　もう一つは，地域ごとにそれぞれ問題意識をもっていて，それをみずから改善しようということが根にないとうまくいかない。ある意味では，地方分権行政への基盤づくりとして取り組む必要があるのではないか。53は行政官の方にいうためにまとめたものである。

まとめと課題

- 水循環のコンセプトのもとに「流域共同体意識」を育むこと
- 「流域水循環系健全化」の最終ゴールは,「地域の福祉と安全の向上」
- 流域(地域)の特徴(自然的・社会的・文化的)と要求をどう捉えるか？ ⟹ 画一的にはできない—マニュアルはない．
- 多様な異なる要求(時には利害の対立)をどう調整するか？
* 調整のコアー：Collaborative Leader(協働的リーダ)－1行政部局の代弁ではできない(流域的視点で考えられる行政部署が,関連他部局から信託を得ること)
* 協議会方式：地域として,「協議会」の決定に拘束力をもたせるような付託が必要
- 地方分権行政への基盤造り

第7章

琵琶湖・淀川水系の診断法

和田 英太郎

海洋研究開発機構地球環境フロンティア研究セン
　タープログラムディレクター
元 総合地球環境学研究所教授
京都大学名誉教授
ロシア（シベリア地区）科学アカデミー名誉教授

注）本報告は，総合地球環境学研究所プロジェクト3-1「琵
　琶湖―淀川水系における流域管理モデルの構築」のプ
　ロジェクトリーダーとして行ったものである。

第7章 琵琶湖・淀川水系の診断法

　総合地球環境学研究所で「琵琶湖・淀川水系の管理モデルの構築」というタイトルでプロジェクトが動いている。それについて，今までどういうことが進んできたかということを話したいと思う。私自身はもともと理学部の化学教室の人間で，私の得意な水質の話を中心にしたほうが皆さんにもわかってもらえるのではないかと思い，水質を中心にして話す。

　本題に入る前に，環境科学研究の戦後史を説明をしておいたほうがよいと思うので，少しこのことに触れさせてもらう。

■ 環境問題の50年史

　1は，私がまとめたものであるが，横軸が1945年から2000年まで。縦軸には空気中の二酸化炭素の濃度がとってある。第二次世界大戦終了時に315 ppmぐらい

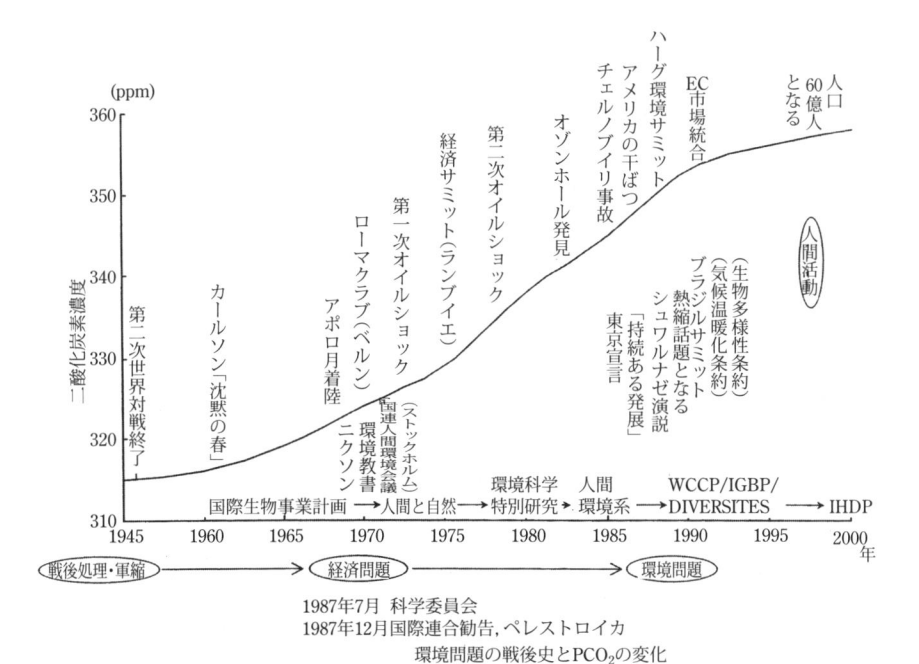

1 地球環境問題の戦後史　　和田：地球生態学，岩波書店，2002 より

であったのが，今やもう 350 ppm をこえている．この上昇は毎年，間違いなく観測される事実で，これに対して我々はどういう対応をしなければいけないかというのが，地球温暖化を始めとする地球環境問題の中心課題である．そして，この 50 年の間に，たとえば，1969 年にはアポロ 11 号が月に行った．その後も，オゾンホールが発見されたとか，その前に，皆さんはご存じないだろうが，皆さんが子供のころに，オイルショックがあって，我々の世代はスーパーマーケットにトイレットペーパーを買いに走ったとか，いろんなことがあったわけである．

1992 年にブラジルのリオデジャネイロでサミットがあって，ちょうど 10 年たった 2002 年にヨハネスブルクでフォローアップのサミットが開催され，10 年経ってどうであったか，これからどうするか，といったような事柄を議題として，いろいろな話が進行している．

■ 環境研究の 50 年

❶は，今までの経過の概略を皆さんにつかんでおいてもらうというので紹介した．それをもう少し簡単にまとめると，❷のようになる．1957 年に，どうも地球をモニターしておかないとまずいのではないかということで，地球物理の人たちによって，国際地球観測年（IGY）が始められた．そういうことで，ハワイのマウナロアで，大気中の二酸化炭素の観測が，1957 年から始まった．これには，キーリングという人が携わっていて，すごく有名にはなっているが，この観測は，彼が自発的にやっ

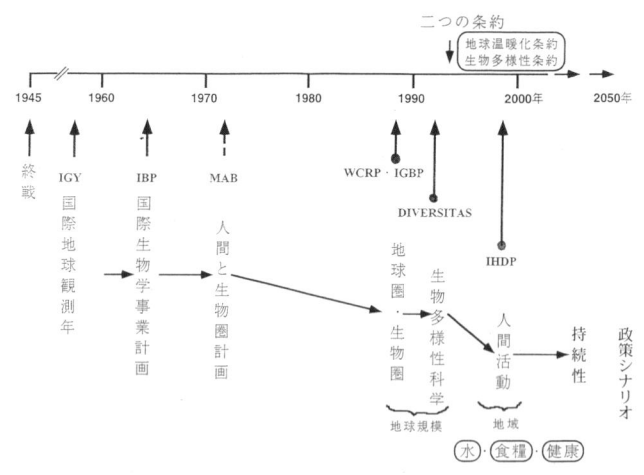

❷ 環境研究の戦後史　和田：地域研究論集 3，2000 より

たのではなくて，彼が，分担させられて始めた仕事である．世の中，よくそういうことがあり，必ずしも本人のオリジナリティーということでなくて，社会のニーズ，コミュニティのニーズに基づくこともある．1957年からずっと現在にもつながっているなかで，非常に大事なことは，1957年のデータと現在のデータの測定精度がほぼ同じだということである．だから，1つの図の上に誤差なしで連続で書ける．ここがキーリングの偉いところだと思う．それを「しこしこと」やる，そういうところから始まって，その後，地球のこと，人間と生物圏のことを少し調べなくてはいけないのではないか，さらに，地球のことをもっとよく知らなくてはいけないのではないかということで，1990年代の初頭から地球温暖化（WCRP）や物質循環（IGBP）などに関する国際共同研究が開始されている．

■ 現　状

この10年間に何が起っているのかというと，地球を調べているだけでは対応がまにあわない．水と食糧と健康をどうやって確保するのか，話はもう差し迫っているのだという流れが一方で起っている．しかし，．研究者側のほうは，そんなことをいったって，地球を調べるだけでも大変で，そう簡単に答えは出てこない．だけれども，持続性をどう考えるのか，あるいは，それを実現させるための政策シナリオに結びつくような研究をしなければ困るというようなことが錯綜しているのが今の状況でである（❷）．2005年2月には，ヨハネスブルグのサミットが開催され，これを受けて地球観測国際戦略10年計画案が策定されることとなった．

■ 琵琶湖・淀川水系の10年

さて，琵琶湖・淀川水系で，最近どういうことが起っているかというと，皆さんよくご承知かと思うが，1997年に河川法が改正されて，利水・治水に環境を入れることになった．それから，河川の公共事業を，地元住民と相談して実施しなければならないということになった．それで，琵琶湖・淀川の関西地域では，2002年に「琵琶湖湖沼会議」がはじまって全体の雰囲気を盛り上げる．それから，去年，「水フォーラム」を関西中心で行って，水を大事にしよう，琵琶湖・淀川水系をきれいにしようということが始まり，それと平行して，2001年2月に「淀川水系流域委員会」ができて，治水・利水・環境を国土交通省，有識者，市民，NPO，NGOが全部集まって，30年から50年後の淀川水系のありうる姿について討論し，現在の河川土木工事についても見直しの意見交換を進めている．この2年間に250回ぐらい会議を開

第2部　流域圏プランニングの現状

いたが，250回で問題が解決するかというと，まったく解決しない。ただ，いろんなことをよく知っている人が増えてきたという，そういう意味での人的財産が増えたなという感じがしている。

最近は，ダム建設の是非について活発な論議が進んでいる。たとえば，私がいた京大の生態学研究センターのそばにも大戸川ダムというのをつくっており，これをこれからどうするといった新しい論議が始まる状況になっている（**3**）。

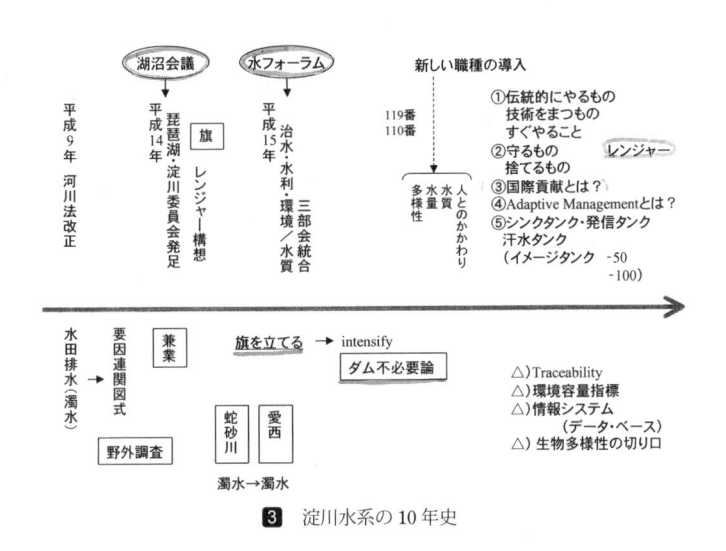

3 淀川水系の10年史

■ 総合地球環境学研究所

そういうことを踏まえながら，実は3年前に，今度は私のところの宣伝をさせてもらうが，3年前に総合地球環境学研究所ができた。これは，2001年にできた文部省の最後の直轄研で，この4月から独立行政法人化している（**4**）。

今ここに文系と理系の研究者が50人ぐらい集まっているる。キーワードとしては，まず，「地球環境問題」。これは人間の文化の問題であるということ。研究所の所長の日高敏隆先生が言い出したことで，みんなは「文化？　文明では？」などとささやいてはいるが，そういう広い意味での文化・文明の問題としてとらえましょうということである。それから，「人間と自然系の相互環境」。これは，人間と自然がどういう相互作用をしているのかということの本質を見きわめなければいけないということ。それから，「未来可能性」というのは，サスティナビリティ，持続性と

第7章　琵琶湖・淀川水系の診断法

同義語として使っている。こういうキーワードで，これからの地球環境問題の解決に役に立つようなプロジェクトをやって，それで貢献しましょうと標榜している（⑤）。

　この研究所は全員6年の任期制で，パーマネントは1人もいない。そういうふうに時代が変って，集まってくる研究者もさまざまで，たとえば，さる大学の教授の先生が助教授で来たりする。降格でもいいのかなんていうと，いや，本人が希望するのだからいいでしょうというような，いろんな方が集まっている。パーマネントでないところに来る人たちというのをよく観察していると，やはり一癖，二癖もあり，自分に対しては何か革新的なものがないと納得しない方が多い。私は定年になるので任期制は関係ないから，よくわからないが，時代はどんどんそういうふうに動いていくのかなという印象をもっている。

④　総合地球環境学研究所要覧にみるシンボルマーク

⑤　総合地球環境学研究所設立の主旨

第2部　流域圏プランニングの現状

■ 流域管理モデル

さて，研究プロジェクトとしての本題に入るが，「琵琶湖・淀川水系における流域管理モデルの構築」が主題である。

6は琵琶湖・淀川水系で，ここでは，1300万人の人間が琵琶湖の水を飲んでいる。そういう意味では，滋賀県，京都府，奈良県といわないで琵琶湖・淀川県にしたほうがいいのではないかと内心は思っているが，こういう一つの水系に，「ヒューマン・ドミネイティド・エコシステム」ができている。この水系を上流の姉川から淀川まで飲めるように，泳げるようにきれいにしたら，関西も，関東に負けない，それなりの存在理由がある文化圏となるのではないかと，私は，個人的にはそう思っている。

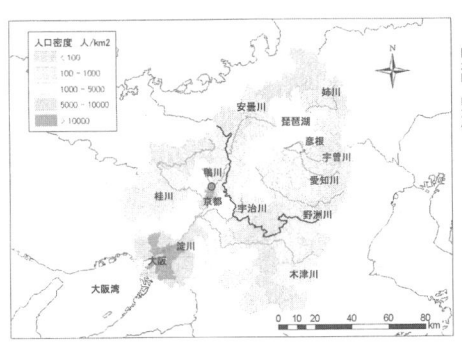

図1（左）琵琶湖－淀川水系の全容
大きく，上流の琵琶湖流域と下流の淀川流域に区分できる。図中，河川は本流のみ記載。プロジェクトの主調査地である彦根市稲枝地区 **6** は琵琶湖流域に，地球研 **6** は淀川流域の京都市内にある。図の人口密度は，2003年度住民基本台帳による。

図2（下）3つの空間スケールにおける研究活動
琵琶湖流域においては，琵琶湖流域（滋賀県），彦根市稲枝地区，稲枝地区の中の集落において，行政や地元の方々のご協力の下，研究活動をおこなう。
上は，物質動態班による，農業排水が川の水質へ与える影響の調査。下は，社会文化システム班による，地域の環境目標像の作成を支援する，「水辺のみらい」ワークショップの開催風景。これら現場での研究活動に，空間スケールの架け橋となるモデルやGISを組み合わせることで，総合的に流域管理の方法を探求する。

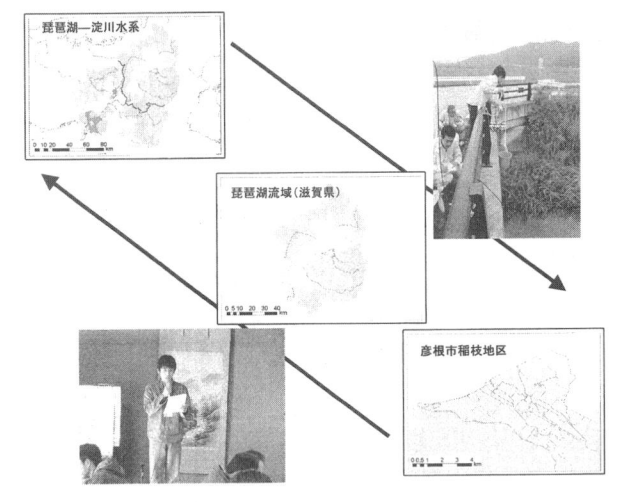

■詳しくは，ホームページ，http://www.chikyu.ac.jp/biwayodo/index.html をご覧ください。

6 総合地球環境学研究所　プロジェクトP3-1の調査地域（要覧より）

■ 野外調査と空間スケール

琵琶湖に注ぐ川が大小あわせて141あるうちの40ぐらいを調べるとか，それか

156

ら桂川，宇治川，木津川の3河川を全部回って歩くといったようなことで，現場主義的にものをみて歩く。それで，琵琶湖の東側の彦根・愛西地区をミクロなフィールドステーションとし，さらに，この琵琶湖全体に注ぐ河川の40河川ぐらい（メソスケール），それから，近畿圏という意味合いでは大きな川，先ほどいった3つの川（マクロスケール），こういうものを調査しながら，水質の問題など，いろいろなことを考えていくといったことをしている（ **6** ）。

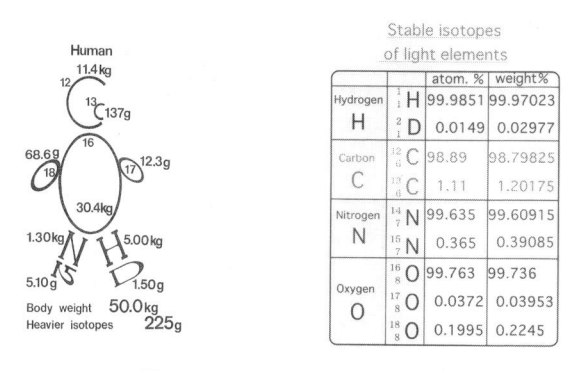

7 アイソトープパースン

■ 指標としての安定同位体比

　私はもともと化学が専門で，安定同位体比というものを研究している。安定同位体というのは，皆さん，化学があまり好きじゃない方は元素なんて興味をもたないと思うが，水素，炭素，窒素，酸素などの生物体を構成する生元素，こういうものはみんな重さの違う2種類以上の同位体をもっている。これら同位体の化学反応や拡散・相変化における挙動は，厳密にみると少しずつ異なっている。たとえば，H_2O と HDO という水があるとすると，HDO というのはちょっと重く，軽いものよりも蒸発しにくいなどの性質があって，化学反応するときも，重いほうが少し遅くなる（同位体効果）。

　皆さんに同位体のことをよく理解して貰うために，われわれの分野のシンボルマーク，アイソトープパーソンを **7** に示した。体重が50 kgあるときに，皆さんの体の中にどれくらい重い同位体があるかというと，デューテリウムの場合は1.5 g，^{15}N は5 g。それから，^{13}C が137 g，これに ^{17}O と ^{18}O を合せて225 gグラムぐらい重いものが体の中に入っている。これらはどこからきているかというと，食べ物

からきているのである。

■ 食文化と毛髪の同位体組成

　食べ物によって，その中の同位体の量が，みんな違う。たとえば，13Cの量は，トウモロコシとお米，小麦では全然違うのである。光合成系の二酸化炭素の固定の仕組みが違ううからである。トウモロコシは，^{13}C が多い。だから，アメリカやブラジルのような，トウモロコシ系統の食文化圏は，人間の髪の毛の同位体が，ずっと ^{13}C の重いほうにずれるのである。ヨーロッパは小麦，牧草系であるから，これはオランダの例であるけど，$^{13}C/^{12}C$ 比が小さくなる。それから，^{15}N は，植物からそれを食べる動物へと，食物連鎖に沿って一定の割合で高くなってゆく。だから，インド人ベジタリアンのように肉を食べない人は，うんと低いのである。日本人は，どちらかというと魚をよく食べるから高くなるが，江戸時代の日本人は，現代の日本人に比べて $\delta^{13}C$ が低い。今の日本人は，アメリカの影響を受けて，トウモロコシ食文化圏に引っ張られている。だから，戦後の日本人の髪の毛の同位体比は大きく変ってきたことになる。こういうことが，同位体比をはかることによってわかるわけである。これから，日本の食料事情の，アメリカあるいはトウモロコシ食文化圏への依存度はどのぐらいかというと，^{13}C のマスバランスの計算から，60％という値が簡単にでてくるし，この値は統計とよく一致する。このような計算は個人のレベルでもコミュニティのレベルでもできる。

　香川大学の学生と職員を比べると，学生のほうがちょっと ^{13}C が高くなっている（山田佳裕，私信）。それは，おそらく，学生の方がよりコンビニエンスストアに依存して生活しているためと思われる。そういうことがはっきりする。その人個人のレベルで，どういう物質循環系の中で生きているかということもわかる。こういうことに同位体が使えるという前提で，話を進めさせてもらいたいと思う（❽）。

■ 琵琶湖・淀川水系における流域管理モデルの構築

　このプロジェクトは，文理融合を目指しており，物質循環グループ，生態系ワーキンググループ，生物多様性ワーキンググループ，社会・文化システムワーキンググループ，それから，GISを使って全体のデータを統合化していくといったような，モデルにつながるところをやるグループの4つのグループにわかれて研究を進めている。日本の河川関係のプロジェクトの中では比較的，文理連携を強く打ち出して，もしかしたらうまくいくかもしれない候補の1つである。うまくいっているとは，

まだ言えない状況であるが，流域管理モデルを構築するときに，今のグループに対応した文理連携と，住民参加，ボトムアップをちゃんと考るといったことを目標の中に入れている。そして，その中で水質を評価する指標をつくる。

それから，社会文化システムWGでは，要因連関図式を一つのやり方として研究を進めている。たとえば，今，田んぼから泥水がものすごく出てくる。一体これは社会科学的にはどういう要因なのかということを，2，3人の方が集まって小さなワークショップを行い，その中から出てくるキーワードを全部網羅しておいて，それを整理する。さらに縮約すると，最終的に，どうも農家が兼業をしていて田んぼの管理，水管理が悪くなったことが，泥水を流す最大の原因ではないかと結論される。社会科学的な方法としては，この要因連関図式と住民との懇談ワークショップが中心となっている。

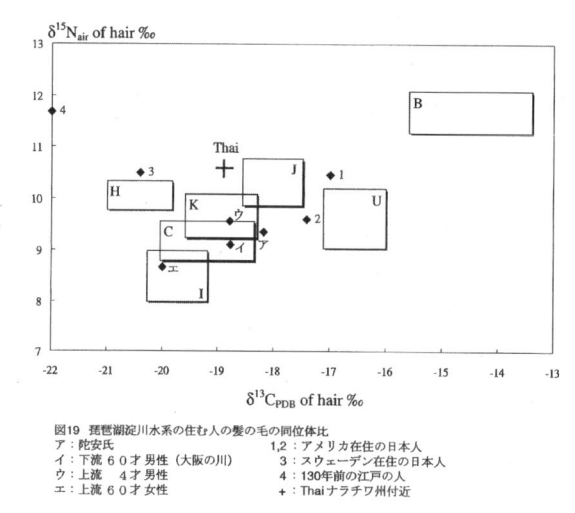

図19 琵琶湖淀川水系の住む人の髪の毛の同位体比
ア：陀安氏　　　　　　　1,2：アメリカ在住の日本人
イ：下流60才男性（大阪の川）　3：スウェーデン在住の日本人
ウ：上流 4才男性　　　　4：130年前の江戸の人
エ：上流60才女性　　　　＋：Thaiナラチワ州付近

⑧ 南川ら：ヒトの髪の毛の同位体マップ，1986を改変

■ PDCAサイクル

実際には，皆様ご承知のように，流域管理をする場合にある計画を立てて，それを実行して，それをモニターして，それを評価するというPDCAサイクル（Plan-Do-Check-Action）でこれからやっていくというのが，適応的マネジメントの一つの骨格になっている。こういうのを住民と行政とが一緒になって考えながらやっていくということになる。このプランニングを立てるところに，水質のほうから，あるいは物質循環のほうから，それから文化・社会システム班のほうから，こういう問題があるという情報を提供するのが，我々のプロジェクトの一つの大きな役割だと考えている。それで，持続性をこの中でどのようにして達成していくかということは，地域の人たちが決めることである（**⑨**）。

■ 問題提起の重要性

　さて，河川法が平成9年に改正されたが，そのときに，洪水で人が死ぬことも少なくなくなったし，環境が大事だから，利水・治水に加えて，環境を非常に重要視した流域管理をすることとなった。国土交通省が，率先してこれをやるという感じになってきた。それで，有識者を集め議論すると，これには住民参加が絶対必要であり，ボトムアップをやっていかなければいけない。なぜボトムアップか，と社会科学の人にあえて聞くと，自然界は多様だし，コミュニティの集落ごとにいろんな問題が異なるから，地元の，地域の住民が入らない限り物事はうまくいかないという答えが返ってくる。私は，どちらかというと理系の人間であるから，社会科学の人たちにあえて次のようなことを聞くのである。社会科学の人は，当り前のことのように，それは住民参加のほうがいいに決っているというが，ほんとうにそうなのかと。もしほんとうにそうならば，物質循環のほうにも何かひずみが出ていなければおかしいだろう。そのひずみを明らかにしないで，住民参加が必要だから参加させましょうといっても，何を解明すればいいのかがわからない。そこのところで，人間と自然が相互作用をしている基本的なプロセスというものを明らかにしないと，物事が全然進まないのではないか。

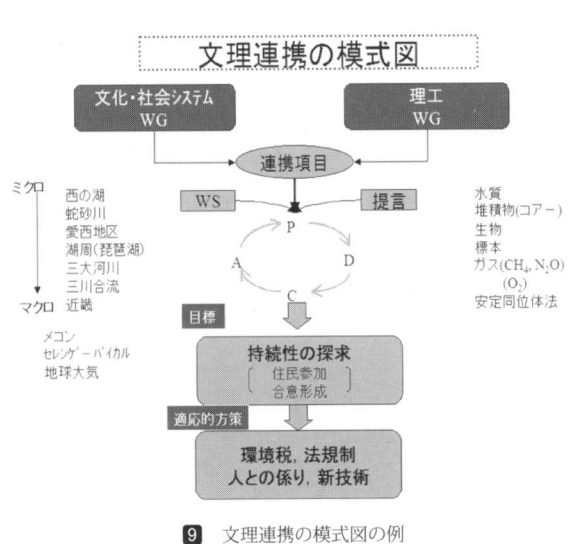

　私は琵琶湖・淀川委員会の委員をつとめた2年半，会議に20〜30回出ている。その間，私が言い続けてきたのは，何かまだよくわかっていないことがある，それがわからない限り，わかったような形で議論していくのは非常に危険だということである。それで，そのうちだんだん苦しくなってきて，何とかしなければいけないと思って，去年から，現場をみて歩くということを徹底的にやったわけである。そこで何がわかったかという話をこの場でさせてもらおうと思っている（❿）。

❾　文理連携の模式図の例

第7章 琵琶湖・淀川水系の診断法

■ フィールドと階層

フィールドとしては，階層構造を考えた(**11**)。マイクロサイトとしては，彦根の南，いわゆる近江平野の米どころ（愛西地区）である。ここでは，琵琶湖の水を汲上げて使っている。だから，水は使い放題である。田んぼの圃場整備が終っていて，1枚の田んぼに，ふつうの家庭のように水道管があり，それをひねると水が出てくるが，水位調節をするシステムまではいっていない。そうすると，非常にまずいことに，朝，コックを開いて会社へ行くようなことが起りがちになり，つぎに来るまでに，水が流れっ放しになってしまう。しかも，1軒1軒が独立していて，水が使い放題になるので，田植えの時期になると，この地域の水田から大量の泥水が琵琶湖に流れていく，そういう状況が今続いているのである。

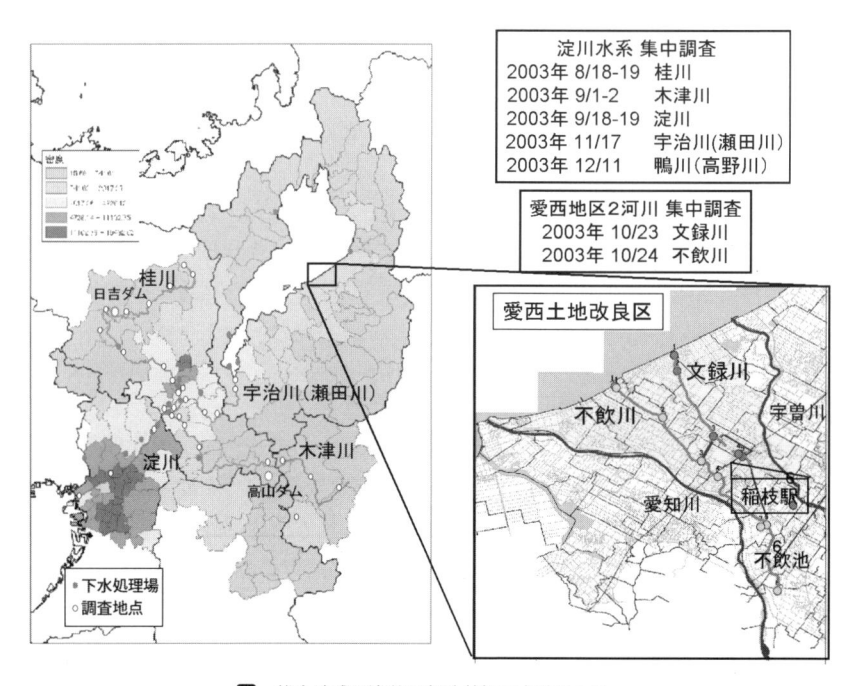

Q1. これまでのTop downのひずみが，物質動態に顕在化しているのか？
顕在化 → Bottom upの必要性
（平成9年河川法改正）

Q2. 琵琶湖-淀川水系の何処がどのように汚濁しているのか。それを評価できる指標をつくれるのか。

Q3. Adoptive management への住民参加のやり方はどのようになるのか。Case study の開始

10 提起された問題点

淀川水系 集中調査
2003年 8/18-19　桂川
2003年 9/1-2　木津川
2003年 9/18-19　淀川
2003年 11/17　宇治川(瀬田川)
2003年 12/11　鴨川(高野川)

愛西地区2河川 集中調査
2003年 10/23　文録川
2003年 10/24　不飲川

11 総合地球環境学研究所 井桁明丈氏による

それから，メソスケールの話にうつる。琵琶湖に流入する141河川全部はとても無理なので，このうちの40河川ぐらいを調べる。それから，先ほどいった3河川，桂川，木津川，それから宇治川，淀川，こういうところをマクロなレベルとして扱い，みて歩くと，河川水が汚れている状況は大体わかる。下水処理場の下流は必ず汚れる。それから，ダムがあると汚れる。電気伝導度や，透明度をみる―多摩川の人たちが開発したクリアメジャーに水をとって，どれだけ透き通っているかをみる―これくらいでも十二分に物が言えるぐらいの情報はとれる。

■ マイクロサイト

　まずマイクロサイトのところで何をやるかというと，いろんな場所に，水位計，流速計，濁度計を置いて連続観測する。ただ，連続観測の場合，泥水が流れてくるから，すぐ濁った水でセンサーが汚れてしまう。そこで，水位だけはいつでもはかれるので，流速などは，水位にあわせて計算する。それから，濁度や水質分析は，毎週，水をくみに行って観測する。今年は，愛西地区の小河川に水位計や濁度系を設置し，それから，水生動物の分布を調べることに関連させて，温度計を200個ぐらい置いている。たとえば，カエルというのはすごく温度に敏感なので，アカガエルという珍しいカエルが，どこでどういうふうに分布しているか等も調べている。
　それで，まず濁度を調べた結果，どういうことがわかったか。1年間の濁度の経過をみると，田植え時にもっとも濁度が高く，ほかの時期は，たとえ雨が降ってもそんなに濁りが出ていないことが明らかとなった。ただし，2003年は2004年ほど湖東地域に台風がきていない。すなわち，後で雨が降ったりしても，それの濁りというのはほとんど，田植えのときの濁りに比べればネグリジブルであると，こういう感じになっている（山田佳裕，香川大学による）。多分，何十年かに1回の大洪水のときは濁りはたいへん激しいと思うが，田んぼの濁りでは，流速が非常に弱い小さな川なので，琵琶湖の沿岸側にヘドロがたまる。それで，何十年に1回の大洪水のときには，むしろすごい勢いで海まで水が流れていくから，たまったヘドロを掃除するという効果があると思われる。だから，同じ水が，同じ濁度で流れてきても，琵琶湖水系に与える影響はそれぞれ違っていて，片方には掃除の役割があり，もう一方は汚す役割がある。この辺のところも，国土交通省の頭のいい人たちに，全部，モデルで使ってわかりやすくつくってもらう必要があると考えている。
　それから，アンモニアやリンは，粒子に吸着しやすい。だから，泥水が流れるときに，溶けて流れているものよりも，アンモニアとして粒子にくっついているのが

多く，最大40倍以上ある。それが琵琶湖に運ばれてしまう。一方，田んぼの泥をつくるのには，実は150年ぐらいかかるのである。ずっと肥料をやって豊かな土壌をつくる。田植え時に泥水を出すということは，大切な土壌を捨てているという，非常にもったいないことをやりながら，なおかつ琵琶湖を汚すことになる。濁水防止ということで，泥水を流してはいけないというのはみんなわかっているのであるが，現実には流れてしまう。そういう社会システムと人間の物の考え方の問題というのが，最終的には地球環境問題を解決するときにも根本的なテーマとして浮び上がってくる。それで，理系と社会科学の中間領域の学問がどうあるべきかということがものすごく大事であると思う人が増えているわけである。これは，文系の方が思っている以上にそう思っている人が，とくに工学系の方はそう思っている方が多いと思う。

■ 新興住宅街

次は，この愛西地区マイクロサイトでどんなところが汚れているかについて触れる。

もともと，この文禄川の水は，愛知川の地下水であるが，きれいな水である。ここの集落の人たちが自分の家のすぐそばを流して使っている水なのである。したがって，水の流し方が伝統的に決っており，このような地域の空き地に新興住宅街をつくり，立派な排水路をつくっても，水の少ない時期には新しい排水路にはまったく水が流れなくなり，ひどい汚濁化が進むことになる。これはやはり，町の行政と住民のレベルで，造成を許可するところと，水の使い勝手を手配するところが違うということに起因する。私は，文理連携と，それから横断的行政の仕組みをつくることが，これからの最大の問題だと思っているが，これは1つの例になる。ここがずっと私が2年間みて歩いたところで，琵琶湖・淀川水系で一番汚いところである。

■ メソスケール

メソスケールの場としての，琵琶湖一周に関しては，われわれは，安定同位体比や生物の調査など，いろいろなことを徹底的にやった(⑫)。

まず，琵琶湖のまわりの人口密度を明らかにする。たとえば，大津市，草津市，それから彦根市がある所が人口密度が高い。そういうところを流れている都市河川で，$\delta^{15}N$の値が高くなっている。$\delta^{15}N$が高いというのはどういうことかというと，

第2部　流域圏プランニングの現状

安定同位対比
- 炭素同位体比 $\delta^{13}C$（POM，堆積物，動物（カワニナなど貝類，ヨシノボリなど魚類，ザリガニ，など），藻類，水棲生物，ヨシなど）
- 窒素同位体比 $\delta^{15}C$（POM，堆積物，動物（カワニナなど貝類，ヨシノボリなど魚類，ザリガニ，など），藻類，水棲生物，ヨシなど）
- イオウ同位対比 $\delta^{13}S$（硫酸態）
- ストロンチウム同位体比 $^{87}Sr/^{86}Sr$（溶存態）

他のパラメータ
- 陽イオン・陰イオン（ICP，イオンクロマト）
- 底泥の溶存酸素
- 堆積物粒度組成

12 琵琶湖一周流入河川調査

人間が食べる物の 15N が高い，これが1つある。それから，もう1つが，有機態窒素が分解して硝酸ができると，その硝酸が，汚濁が進むことによって生じた嫌気下で窒素ガスになる，そのとき軽い窒素ガスが抜けていって，システムの中に残るのは重くなる。したがって，河川中の硝酸や生物の $\delta^{15}N$ は，汚れの度合いを表しているのである。琵琶湖のまわりでは，都市河川の，しかも小さな川の $\delta^{15}N$ は高くなっている。一方，琵琶湖には野洲川とか姉川とか安曇川とか，大きな川もあるが，国の行政レベルでは，このような，$\delta^{15}N$ 値の低い，比較的水質のよい大きな川しか調べない。ところが，小さな川がものすごく汚れている。これは皆さん，どこでもそういう経験があると思う。

■ 新しい指標

そういう意味で，$\delta^{15}N$ は積分的な指標として，新しい水の評価のパラメータとして使えるのだということが**13**に図示してある。**13**の図は，横軸が Loading of N（窒素負荷）であるから，これは人口密度でもいいと考えられる。その流域に住んでいるトータルの人口でもいい。人が増えれば増えるほ

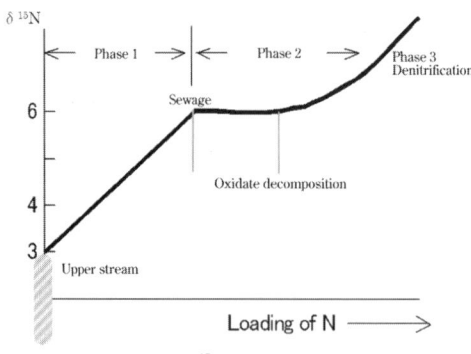

13 河川の $\delta^{15}N$ と窒素負荷の関係

ど生活排水がたくさん流れる。縦軸に $\delta^{15}N$ の量をとると，琵琶湖・淀川水系でも，上流の沢水のところは低い値なのである。それに生活排水がどんどん入ってきて，人口密度に比例して増えていく（直線の部分）。それがある一定の量になって，それがきゅーっと上がり出すのである。ここで，川の中に嫌気層ができて，硝酸から窒素ガスができるといったような，脱窒が始まり，$\delta^{15}N$ が急激に上昇する。その前のプラトーなところまでが，今のように排水処理施設で合併水槽的に処理するならば，その流域に住める人口の限界ではないだろうか。そこが $1\,km^2$ 当り 100 人とか 200 人とか，そんな感じの数字になる。

こういう，一種の新しい環境容量みたいなものを創出していくことが重要である。もともと環境容量というのは，その流域に牛が何頭飼えるか，人間がどのぐらい住めるかということで決ったものであるが，そういう形ではなくて，水質をみるということによって決める環境容量があってもいいと考える。

⓮ は，世界中の川で，やはり同じようなカーブがかける。だから，これは一般化できるだろうということを示すために，あえてこの図を出している。

■ どぶと温室効果ガス

それから，琵琶湖の東，安土の近くには，西の湖という内湖がまだ残っていて，小さな蛇砂川という流域がある。この流域に沿って，2 年間調査をやった（⓯）。

N_2O というのは窒素が 2 つと酸素が 1

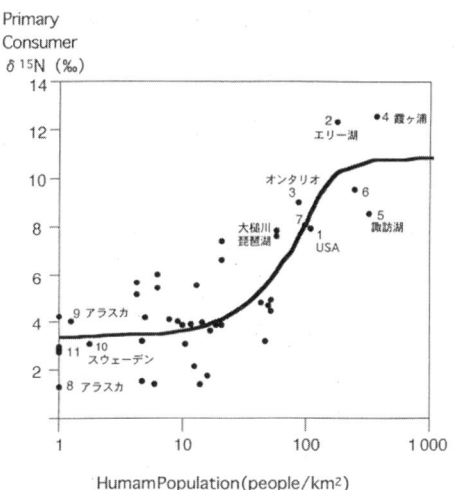

人口密度の種々の水系の $\delta^{15}N$（Consumer）との関係

⓮ 世界の河川の植食者の $\delta^{15}N$ 値と流域の人口密度
Gabana, G. & J. B. Rasmussen, 1996 による

⓯ 蛇砂川の調査地点

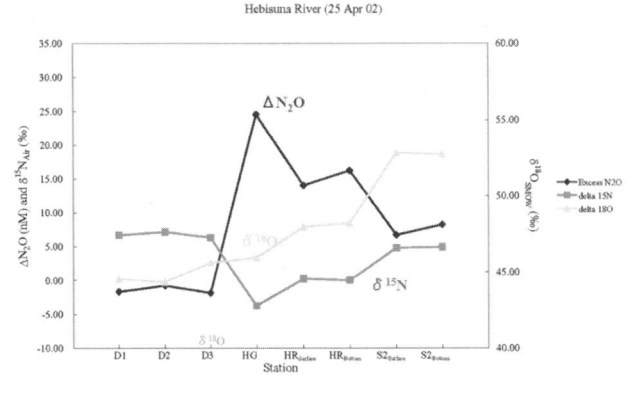

第2部 流域圏プランニングの現状

図16 溶存 N_2O の飽和度と $\delta^{15}N$
Boontanon, N. による

個の温室効果ガスである。これに CO_2 という炭酸ガスと CH_4 というメタンをあわせ、温室効果ガスの御三家と呼ぶ。要するに、これが空気中にどんどん増えて、温暖化を促進している。このほかに、オゾンとかフロンあるけれども、自然界、とくに都市部の小河川に、この N_2O がどうもたくさん出ているということが、だんだんわかってきた（図16）。

図17は、蛇砂川の CH_4 と N_2O の生成を模式的に示してものである。上流から下流に沿って流れていくに従って、水がしみ込んでいって、それで、アンモニアが酸化されて硝酸が増える。アンモニアは、微生物によってどんどん硝酸になるのである。下流に行くほど硝酸が増える。ところが、濁水や、いろいろなものを流すものだから、下流の方にはヘドロがたまってしまう。このヘドロは、酸化層があったり還元層があったりして、ここに硝酸の濃い水が入ると、N_2 ではなくて、N_2O がどんどんできる可能性が高い。都市の近郊のこういう小さな河川は、ひょっとすると N_2O をつくるシステムになっているのではないか。もちろん、メタンも出てくる。これは非常に悪い。大金をかけてヘドロを大掃除しない限り、も

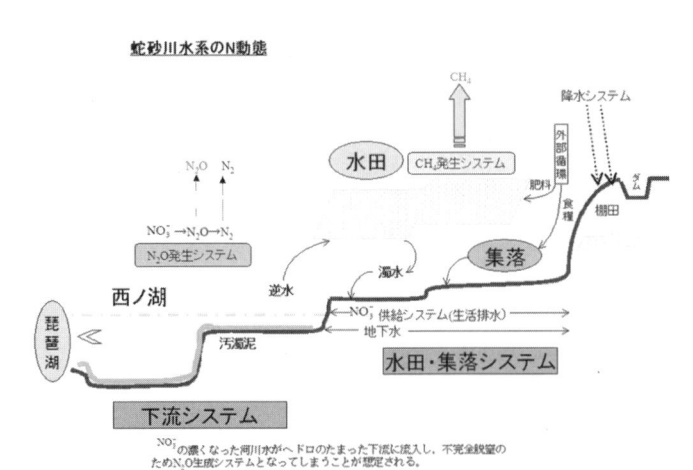

図17 蛇砂川に於ける亜酸化窒素とメタンの生成

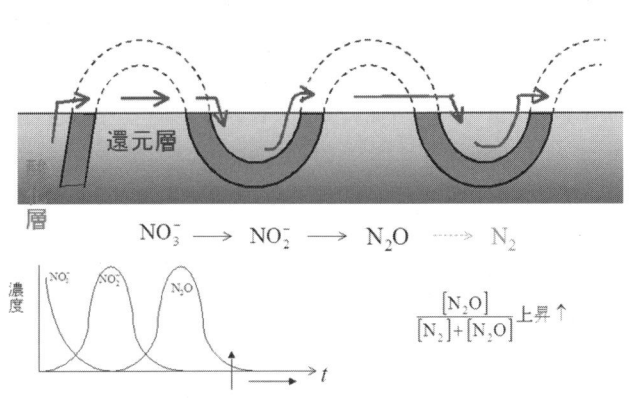

うどうしようもないのではないか。ちょうど、大気中にエアロゾルがたまっているのと同じように、塵、芥のたぐいが水の中では粒子になるのだが、そういうものが溜まっているシステムになってしまっているのではないか。しかも、撹乱が激しくて、不完全酸化還元境界層が形成されている(⑱)。この点を詳しく調べる必要がある。

→ NO_3^- を含む水の流れ

還元層

$NO_3^- \longrightarrow NO_2^- \longrightarrow N_2O \dashrightarrow N_2$

濃度

$\dfrac{[N_2O]}{[N_2]+[N_2O]}$ 上昇 ↑

汚泥のたまった小河川における脱窒の模式図

⑱ 下流域の堆積物表層の酸化還元状態のの模式図

■ 人為的風化

　それからもう一つが、我々が子供のころは、酸性雨などはなかった。終戦直後は、まだ肥料もあまり使っていないし、田んぼにはナマズ、ドジョウ、何でもいた。それから50年たち、今は、農薬はたくさん使う、それから硫安肥料もたくさん使う、酸性雨は落ちてくるという状況になっている。そうすると、耕地に、硫安をまくと、このアンモニアは微生物によってすぐ硝酸になる。ところが、アンモニアが硝酸になると酸性になる。また、もともと、硫安は酸性である。人間活動というのは、火山現象みたいに酸を大気中に放出するばかりではなく、地面の中に酸をしみ込ませる、どうもこういうことをやっているのではないか。この酸は当然、田んぼの底のほうの岩石や土壌と反応したり、それから酸性雨自体が岩石と反応する。そういう意味での風化を促進しているのである。

■ 時系列に沿った同位体比の変化

　そのために、イサザという魚のストロンチウムの同位体比、硫黄の同位体比が、どんどん変っている(石井ら：2001 を総合地球環境学研究所 中野孝教氏がまとめ直した)。このストロンチウムの同位体比というのは、岩石の種類が同じなら、普通

第2部 流域圏プランニングの現状

は流域が変っても絶対変るものではない。琵琶湖の北部で，この40年間，毎年集めているイサザという魚の同位体組成が，どんどん変ってきている。ストロンチウムの同位体比が変ってきて，硫黄の同位体比も変ってきて，つぎに示す窒素の同位体比も変っているのである。

イサザの$\delta^{15}N$も，1965年以降4‰ぐらい高くなった（⑲）。堆積物でも高くなっている。琵琶湖のどこで，この上昇が起ったのか。これをずっと説明できなくて困っていた。これがわからないと，本質的な問題の解決にならない。

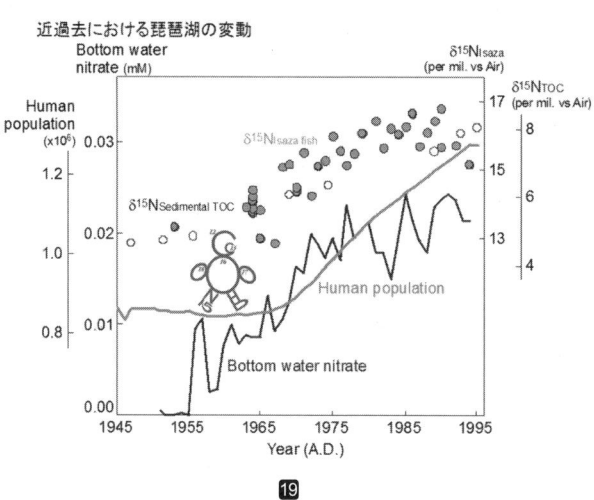

1つは，酸素のあるところとないところが，小河川の下流域に非常に多いということ。この下流域で，酸化還元境界層の攪乱がものすごく起っている。これは好気的な世界と嫌気的な世界を区別するところである。それが乱れている（⑱）。ここからN₂Oが出てきたりメタンが出てきたりしている，そういう都市構造になっていて，ここでの不完全な好気-嫌気層での脱窒が，$\delta^{15}N$の上昇を引き起している（⑳）。それが1点。

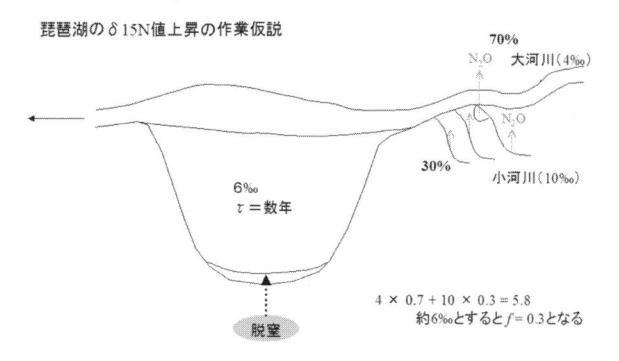

それから，2番目が，人間の活動が酸性物質を，大気中の中ばかりでなくて，どうも，地面の中にしみ込ませて，新し

⑲

⑳

い風化作用を起こさせて，琵琶湖の水質をどんどん変えている。変えると何が困るのかはともかくとして，非常に大きく変えているということ。この2つのプロセスが基本的に存在しているということが，この2年間の河川調査やっとわかったのである。その結果を，ここで今日話しているのである。このようなことが明らかになると，何をしなければいけないかということが分かってくる。

■ まとめ

ここに，小さな川と大きな川がある。今まで，大きな川だけがモニターされていたけれども，小さな川をモニターしないかぎり，琵琶湖はどんどん汚れてしまう(㉑, ㉒)。

どういうことかというと，琵琶湖に流入する141河川のうち，流量の大きい10大河川は，全体の流量の60％を占める。大きいほうから16河川では70％。この16河川ぐらいは，大体きれいなのである。水も豊富である。ところが，残りの小さな河川がものすごく汚れていて，それが3割ぐらい，その3割がじわじわと琵琶湖沿岸の水質を悪化させていることがわかったということである。

そういうことをこれから考えていかなければいけないし，そのために，琵琶湖・淀川協議会とか，河川レンジャーとか，いろいろな対応策を，住民レベルで具体化していくことが大事なのである。そういうことが今わかったのである。

今，社会文化システムWGの研究者は，愛西の集落の人たちと対話をし

まとめ

琵琶湖に流入する141河川のうち，流量の大きい10河川は全体の流入量の60％，大きい方から16河川では70％，同様26河川では80％を占める。

現在の琵琶湖では大きな河は比較的綺麗で$\delta^{15}N$も普通の値を示す。これに対して小河川の$\delta^{15}N$値は高く，汚濁も進んでいる。これら125の小河川の汚濁が琵琶湖の$\delta^{15}N$の上昇の原因となっていることが強く示唆された。

この事実から，きめの細かい住民参加・ボトムアップを軸とした琵琶湖の環境保全(水質の保全)が重要であることが明らかとなった。

㉑

まとめ

- 過去40年間におけるイサザ標本(魚)や湖底土壌堆積物に見出された$\delta^{15}N$の上昇(3‰)，$\delta^{34}S$の減少，Sr同位体比の変動を統一的に説明するモデルとして，

小河川や小・中規模内湖における脱窒や硫酸還元系などの進行を仮説として指摘できる。

事実，人口密度の高い地域を流れる小河川や内湖では汚濁が進み，ヘドロが蓄積し，酸化還元境界層が空間的不均一系となっている。不完全脱窒・不完全硫酸還元のような新しい概念で系を解析するすことが求められる。

琵琶湖の浄化にはミクロレベルの住民参加活動が不可欠となる。

(仮称)琵琶湖・淀川流域水質管理協議会
淀川水面利用協議会
河川レンジャー　診断士
その他ローカル自治活動

㉒

ているが，この人たちにそういう情報を伝えるときには，もう少し，わかりやすくやらなければいけない。上流に住んでいる人たちが気をつけてくれないと，下流が非常にお金のかかる，たとえば，大阪はこの間，800億円を投じて，オゾン処理による方法で水道水の臭みをとったのである。ものすごいお金をかけているわけである。そういうことがあるので，上流から下流に向かって，どういう合意形成ができるかということに進むために必要な情報が，水質に関してもようやく基本的なことが，今わかりはじめたというのが，今日の話の結論である（㉒，㉓）。

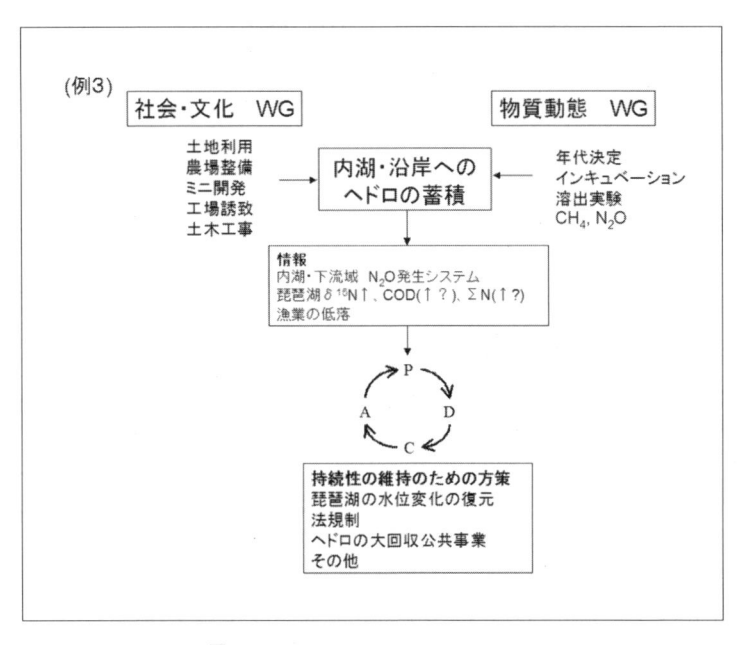

㉓　適応的管理への文理連携の位置づけ

謝　辞

本稿をまとめるにあたり，プロジェクトのメンバー各位に厚く御礼申し上げたい。主な人々は以下の通りである。

総合地球環境学研究所　谷内茂雄プロジェクトリーダー，田中拓弥・中野孝教コアメンバー，井桁明丈氏／香川大学　山田佳裕氏／京都大学生態学研究センター　陀安一郎氏／龍谷大学　脇田健一氏，パシフィックコンサルタンツ　原雄一氏　等

参考文献

1) プロジェクト 3-1,ワーキングペーパー No.J-12,琵琶湖・淀川水系の診断法―流入小河川の重要性について―

第8章

流域管理における河川景観の役割

辻本 哲郎

名古屋大学大学院教授
東京大学大学院教授(兼任)

第 8 章　流域管理における河川景観の役割

　流域に対しては，さまざまな見方でものを見ることが大事だということを，今，虫明先生のお話を聞いたり，先日，下水道の会議での石川先生のお話を聞いた中で感じている。
　私の話は，今度は河川工学という一つの偏った視点での話になるかもしれない。タイトルは「流域圏管理における河川景観の役割」。流域圏とは何ぞやということについては，ほとんど虫明先生が話されたが，ここではとくに，流域圏の視点から，私の考えている河川景観の役割，一つずつ解きほぐしていきたいと思う。

■ 流域と流域圏

　これはすでに，虫明先生のお話そのままであるが，水は循環している。水は蒸発すると上に上がって，水になると重力に従って上から下へ流れてくる。けっして，同じ水が上がったり下がったりしているわけではないが，ある流域を考えると，大体 1 年で，同じような水が上へ上がって，同じような量の水がおりてくる。まったく同じものではないが，量として，水は上から下へちゃんと落ちてくる。そうすると，その流れは水だけでなくて土砂も運ぶ，あるいは生元素，和田先生のお話にあった窒素，燐，炭素であるとか，有機物をつくりあげている元素なども運ぶ。あるいは，それによって生態系もダイナミックである。すなわち，水が動いていることによって，水循環によって，ドライブされているものが流域の中にたくさんある。

　そういうことを考えると，流域でものを考えるというのは非常に合理的なことであるが，先ほども話が出たように，氾濫想定区域（氾濫するような地域），あるいは灌漑・排水するところ，あるいは下水道で流れていくようなところ，あるいは土砂が流れてきてそれが運ばれていく沿岸も含めた形で流域圏を定義する

流域
流域（集水域）の意義＝水循環に駆動される循環のユニット

```
土砂→地形
水資源（エネルギー・食糧，．．．）
生元素
生態系
```

流域圏 ←「流域概念の拡張」

　　想定氾濫区域（＋強制排水区域）
　　灌漑・排水
　　下水道
　　沿岸域（流砂→漂砂：流砂系）

1　流域と流域圏

第2部　流域圏プランニングの現状

のがより現時的であろう。流域の概念を，このように拡張していくことが，今日，必要と考えられている。大井川の写真をここに示している（❷）。右側の図をみてもわかるように，大井川は下流側へ行くと堤防で区切られているために，下流は，堤防で囲まれた河道の部分だけが，流域ということになる。

　図のように，たいていの川の流域は，木の葉みたいに，最後のほうが細くなっている。一方その外側，専門用語では堤内地と呼ぶが，そこは，この川がつくった氾濫原である。扇状地，あるいは自然堤防帯の沖積平野，そういうものが広がっている。そういうところが一般的に氾濫域になったり，あるいは灌漑の対象領域になっている。灌漑という視点では，氾濫原をこえたさらに広い領域まで水を配っているところもある。

　また，川には土砂が流れてくる。この土砂が洪水のときに河口に吐き出され，さらに漂砂，波の作用によって左右に散らばっていって，海岸を形成している。そういう意味では，海岸域，沿岸域をも流域圏に含めて考えるのが合理的だろうという

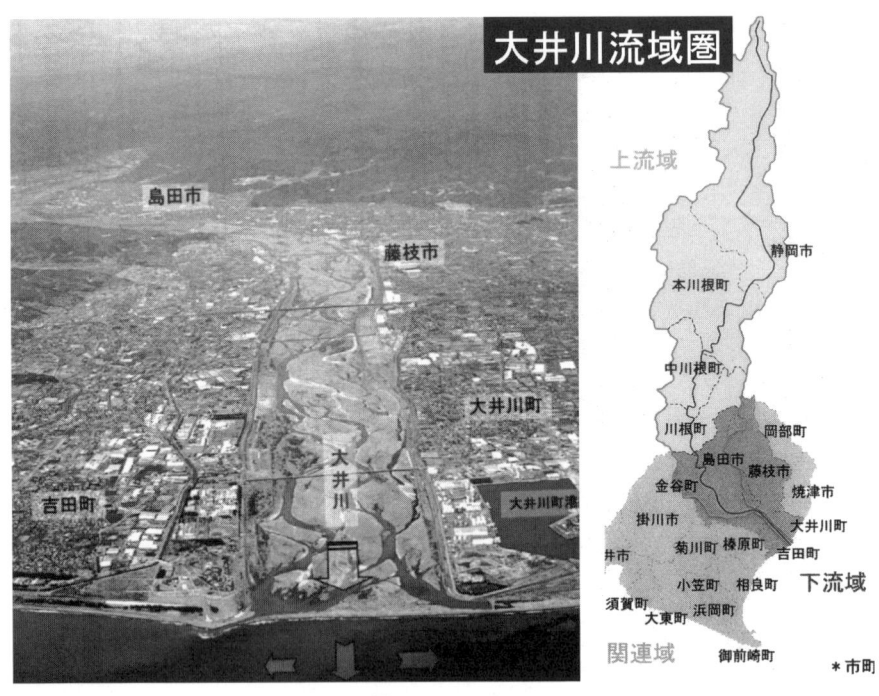

❷　大井川流域圏

ことになる。

　我々が国土管理を考えるとき，流域圏を単位として考えるのが重要だが，それはなぜか，ということに少し触れよう。今日，国土管理あるいは社会システムの目標は，持続性である。持続性の意味も非常に難しいが，先ほど虫明先生は，安全と利便性と環境という機能が持続することが大事だとおっしゃった。私自身も，人間活動であるとか文化であるとか，そういうものが持続的であるために必要な機能は安全性と利便性と環境であると考える。河川で言えば治水，利水，環境といわれるものである。持続性をこういうふうに置きかえて話を進めることにしよう。

　そういうものを考えるときの制約条件としては，1つは資源の限界であり，1つは人口が減少し高齢化社会になっていくことがある。それからもう一つは，Equity（公平，公正）。我々は平等を確保しなければいけないということが，さまざまな中で制約条件になっている。

■ 問題の構造とスケール

　流域を自然に分類すると上流域，中流域，下流域となり，しばしば，その下流域に都市が発展してきた。都市が発展するためには，流域の軸を走っている水，あるいは水系を利用して，洪水の安全度を確保し，あるいは，水資源を都市に集中させる。すなわち，すべて都市の利便性のために，都市がいろいろな資源を収奪する。都市にとってもう一つ大事なものは食糧で，食糧をつくる部分が生産緑地ということになるが，生産緑地へも水を配分しなければいけない。そのため，流域をつくっている軸である水，水系が非常に人工的な姿にならざるを得なかったというのが今日の姿であると考えている。

　その中で，Equity の制約というものについて考える。都市域だけが収奪するという図式は Equity に反するので，都市は経済力をつけ，技術力をつけ，あるいは快適な都市生活の手段を身につけると，これらを他の地域にも分けてやることになる。悪い言葉で言えば，それをあちらこちらに拡散させていく。すなわち，都市化の拡散であり，生産緑地は，一部，都市に非常に近い状態に変っていく。つまり，都市自身が拡大し，また拡散し，水を中心とした資源の収奪はもっと不可逆に進行していくことになる。これによって流域圏が疲弊し，流域圏の疲弊によって都市域が支えられなくなるというのが，今日，流域と都市とを関連づけて，その再生を議論することになっている背景だと理解している。

　これを解決するために，流域圏外とのやりとりがすでに行われている。人の流れ，

金の流れ，資源の流れ，のみならず，たとえば都市域の環境維持流量を呼ぶために，他の水系から水をもってくる。あるいは，水資源を使うかわりに，食糧を生産する他流域でつくられた食糧をもってくるというようなことになる。すなわち，流域圏の中で，都市域が流域の他のエリアに対して行っていたことが，今度は流域同士の間で起ってくる。それが，ひいては国と国の問題にもなる（**3**）。

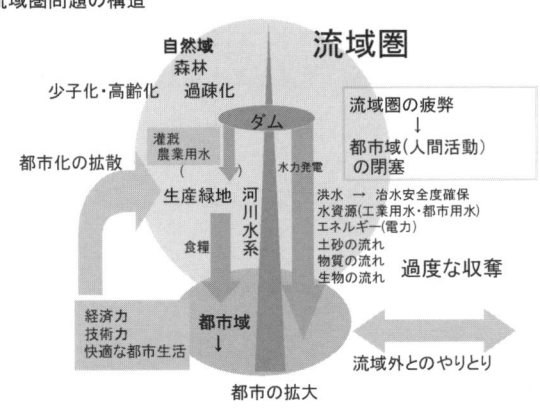

流域圏問題の構造

3 流域圏問題の構造

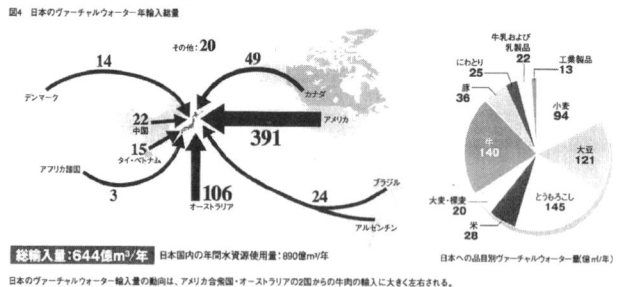

階層性：
　地球規模（Global）
　国際社会（International）
　全国（National）
　流域（River basin, Basin-wide）
　地域（Local, Regional）

図4　日本のヴァーチャルウォーター年輸入総量

総輸入量：644億m³/年　日本国内の年間水資源使用量：890億m³/年
日本のヴァーチャルウォーター輸入量の動向は，アメリカ合衆国・オーストラリアの2国からの牛肉の輸入に大きく左右される。
（日本の単位収量，2000年度に対する食糧需給表の統計値より）

4　スケールの階層性

すなわち，今我々が考えていかなければならない問題には，地域の問題から地球規模の問題まで，さまざまなスケールがある。国際社会で起っている問題があることである。国内で起っている問題も，たいていのものは今話した流域の中で起っている流れと同じ仕組みで起っていると考えられる。そうすると，流域の問題の構造をとらえて，それを解決するということが，ひいては国際社会の問題の解決にもつながるという視点も，非常に重要だと考えている（**4**）。

こういう前提とはいえ，今日の話はそこまで大きなスケールでなく，むしろ，スケールレベルを1つ下げてみる。つまり，

流域の問題を解決するために，1つスケールの小さい河川水系レベルで見た流域圏というものを今日の話題提供の中心としたい。

■ **流域管理と河川**

さて，流域を支えている階層構造をみてみよう（❺）。流域の中心を川が流れていて，その上流から下流まで考えるという見方を「水系一貫」という言い方をする。また，山地河川や扇状地部，すなわち礫でできているような急流河川。こういうふうに，川はまったく同じ特性をもって上流から下流へとつながっているのではなく，山地は山地，扇状地は扇状地というような，個性ある典型がみられる。この典型区間を「セグメント」と呼んでいる。すなわち，水系は山地セグメント，扇状地セグメント，沖積平野セグメント，あるいは河口部セグメントというような，個性をもった典型区間がつながっているということが非常に重要なのである。

その一つ一つのセグメント，たとえば扇状地区間をみると，その中には砂州があって，流れの部分には早瀬があって，淵がある，あるいは平瀬，早瀬とさらに分割することもできるが，そういうものがこの中で繰り返している。すなわち，異質なも

河川から見た流域圏

流域を支える階層構造

階層性：
流域～水系～セグメント～リーチ～サブリーチ～マイクロ
　　　　　　　　川幅　　水深　　粒径

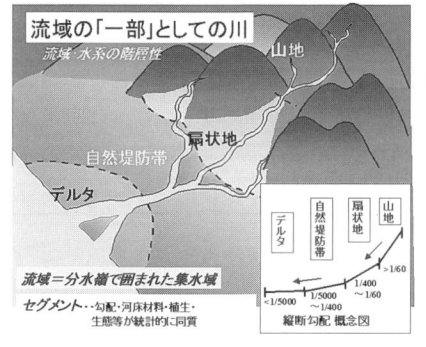

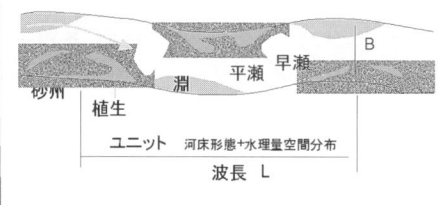

❺ 流域内のスケールの階層

のの中に同質の区間があり，同質の区間をさらに細かくみれば，「リーチ」と呼んでいるスケールもある。そのレベルでみれば，また同質のものが認められる。その同質のものがどのように特徴をもっていて，その同質のものがどんなふうに壊されてきているのかということに注目すれば問題が解決するはずだというのが，私の考え方の基本である。もっと小さなスケールとしては，川幅スケールとか水深スケールというものがあるが，ここでは，あまり小さなところまではいかないことにする。

流域スケールでものをみるとき，そのベースは，これまでにすでに述べた水循環である。流域内の水循環は❻に示すとおりだが，この仕組のひずみを是正していくことが，活水・利水・環境の3本柱からなる流域管理の課題である。こうした流域のかなりの問題は，水系に着目することによって解決する。たとえば，河川を洪水の運搬路にしてやれば何とか洪水は防げる。河川を流れている水を配分してやれば，すなわち，川の中の水の流況を調整してやれば，利水の問題は解決する。あるいは，水質の問題であれば，希釈さえすれば河川水は少しはきれいになる。河川の生態系だけでも復元してやれば，流域の生態系もかなり

```
「流域」水の循環
   降雨→ 流出→ 河川流(Instream Flow)   河川・水系
              地下水流
           ↑          ↓
         水循環    （蒸散）           流域
```

「水系」への着目→問題の大きな部分が解決できる
しかし，
　①河川のFloodway化
　②河川水の配分（河川流況の調整）
　③河川水質の希釈
　④河川生態系のみの保全・復元
だけで，流域での課題は解決するのか？

残された側面：
　Run-off，氾濫(内水)
　Instream外流れ（人工的集配水・排水）
　地下水
　河道内環境の流域環境への波及
　土地利用（森林管理，農業形態，都市化・市街化）
　　　　　　　　↓
水系課題と流域課題の分担・連携
　　　　　　　意外に難しい！

本質的に流域で解決する問題を「河川」が抱え込んでいる
「流域」が本気で抜本的解決に乗り出せるか？
　緑の回廊(ネットワーク，コリドー)，屋上緑化
　浸透，貯留による流域治水の本当の効果は？
　　　　　　　　抜本的な対策になり得ない！？

❻ 流域の課題と水系の課題

助かる．河川は，山の上から下までつながっているから，河川水系に沿った生態系の復元というのは，流域の生態系の復元に大きな力を発揮する．

　しかし，これだけで流域の問題がほんとうに解決できたと言えるのか，あるいは本当にできるのかという疑問が，我々河川水系を直接対象にしてものを考えてきたものにとっての，流域問題へのドライビングフォースになっている．少し工学的な話になっていくが，残された側面としてどんなことがあるかに触れてみよう．

　雨として降った水が川に流れてきて，その水が溢れるか否かを議論するのが，これまでの治水の話だったのであるが，沿川以外の場所でも氾濫が起る．よく内水という表現をするが，これも取り残された問題である．一方，川の中を流れる水の方は外水と呼んだり，逆に Instream と呼んでいる．川の中を流れているこの Instream 以外に，人工的に集排水している水があり，それから地下水がある．すなわち，さまざまな流れの形態がある．また，河道内の環境というものは，流域環境と影響し合っている．さらに，土地利用．こういった問題を，互いにどのように連携させるのかというのが，非常に大事であるにもかかわらず，これが難しい問題となっている．

　これまで，本質的には流域で解決しなければならない問題を，河川が抱え込んでしまっているようなところがある．たとえば，生態系の問題でいうと，本来，流域生態系を対象にして保全していかなければいけないのに，流域で生態系が保全できるかというとなかなか難しい．堤内地はほとんど人間が好き放題使っている．そこで，河川生態系をまず保全する．河川生態系を保全すると，流域生態系はかなり確保できるのであるが，ほんとうに河川の生態系は確保できているかというと，非常に苦しい状況になっている．

　詳しくは後から話すが，結局，水系の課題と流域の課題の分担と連携をしっかりつくっていかないといけないということである．その一方で，流域が，本気で抜本的な解決に乗り出せるのか．流域に住んでいる人にとって，川は全部，他人の土地なのである．堤内地には他人の土地もあるが自分の土地もある．こういうところで，環境，生態系という公共の機能を，ほんとうに追求できるかというのが大きな問題になっている．

　つぎに，浸透・貯留，あるいは緑の回廊の効果といった流域の機能と水系のもつ機能の連携・連動が必要である．たとえば，治水の問題で，150年に1度の雨に対して流域の洪水に対する安全性を守ろうとしたときに，ほんとうに浸透・貯留で効果があるのかというと，効果は非常に小さいといわざるを得ない．

すなわち，どういう側面で流域的課題が役に立って，どんな側面で水系の問題になるのかということを仕分けないまま，治水の問題，利水の問題，環境の問題における水系と流域の役割の効果の議論はできない。たとえば，**7**にも書いたように，「適切な河川景観管理は，流域問題の相当部分を解決する。かといって，すべてを河川空間に負担をさせてよいのか」というジレンマとなる。どこの部分を，時期とか地域とか，あるいは治水で言えばどういうレベルの問題を，流域対策と河川対応とで分担すべきかということを考えていくことが重要だ。

実は，
適切な「河川景観管理」は流域問題の相当部分を解決する．

といって，河川空間にすべてを「負担」させてよいか？

DILEMMA

どこで流域対策と河川対応を分担するか？
　　　時期，地域，レヴェル

7

■ 河川景観管理

こうしたことを背景としての河川景観管理を，今日のテーマにした。流域が，先ほどいったように，Sustainability の確保に向けて—ここでは，Sustainability を，せいぜい国全体のスケールで考えて結構なのだが—，人間活動の持続性の確保に向けて必要とされる機能は，「安全性」と「利便性」と「環境」である。これらをどう確保するかということが課題である。もともと水系，流域というものは，水循環に駆動されて機能を果すのだが，その機能を，どういうふうに我々が，Sustainability が要求する機能にアレンジするかという視点でとらえることにしよう。

このとき，これらの機能を計量したり，評価する必要がある。つぎに，系が人間活動に対してどんなふうにレスポンスして，そのレスポンスによって機能がどう変るかということを，しっかりつかむ必要がある。こんなふうに考えていく流れの中で，景観管理という言葉をイメージしている（**8**）。

景観という言葉を少しわかりやすいように，川の一部分，すなわちリーチスケー

第8章 流域管理における河川景観の役割

ルをとらえて話す.
まず,「河相」という言葉と「河川景観」という概念を紹介しよう.

河相というのは,たとえば,川の中を見たときの川の流路,平面的な形状,あるいは川底のいろんな形である.現実には,川には,洪水のときと,水が引い

景観管理(Landscape management)

流域がSustainability確保に向けて必要とする機能
　　Safety, Convenience, Environment
を,どう確保するか？
　　　　　↓
流域と河川・水系で分担・連携して確保

機能のArrangementという視点
　水系・流域のもつ機能を,
　Sustainabilityが要求する機能にアレンジする.

　　①水系・流域の特性がどのように機能を発揮するか？
　　②機能の計量(評価)
　　③系のレスポンスと機能の変化

8 景観管理

た状態があって,川の中にある形というのは,洪水のときに川がいっぱいいっぱい流れてつくった形である.そういう意味では,川の姿は,河床の形そのものとなる.水が引いた後では,その中の低いところを流れている.この意味で,流路形状でもある.それによって流れが規定され,土砂が流れる.土砂が流れるということは,その川の形が変るということである.こういう仕組みが,川の中でダイナミックに行われていることが重要だ.さらに,川の中には,その地形に応じて植物が生えて,植物が生えればそれに応じて水の流れは変って,あるいは,水は洪水になれば,植物を破壊するといったような,相互作用のシステムがある.この相互作用系が,昔からよくいわれた「河相」の概念をつくりあげた.河相という言葉は古くから使われ,安藝皎一先生が『河相論』という本を書かれているが,それを今日的な河川水理学の観点で言えば,上述した相互作用系が実は河相そのものである.

　水の流れが早い,遅い,あるいは水深が高い,低いといったようなことは,当然,治水機能と関係する.治水というのは,水流を川の中へ治めるという意味で,水深をできるだけ低くする.利水というものも,この仕組みの中からどんなふうに水がとれるかである.一方,環境というのは,最近はやりのHabitat(生息環境)という概念と関係づけると,たとえば,水の流速の早いところを好む,遅いところを好む,水深の浅いところがいい,深いところがいい,あるいは地形でいえば砂州のところがいいとか,あるいは水の中でも早瀬がいいとか,淵がいいか,というようなこと,すなわち,「河相」がこういう機能を生み出しているわけである.河川管理は,まさ

第2部　流域圏プランニングの現状

「河相」と「河川景観」← 河相で機能を受け持つ

リーチスケールにおける河相と河川景観

河相と河川景観

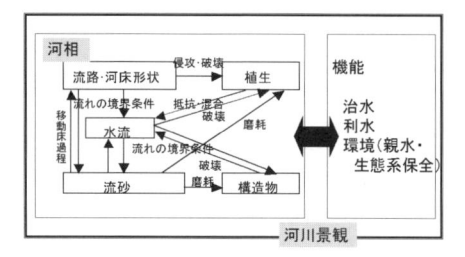

[図：河相（流路・河床形状、水流、流砂、移動床過程、流れの境界条件、侵攻・破壊、抵抗・混合破壊、磨耗、破壊）と機能（治水、利水、環境（親水・生態系保全）、植生、構造物）、河川景観]

「階層性」をさかのぼれば，「流域景観」でうけもつ「流域の機能」
階層性の遡り（Ascending hierarchy）

❾　「河相」と「河川景観」

に河相をうまくアレンジすることによって，必要な機能を取り出そうとすることなのだ。

これまでは，これを人工的に制御してきた。たとえば，川の中に構造物を配置することによって，治水機能だけを生み出そうと努力して

いた。しかし，川というものは，この相互作用系を通してさまざまな機能を発揮しているのであって，その機能をどうアレンジするかが，今日の考え方だと理解している。流域・水系・リーチなどのスケールの階層性を意識すれば，流域景観で受けもつ流域の機能という考え方もできるし，それぞれ地域ごとの景観が受けもつその地域の機能のような，階層性を溯ったり下がったりすることは可能だろう（❾）。

■ ふたたび流域管理の視点

❿には，連携して進めるべき具体的な課題として何があるかを書き出している。流域水災対策と河川治水。流域のあちらこちらで起る水害の問題と，河川で今までやっている治水の問題。あるいは，水系利水，流域利水さらには広域利水。流域圏をこえたような利水の問題，あるいは人間が取り出して使うInstream外流れと，川の中にはどれだけの水が流れていなければならないのかというふうなInstream流量の課題。これは，正常流量という形で議論されている。また，水系すなわち河川の水質対策と，流域の環境負荷低減の問題。さらに，河川生態系保全と流域生態系保全，あるいは総合土砂管理。

このように考えると，先ほど虫明先生の話にあったように，水循環が健全でなければならない。すなわち，流域でSustainability確保に向けて必要とする機能を生

み出すために，こういう考え方が必要となっている。先生もいわれたように，これが目標ではない。目標は，Sustainabilityの確保であって，それを達成する一つの手段，あるいは中間目標として，健全な水循環があると理解している(**10**)。

もう一は健全な流砂系。土砂の流れが上から下まで健全に流れていること。これに加えて，健全な物質循環，それから

流域機能としての課題整理
流域がSustainability確保に向けて必要とする機能
　　Safety, Convenience, Environment
をどう確保するか？　（流域と河川・水系で分担・連携して確保）
→流域と河川水系で分担・連携して確保

河川水系・流域が連携してすすめるべき具体的課題
　流域水災対策と河川水系治水
　水系利水と広域利水
　Instream流れとInstream外流れ(→正常流量)
　水系水質対策と流域環境負荷低減
　河川生態系保全と流域生態系保全
　総合土砂管理

健全な(流域)水循環，健全な流砂系，
健全な物質循環，健全な生態系
健全さ？
Integrity(=「系」を形成している)

10　流域機能と河川の景観

健全な生態系，あちらこちらに「健全」という言葉が出てくる。さて，その「健全」というのは一体何だろう。生態系分野でよく使われている言葉に Integrity がある。完全無欠であるというのが元々の意味だが，Integrity というのは，系がきちっと仕組みとして成り立っている，すなわち，その構成要素やその構成要素を機能させている 1 つずつのフローなどが個別的に変化していても，全体として系を形成していて，同じような機能をもっていることだと理解している。すなわち，水循環の Integrity，流砂系の Integrity，物質循環の Integrity，生態系の Integrity というような形で考えていくのがいいと思う。そして，それをどういうふうに頭の中で描けるかということが大きな問題になっている。

これでは概念的な話ばかりになってしまうので，流砂系管理という意味ではどんなことになるのか，ということにも触れよう(**11**)。流砂系の全体をとらえる話は時間がかかるが，流砂系管理を行うには，流砂系の全体像をとらえる必要がある。砂防や，河川の土砂の流送の状態，あるいはダムの中の堆砂の問題，さまざまな問題があるが，そのさまざまな問題だけでは解決しないわけで，全体との問題の中で，それらが互いにどんな関係にあるかということ，きちっとローカルな問題と全体の環境を見通すことが非常に重要である。

これは，先ほどの全体の話の中で，水系の問題と流域の問題の関係として，役割

分担と連携を考えなければならないといったことと一脈を通じている。たとえば，流砂系にかかわる問題として課題認識，それから問題の構図の把握，解決における流砂系の役割の特定，ということをあげている。シナリオ型という話。これは，どのように土砂を流したらいいのか，川の中で土砂がどんなふうに流れていればいいのか，というようなこと。こうした問題をどのように解決したらいいのかというところがなかなかこれまで考えられてこなかったということから，「シナリオ型」ということを提案している。

それから，課題はいろいろあげられるが，それが全体像の中でどんな役割をしているのかということをきちっと認識することも重要である。たとえば，ダムの中で土砂がたまっているとか，あるいは海岸侵食が起っている，河床低下が起っているという問題と，それが流砂系とどうかかわっているのか。全体の中のどんな問題なのかということを明らかにしていかないと，結局は課題解決にたどり着かないという反省である。

さらに，従来は土砂を考えたとき，その問題はある程度閉じる問題であったのだが，最近では土砂の問題が実は生態系の問題とも関連している。土砂の流送過程が変って生じるような川の景観の変化が，生態系に大きくかかわっているとか，あるいは栄養塩等の物質輸送に大きくかかわっているということ，これらを考えていかないといけないということを指摘している(⓫)。

流砂系管理

(A) 流砂系の全体像をとらえる
　　　(ローカルな側面だけにとらわれず，全体との関係を見通すこと)
　　・流域スケールの土砂動態の実態と変化 ＝ モニタリング
　　・変化予測 → 現象解明 ＝ モデリング

(B) 課題認識，問題の構図の把握，
　　解決における流砂系の役割の特定
　　・シナリオ型での構図の整理，
　　・課題と流砂系とのかかわりの全体像
　　　　　(上記Aだけでは課題解決にたどりつけない)
　　・課題に係わる他の現象と流砂系の現象とのつながりの理解

　　従来：土砂だけである程度閉じる
　　　　　ダム管理／治水上の安全性／構造物・河道維持／国土保全
　　新しい視点：
　　　　　生態系(自然環境)，水質・栄養塩などの物質輸送

■ 課題解決のための技術・政策

つぎに，問題解決のための技術開発と技術政策について述べる(⓬)。たとえば，ダムからどんなふうに土砂を出すかなどについても，いろいろな問題がある。計画論とか管理論といった問題の中で，先ほど虫明先生がいわれたような Adaptive Management という考え方が非常に重要になってくる。すなわち，健全な流砂系という 1 つの問題をとらえたにしても，同じような仕組みがある。今ここで，健全な水循環，健全な流砂系，健全な生態系というふうに健全さをいろいろあげたが，それを達成しようとしていくとき，方法論としての重要な仕組みとして Adaptive Management がある。planning, designing, construction, この流れが従来のやり方だが，その後にその成果をきちっとモニタリングしてフィードバックをかける。途中に「仮説」と書いてあるが，"hypothesis driven," すなわち，仮設が駆動する仕組みである。また，"periodic" というのはフィードバックのかかること。"tuning" というのが最適解を見出すこと。これらを合せて "hypothesis driven periodic tuning" が，Adaptive Management であるといっている研究者もいる。仮説をもってこれを促すというか，planning から designing へと進み，そして periodic，先ほど虫明先生は「みためし」という言葉を使われたが，periodic に tuning していくということが重要である。

（C）課題解決のための技術開発と技術政策論

課題解決のための技術開発→何が必要か？
個別技術の適用を流砂系全体の管理にどう位置付けるか？
計画論，管理論，順応的管理論
流域・沿岸域全体の視点で提案・調整する場と方法
流砂系とそれをとりまく諸事象とのバランスの取り方
ローカル対応と全体対応との役割分担のあり方

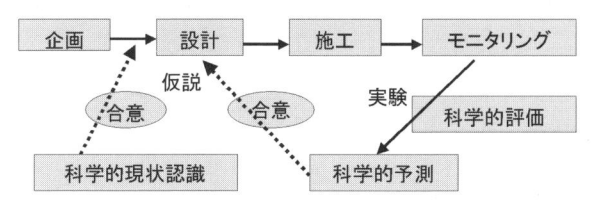

企画 → 設計 → 施工 → モニタリング
　　　仮説　　　　実験　　科学的評価
合意　　合意　　　　　
科学的現状認識　　科学的予測

Adaptive Management

⓬ 課題解決に向けて

こういうものは，生態系マネジメントでは広く普及している。生態系マネジメントでは，確かに，どうすればどういう結果となるのかが非常にわかりにくい面があったため，そういうものができたのだが，土木のほうは，今までは，マニュアルに書いてあるとおりにやったらきちっとできるはずだと思っていたため，一方向の流れしかなかった。現実には，治水の問題にしても利水の問題にしても，我々がマニュアルだとか理論だと思っていることは仮説にすぎないんだということの認識が，十分ではなかった。一方，Adaptive Management,「みためし」だからなんでもやってみたらというのではなく，ここで，hypothesis, どういう論理性をもって進めたかということが非常に重要である。このhypothesisがきちんとしてあるから，preiodicなことをやることによってtunigができるわけである。hypothesisがなければ，これはむだならせん運動にしかならないということも，この図が示している。

この図がもう一つ示してくれるのは，仮説を立てる段階で科学的評価，あるいは現状認識というものがある。これが専門家とか，科学者というものの役割である。そしてここに丸で囲っているところがコンセンサスである。このコンセンサスのとり方についても，最近はいろいろ戦術が考えられている。そしてここに加わってくるのが住民である。この流れが国土なり環境の管理だというのが，近い将来の一つの形だろう。行政がAdaptive Managementを駆動してものごとを進める。科学者や専門家が一つ一つのプロセスに対してしっかり監視する。そこにaccountability, PI（Public Involvement）が生れる。あるいはパートナーシップのようなものが含まれて，きちんと住民の役割としての「合意」がある。こうした仕組みがいつまでもつか，もつかというよりも本当の姿はどうかというと，さらに進んだ姿がきっとあると思う。それは，行政体と専門家と市民が1つの協議会をつくって，全部がこれに関与するというふうな形かもしれない。

さらにそれに企業体が入って，むしろオーソリティよりもエージェンシーみたいな形になって，その中で事業化もしていくというかたちが将来的な流れになるかもしれない。こうなってくるとまた，今までもっていたのと同じようなデメリットが出てくると私は思う。どういうことかというと，ここに示した形では見事に行政と専門家と市民が役割分担できている。この役割分担というのが非常に重要で，お互いに三者が監視し合える。ところが，これらが一緒の組織になってしまったら，組織の中できちっとそういう役割分担がとれればいいのだが，これをごちゃごちゃにやってしまったり，互いに互いの責任をうやむやにするような状況が出てきて，うまくいかないのではないかと心配している。しかし，多分これから近い将来はこう

第8章　流域管理における河川景観の役割

いう形で，もう一つ先には協議会形式，エージェンシー形式というものに進んでいくだろうとは思う(⓬)。

■ **活水・利水**

　次は，流域視点での治水。すなわち流域内貯留・浸透型の水防災の役割と，100年に1度の雨に対する安全性を確保する治水という方式を，どういうふうにマッチングさせるかという問題をここでは取り上げている(⓭, ⓮)。

　利水の問題，これは多分に施策的な問題だが，少しだけ触れておこう⓯。例として大井川を取り上げた。⓰の図に示された地域の上あたりまでは，ずっと発電で水を取っている。またその水は，これより下流では農業用水に配られ，都市用水にも配られる。川の中を流れている Instream flow と，発電や利水で使われる Instream 外流れ，このバランスをどんなふうにするのかというのは流域の問題で，利水の関係で非常に大きな問題になっている。大井川では，塩郷堰堤より上流にたくさんの発電ダムがつながっている。水をとっては発電し，また川に戻す。戻すやいなや，残流域の水も集めてとって，また発電するというふうに，ほとんど Instream の外で流れが形成されている。

　この川の環境をよくするために，この堰を撤去しようという決起集会も行われた

流域視点での治水

(1) 水系治水と流域総合治水

　　ダム・河川改修（堤防）が，
　　　流域のDesign Floodレベルでの治水安全度確保に不可欠
　　　←土地利用の制約
　　　　（中下流域の高密度利用と洪水時河道域限定）

　　流域内貯留，浸透は
　　　Design Floodレベルの外力にほとんど効かない
　　　計画の途中段階
　　　日常的に生起する災害を減じる効果
　　　市民の防災意識向上

(2) 流域水災防御計画の中のいくつかの事業のバランス

　　国管理・県管理・市町村管理河川の整備レベルの差
　　雨水排除計画(都市下水，農地湛水防除)

⓭　流域視点での治水

第2部　流域圏プランニングの現状

計画と事業進捗
途中段階での安全度の認識と対応
流域・排水区域外からの氾濫水の浸入

適正な安全度発揮のための段階的な事業進捗
組み合わせ別段階的な効果の発現を企画することが大事

超過洪水
災害外力は確率的なもの
→計画のレベルを超える外力で何が起こるか
→減災

ハードとソフト
施設対応の限界（drastic）
どのようにソフト体制の効果に（漸近的）に切り替えるか
　　　ソフト＝一般行政に支えられる市民自身の行動
ソフトを支援する技術→洪水予測，ハザードマップ

14　治水の課題

利水計画

水資源（量の利用，質の利用）
水利権・渇水安全度のアカウンタビリティ
Instream flowの役割
河川水以外の利用
　　　例：地下水　→　地盤沈下
　　　　　　　　　→　治水安全度の低下，生態系の変質
流域を越える水資源利用　⇔　広域利水

15　利水計画

大井川の用水利用

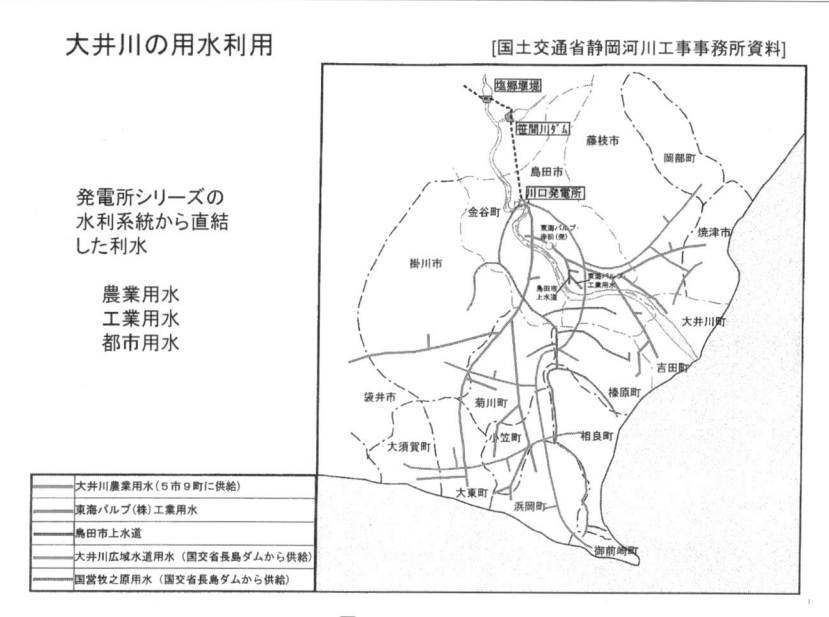

[国土交通省静岡河川工事事務所資料]

発電所シリーズの
水利系統から直結
した利水

　農業用水
　工業用水
　都市用水

――― 大井川農業用水（5市9町に供給）
――― 東海パルプ（株）工業用水
――― 島田市上水道
――― 大井川広域水道用水（国交省長島ダムから供給）
――― 国営牧之原用水（国交省長島ダムから供給）

16 大井川の水利用

が，この堰を壊してしまったら，実はこの下流にぶら下がっている用水を全部つくり直さないといけない．すなわち，環境面からみて発電がけしからんと思っていたが，実はここで水を飲んでいる人もその発電でその外を経由してきた人工水路に自分たちがぶら下がっているということに気づいて反対できなくなった．反対してしまうと，自分たちの飲む水は一体どこでとればいいのという，また新しい利水，水資源開発の問題に巻き込まれることになるわけである．

■ 生態系保全

　生態系の話を少ししておきたい．生態系というものが川を考える上で非常に重要な側面となってきたとき，生態系をどうとらえるかということが1つの大きな問題である．**17**には，川の形と水の流れと土砂の流れ，土砂の流れた結果が地形をつくっているという相互作用を示している．これがいわゆる「河相」で，これががさまざまな生物に生息場を提供しているという仕組みとなっている．この場のことを生息場というが，この上に乗っている生物相が，また一つの仕組みをつくっている．これは，よく食物連鎖とか競争・共生といわれる生物相互作用である．これをうまくモデル化することが，生態系という機能を調整するときの基盤になる．

生態系保全

生態系の把握
（1）生態系の成り立ち
物理基盤（過程）と生態系
代表生態系＝注目種，食物連鎖，競争・共生

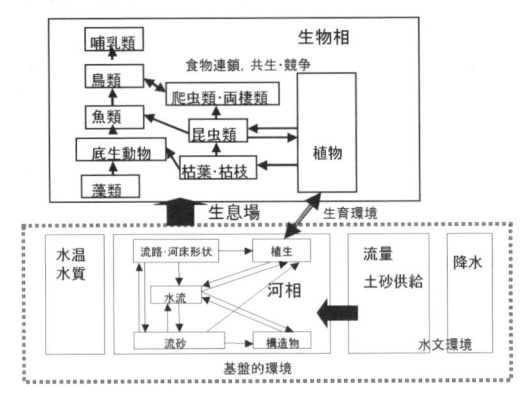

❶⓻ 生態系の把握

　さて，生息場というのは一つ一つの生物に対してそれぞれあるわけだが，生態系を評価するという視点では，生息場を提供しているということと，生態系のサービスという2つの側面がある。たとえば，砂州景観保全を考えていく状況を想定しよう。砂州景観を保全することがどうして環境にいいのかというのはわからないが，砂州が川の中にあれば景観として保全したいというのは感覚的にはわかる。その理由は，砂州がある河川が多様な生物を支え，多様な生物が砂州景観をもつ河川を支えるという，双方向のサービスが重要だからだ。砂州があれば，砂州が生息場を提供することによって生態系に貢献している。これは，わかりやすいが，一方で，生態系がシステムとして物理基盤とともに河川水系にどう貢献しているかということを考える必要がある。河川の自浄作用がこれに当る。川の中に砂州が存続していて，それが生物に対してすみ場を与え，生物も一緒に住むことによって初めて生態系ができて，その生態系は流域に対して何らかの貢献をしている。この仕組みを明らかにして初めて，砂州という景観を保全する生態系保全の意義がわかる（❶⓼）。

　では，どうやって評価するのかということに話を進めよう。これまでに，場というのは階層構造をしていることを述べた。これを砂州を中心にしていうと，今度は砂州のスケールより小さいサブ砂州スケール類型景観に分類できる。植生の生えて

いるところ，これも樹林であるとか草地であるとか，あるいは本流であるとか，本流の中には瀬，淵がある。それから洪水のときに流れる二次流路，それから旧の二次流路，あるいは下流から盲腸のように張り出した水域であるワンド，あるいは二次流路の名残であるようなたまりの列，このように，一つの同じ砂州の中にはさまざまな類型景観が存在する。

生態系の成立と機能
生息場と生態系のサービス（生元素循環）

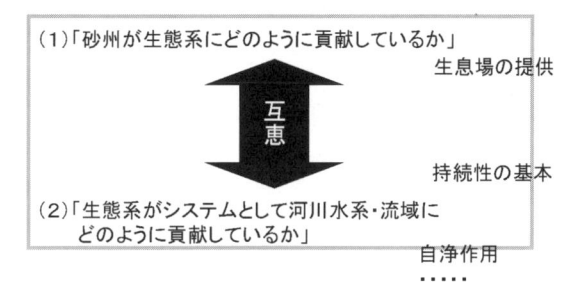

(1)「砂州が生態系にどのように貢献しているか」

生息場の提供

互恵

持続性の基本

(2)「生態系がシステムとして河川水系・流域にどのように貢献しているか」

自浄作用
‥‥‥

仮説：「砂州のある河川が多様な生物を支え，多様な生物が砂州景観をもつ河川を支える」

砂州景観の保全＝河川環境管理の指針

18 生態系の成立と機能

　評価の手法を開発していく中で，この類型景観がどのように生息場として意味があるかということと，機能としてどんな役割を担っているかが大きなポイントとなる。たとえば，洪水のときに栄養塩を植生がトラップする。あるいは瀬があるために，瀬のところでは白波が立ち，落差があってそこに水位差ができて，その水位差によって伏流が活発になる。伏流する間にはさまざまな物理的な濾過作用，あるいは生化学的な硝化・脱窒等のプロセスがあって，窒素を空中にもち出すというような作用もある。植物は，小洪水のときに浮遊物やそれに吸着した有機物や栄養塩をトラップするけれども，大きな洪水のときには植物体も含めて流す。このようなさまざまな働きもまた，類型景観と関連づけて評価できる。砂州の中にはさまざまな類型景観があって，それがさまざまな生物にそれぞれ生息場所を提供して，そのさまざまな景観があるために，流れてくる水に対してさまざまな作用が現れる。

　こういったことを評価すれば，砂州の生態的役割というものが評価できる。この一つの評価ができれば，たとえば1つのセグメント，自然堤防帯の河川では20個ぐらい砂州が続くものがあるが，その中でサブ砂州スケールのアレンジメントがどのような砂州が，どんな役割をするかというのがわかってくる。そうすると，20個でどれだけの役割を果すかが，セグメントの役割になる。さらにその上流側には扇状地セグメントがある。扇状地には違うタイプの砂州が存在する。そこではどう

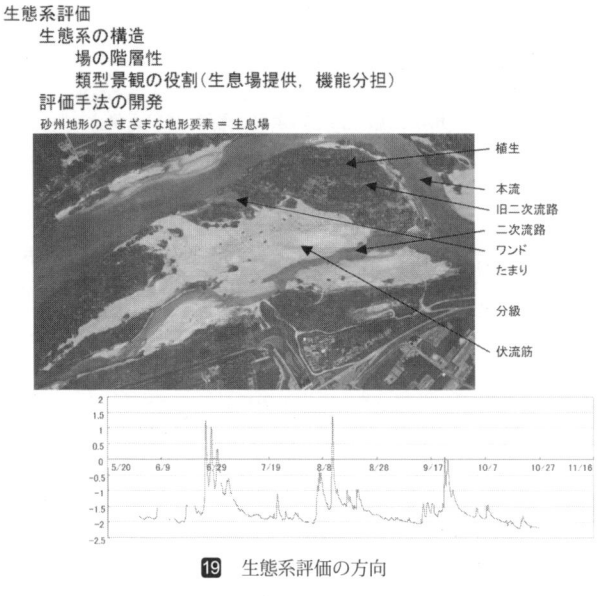

```
生態系評価
    生態系の構造
        場の階層性
            類型景観の役割(生息場提供, 機能分担)
    評価手法の開発
        砂州地形のさまざまな地形要素 = 生息場
```

（写真ラベル：植生、本流、旧二次流路、二次流路、ワンド、たまり、分級、伏流筋）

⑲ 生態系評価の方向

いう機能があるかを評価する。こうしたことを続けることで，水系全体として生態的な役割が評価できることになる（⑲）。

最後に，生態系保全の視点で，水系の話と流域の話がどういう関係になっているのかに話を進めよう。⑳は木津川である。木津川の氾濫原には，かつては自然堤防があり，あるいは後背湿地があり，そういうところに湿地植生があり，あるいはわき水の湿原があった。そういうところが土地利用の変化によって水田化し，さらには市街化した。氾濫原は，堤防の連続化によって，川と遮断された。水田は，後背湿地の生態系をある程度代償できたけれども，水田がさらに市街化してくると，代償生態系もなくなってきた。このようなことが，氾濫原のほうの景観の変化である。

河道内はどうなっているかというと，もともと土砂がたくさん流れてきて洪水が頻繁に起るような川では，裸地の状態がもともとの生態系を確保しており，それが近年，洪水が減って土砂の供給量が減って活発な川でなくなってくると，植生が生えたり，植生が生えると川の中の地形は非常に多様になってくるので，ワンド，たまりなどの一次水域ができて多様化してきた。これは実は，先ほどの後背湿地がもっていた，あるいは水田で代償していた生態系を支えることになっている。すなわち，川原が昔の裸地でなくなり，多様化し，自然堤防帯，後背湿地並みの生態系に変化してきている。このことによって，流域生態系はかなり確保されている可能性もある。すなわち，川が自分で植生の豊かな川になってきたことは，まわりが都市化してきた中では氾濫原の代償となってきたわけだが，川のもともとの裸地あるいは撹乱生態系はかなり狭いところに押し込められたということになる。本来の河道景観は変質していったということだ。

第8章　流域管理における河川景観の役割

　これは，先ほどもいったように，ダムを建設したり，砂利採取によって河床低下し，土砂が動かなくなったことと関連している。こういった仕組みをどのように考えるのかというのも，流域の課題と水系の課題の役割分担，あるいは，どこまでこういうやりとりを許すのか，といった問題である。こうした中で，それでは堤内地側に手をつけたらよいと思う人も出てくる。家や田畑を自然地にする。もう一度氾濫原の生態系をここに戻す。それをいうのは簡単だけれども，一体だれが，どれぐらいの時間をかけてやれるだろうか。

　もともとの川は白い砂の川だったから，植生をなくして，逆に堤内地にできるだけ緑のネットワークを形成する，というのも一つの意見である。これも，下流から上流まで，なかなかうまくつながらない。となると，この川には若干の重荷になるのであるけれども，川の中の河川のもともとの景観とは違うが，もともとの河川景観を保全するだけではなくて，周辺にも配慮した，すなわち，流域との役割をうまく考えた，バランスのとれた，健全な生態系を目指さなければならない。そのためにも，先ほどいったような評価手法を，きちんと確立したい。こうしたことも，川の中でみておけば比較的わかりやすい。川の中というのは，治水の評価にしても，生態系の評価にしても，比較的やりやすいところである。流域全体で，細かい部分をたくさん統合して効果を出すとしても，思ったより効果が少なく，ものすごくたくさんの要素について積分しなければいけないといった問題がある。河川ではそういうことはないし，河川での効果がそのまま流域に効果的なのである([20])。

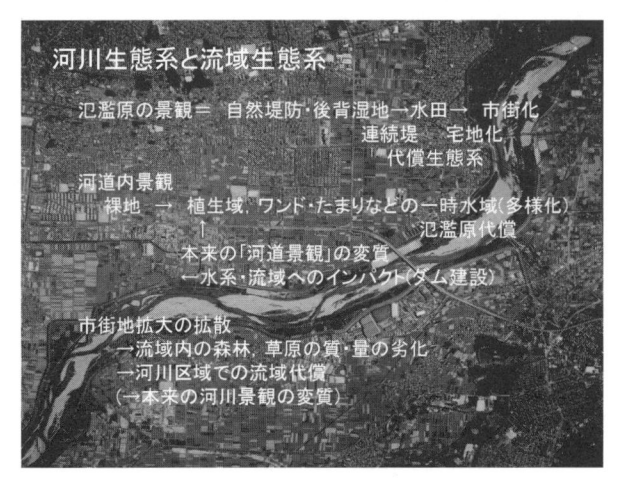

[20]　河川生態系と流域生態系

■ おわりに

最後は、㉑のようにまとめたい。まず，流域圏の問題の理解。流域圏問題として構造を理解すると，さまざまなスケールの問題を考える原点になる。すなわち，水の循環が持つ駆動力が，我々が求める機能とかかわっているということ。こういう視点で，河川景観管理を行えば，流域の課題をかなり克服できる。また，こういう克服の仕方をすると，これまで情緒的であったり，散漫であったところが，少しは論理的，実践的になるのではないだろうか。ただし，すべてを河川水系管理に押しつけることはできないことはよくわかっている。流域対応との役割分担がどうあるべきかということが，今後の課題だと思っている(㉑)。

EPILOGUE

（1）流域圏問題の構造の理解が，
　　　国土レベル，国際レベル，地球レベルで直面している
　　　課題の理解と，解決策模索の原点である

（2）流域圏の課題（Sustainability確保）のかなりの部分を
　　　河川・水系の景観管理（Landscape management）として
　　　実効できる
　　　（情緒的・散漫 → 論理的・実践的）

（3）すべてが「河川・水系」景観管理に押し付けられない．
　　　河川景観管理と流域対応との
　　　適切な役割分担・連携が必要

㉑

第9章

新たな連携
―協働による循環型社会システムの形成―

千賀 裕太郎
東京農工大学大学院教授

第9章 新たな連携 —協働による循環型社会システムの形成—

　地域での問題を解決するうえで，社会システム，これをコミュニティといってもいいかもしれないが，それがその解決にどうかかわっていくのかがたいへん重要な問題だと和田先生が話された。実は，私の関心はまさにそこにある。さまざまな形での社会システム，コミュニティが今いくつかみられるようになってきているし，そういうものを見ながら，循環型社会をつくるには，どのような人と人との結びつき，あるいは人と自然との結びつきを考えたらいいのかということを，少し話したいと思っている。

　私は大学の農学部で農業工学，水田や水路の問題を中心にやってきたが，とりわけ，農業水利学という分野で，地域での水の利用がどんなふうになされていたのだろうか（ハード面でもソフトの面でも），そういったことを研究してきたが，しだいに，水資源全体，地域の環境計画の問題に少しずつ視野が広がった。とりわけ，今の農村は，過疎が非常に厳しい状況にある。食糧自給率が46％と非常に低いので，もっといろんな形で食糧の生産を増やしていかなければいけないにもかかわらず，過疎化が非常に進んでいて，どうすれば農村のコミュニティが，いわゆる自立できていくのかということも視野に入れながら，この循環型社会システムの問題について今考えているところである。

1. 日本の国土形成の基礎 — Slow Flow —

　最初にちょっと大げさなことを書いたが，日本には1億2 000万人が住んでいるが，日本人がどんなふうに，国土に安全かつ豊かに住み着けたのかということの原点を，話したい。

■ 春の小川は水田の間を流れる川

　「春の小川」という歌がある（**1**）。この小川は渋谷区の渋谷川だといわれているが，私は，渋谷川を見たことがない。これは当然で，

春の小川

春の小川は
さらさら行くよ
岸のすみれや
れんげの花
すがたやさしく
色うつくしく
咲いているねと
ささやきながら
春の小川は
さらさら行くよ
えびやめだかや
小ぶなの群れに
きょうも一日
ひなたでおよぎ
遊べ遊べと
ささやきながら

1

今は地下に潜っている川だから見たことないのであるが，この歌詞から，「春の小川」とはどういう川か，想像してみませんかという話である。

春の季節の小さな川とはどんな川か，もう少しこの歌詞からみていくと，「サラサラ」という言葉が出てくる。桃太郎だと「ドンブラコ」だが，おそらく皆さん，ドンブラコだと大きく揺れる川だと思うが，サラサラは浅くて比較的安定した流れではないかと思うのではないか。つぎに，「岸のスミレ」という言葉がある。岸は，大きなコンクリートの護岸ではなくて，土のままだ。それから「レンゲの花」，これは知る人ぞ知るで，レンゲというのはマメ科植物で，ほんとに小さな花だが，長い柄に小さな紫の花が咲く。私は北海道生れで，レンゲは東京に来るまで見たことがなかった。「開いた　開いた　れんげの花が開いた」という歌があるが，あれを4つか5つのころ，手を開いたりして踊らされていたので，手のひらぐらいの大きさの花だろうと，ずっと18歳ぐらいまで思い込んでいた。このレンゲの花というのは，水田に窒素分を補給するために，農家の方が冬の間に種をまいて育てる。そして春，田植え前にすきこんで，窒素を補給するための花ということであるのから，どうやら「春の小川」というのは，浅くて比較的ゆっくり流れる川で，土でできていて，水田の間を流れている川だということになる。

2番は「エビや　メダカや　コブナの群れに」とあるので，豊かに魚類がいるということになるが，このどれも，とりわけメダカは今，絶滅危惧種になっているけれども，メダカということは，非常に身体が小さく，したがって遊泳力の小さい魚である。魚というのは，全体的に言えることは，体長が大きければ大きいほど泳ぐスピードが早い。泳ぐスピードには突進速度と巡航速度というのがあり，突進というのは一瞬にパッと動く。巡航というのは軍艦みたいに長いことずーっと動くという，そういうスピードである。メダカは基本的には巡航速度が非常に小さい。つまり，早い流れだと流されてしまうから，この小川はゆっくりとした流れだということになる。

というわけで，この「春の小川」というのは水田の中を流れている農業用水路に違いないと読めるわけである。そういう意味では，この「春の小川」だけではなくて，日本の童謡のかなりの部分がまさにこの農村の水田風景を中心とした，日本人の原風景を描いている。

■ 日本人の原風景

ちょっと絵にしてみると，こんなふうになる（❷，❸）。これは私の研究室の博士

第9章 新たな連携 ―協働による循環型社会システムの形成―

課程の学生(乳深直美)がかいてくれた絵だが，ここに取水の堰があって，ここから水を引いて，水田に向けて流しているという川である。こちらには山，山といっても炭とか薪をとるいわゆる雑木林，薪炭林があり，民家があって，水田がある。こういった風景，これを原風景と呼んでもいいのではないかと思う。これはある意味で日本の典型的な国土の姿をあらわしている。「めだかの学校」もそうである。

■水田で産卵してくるサカナたち

そこにいる魚類は，水田・水路，そして川や湖の間を行ったり来たりして生きている。冬の間は田んぼは乾いているけれども，春，田んぼに水が入ると，ナマズなどが川や水路から上ってくる。非常に敏感に，かなり遠い水田で，もちろん目に見えないわけだが，水田で代かきが終り田植えが終ったというのを察知して，川や湖から水路を経由して水田まで上ってくる。どうやって彼らは知るんだろうかと，なぞの1つだと思う。ドジョウ，メダカもしかりである。そして水田で産卵し，繁殖し，また水路を通って，川に戻るということをやっているわけである（❹）。だから，絶滅のおそれのある野生生物のなかでは，水田生態系を利用する種の割合が非常に高いといわれている（❺）。

❻には，まさに，水田の営農カレンダーと生き物の生活が同調しているというのが，この絵で描かれている。つぎに，「どじょっこ ふなっこ」。ドジョウには泥

第2部 流域圏プランニングの現状

魚類の移動から見た水路の位置付け
（矢印の方向が産卵の場）

代表魚種	海	川	水路	水田
降海型イトヨ	←	→		
陸封型イトヨ			○(湧水地帯)	
コイ・フナ類		←	→	---→
ナマズ		←	→	→
ドジョウ・メダカ			← →	
タナゴ類			○	

端(1997)をもとに作成

4

の中に潜る性質がある。ということは，この「どじょっこ　ふなっこ」に歌われた川，ドジョウが住んでいた川というのは，まさに水路底の土質が泥ということになる。泥が底にたまっているということは，川の流れが非常にゆっくりしているということになる(**7**)。

日本の絶滅の恐れのある野生生物のうち水田生態系を利用する種の割合

	絶滅種		絶滅危惧種		危急種		希少種	
	全体	水田	全体	水田	全体	水田	全体	水田
哺乳類	3	0	1	0	0	2	22	0
鳥類	1	1	13	3	19	5	45	23
両生・爬虫類	0	0	2	2	1	1	6	2
魚類	2	1	15	6	6	1	13	2
昆虫類	2	0	19	5	13	5	—	

守山(1999 前)，未発表をもとに作成

5

水田での営農カレンダーと生き物の生活

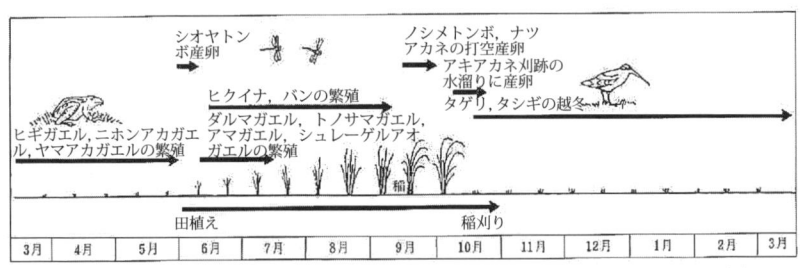

シオヤトンボ産卵
ノシメトンボ，ナツアカネの打空産卵
アキアカネ刈跡の水溜りに産卵
ヒクイナ，バンの繁殖
タゲリ，タシギの越冬
ダルマガエル，トノサマガエル，アマガエル，シュレーゲルアオガエルの繁殖
ヒキガエル，ニホンアカガエル，ヤマアカガエルの繁殖
稲
田植え　稲刈り

3月　4月　5月　6月　7月　8月　9月　10月　11月　12月　1月　2月　3月

(守山 1995)

6

■「どんぐりころころ」は里山の景観

「どんぐりころころ」は，まさに雑木林とため池の関係をあらわす歌である。どんぐりというのは，雑木林の植生であるクヌギ，コナラ，などの実である。それがこ

第9章 新たな連携 —協働による循環型社会システムの形成—

ろころと落ちて、下にあるため池に落ちた。ため池は、ご存じのとおり水田を潤すための池、あるいは民家に水を供給するための池であるから、こういうところにある。そういう水田と雑木林、そしてその間にある民家というものがワンセットになっている里山の景観を歌ったのが、「どんぐりころころ」である。私がいいたいのは、こういった土地、農業に使ったりあるいは自分たちの生産に使ったりする土地を管理する主体が、まさにコミュニティとしての農村の集落であったということである。それは、ただ単に住んでいただけではない。森林やあるいは用水路の管理も、なかなかたいへんである。それから、水田・水路・雑木林といった里山の土地、または環境といってもいいわけであるが、これは「二次的自然」といってもいい。こうした二次的自然を管理し、維持する。そういう社会が、農村の本来の社会であったということが言えるわけである（ **7** 、 **8** ）。

■ **水路と水の管理**

先ほど、この水路の管理は結構たいへんだといった。もちろん、水田の中にもまた水路がある。とりわけ、河川から引いてくる水路というのは泥がたまりやすい。こういうところ、雑木林の斜面と水田が接するところに横向きに流しているので、

203

第2部 流域圏プランニングの現状

里山の自然

農業用水路は地域の様々な水利用をまかなっていた

ふるさと
うさぎ追いし かの山
小ぶな釣りし かの川
夢は今もめぐりて
忘れがたき ふるさと

❾

雨が降ると斜面を流れてきた泥がたまるし，秋には落ち葉がたまりやすい。そして傾斜も緩い川なので，なかなか泥は下流へ行かない。それから，土手が土でできているので土が崩れやすいということで，毎年少なくとも2回は泥や落ち葉さらいの維持・管理作業をしている。それを共同でやっていたのである。そして川から水を引く堰のところの堰板だとか，その水を何箇所にも分ける「分水」などのいろんな仕掛けで水を水田に入れる，それらの修復などもしていたわけである。　それが今，過疎化してにより，水田の4割ほどがつくられていない状態であるが，そうなると，自分の水田をつくるだけならまだいいが，今まで共同でやってきた水路の管理が，なかなかたいへんになる。今まで10人でやってきたのが，仮に，6人になる，あるいは高齢化する，こういった環境資源の管理が，今はなかなかたいへんになってきている。

■ 水路のコンクリート化の理由

先ほど，なぜこんなところをコンクリート化するんだという質問があったが，「できるだけ維持・管理に労力のかからない施設にしよう」というのがここ30〜40年の水路改修の大きな要求になっている。維持・管理の節約である。私は，「3つ節約」があるといっている。

まず「労働の節約」である。コンクリートにすると水路の維持管理がずいぶん楽になる。つぎに，水が漏れないようにという「水の節約」である。それからもう一つは「土地の節約」である。大体，こういう水路の断面をコンクリートでつくれば，断面積を半分近くにすることができる。そうすると，土地が余るから道路もできるということで，今，かなりの部分がコンクリートのU字溝，ちょっと広い水路だとボックスカルバート，あるいはコンクリートの三面張りになっている。もともと，土や石でできた水路自体が，いわゆる人と自然がうまく共生する場であったが，3つの節約を求めて水路をコンクリート化したことで共生の場とはいえない状況になって

しまっている。

■ 日本の国土と水の特徴

　川を含めて、もう少し大きな視野で、日本人が水をどうやってコントロールしてきたかということを簡単に説明する（❿）。河口から分水嶺の上のほうまでの縦断面をみると、信濃川はこのような状態である。それに対し、ライン川はゆっくりと大きな平地を通って、ようやくアルプスで急流になっている。これを比べても、降った雨が、日本の川の場合、あっというに海まで流れていくというのがわかるだろう。

　こういう国土に日本人は住んでいるので、治水というのは非常に重要な問題になる。治水だけではない。水を使おうとしても、あっという間に流れてしまうからなかなか使えない。それから河川は、多くが深い谷を自ら掘って流れているから、川からちょっと離れると、川よりも土地がとても高くなってしまう。関東平野では、マイマイズ井戸という深い井戸を掘らざるを得ない。

急で短い日本の川

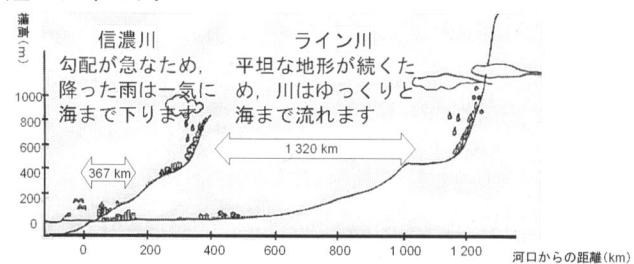

信濃川　勾配が急なため、降った雨は一気に海まで下ります　367 km

ライン川　平坦な地形が続くため、川はゆっくりと海まで流れます　1 320 km

河口からの距離(km)

どうやって水をゆっくり流すのでしょうか？

① 横向きに流す
⇒ 水路をつくって水を寄り道させました。日本の農業水路網は主なものだけで総延長約40万kmにも及びます。国土の毛細血管みたいだね！

② 一度とめる
⇒ ため池や水田に水を蓄えました。日本のため池は全国に約21万箇所、水田は約261万haあります。

③ 地下を流す
⇒ 地下で水はゆっくり流れます。降った雨は地下にしみ込むので、水を蓄えてくれる森林も大切にしました。

作：東京農工大学農学部　千賀裕太郎・乳深真美

第 2 部　流域圏プランニングの現状

■ ゆっくりと水を流す 3 つの工夫

　ということで，どうやってこの厳しい，傾斜のきついところに人間が住み着いたのか。基本は 1 つである。ゆっくりと水を流すということをやったのである。そのために 3 つの工夫をしてきた。第 1 は「横向きに流す」ことである。スキーにたとえれば，直滑降は，最大傾斜線に沿って，等高線を直角に切りながら向かって滑っていくのに対して，斜滑降は横向きに，なるべく等高線沿いに滑る。まさに斜滑降のように水を流そうとしている。だから，❼の中で，水田より高いところを，なるべくゆっくり横向きに流したあの水路が，その横向きの川である。全国に幹線水路だけで 40 万 km の水路をつくった。国土の毛細血管みたいなものである。

　第 2 は，「1 度止める」ということ。まさに「ゆっくり流す」の究極は止めるということである。今，261 万 ha ある水田では，まさに水を止めている。ため池も全国に 21 万箇所あるが，ため池でも水を止めている。

　それから第 3 は，「地下を流す」ということである。地下では，水の流れが地上の 1/100, 1/1 000 分，1/10 000 ぐらいのスピードになる。そのために，森林を保全した。水田も，水をためているうちに当然地下に滲みこんでゆく。日本では，こういう形で，急でしかも比較的短い河川を，長く伸ばして緩やかにした。これが国土の構造をつくった大きな基本だろうと私は思う。できるだけゆっくりした水の流れをつくったということである。先ほどの「春の小川」にみられるように，そこにはメダカやドジョウなど，ゆっくりした水に住む魚類が住みついたのである。

水路は国土の毛細血管

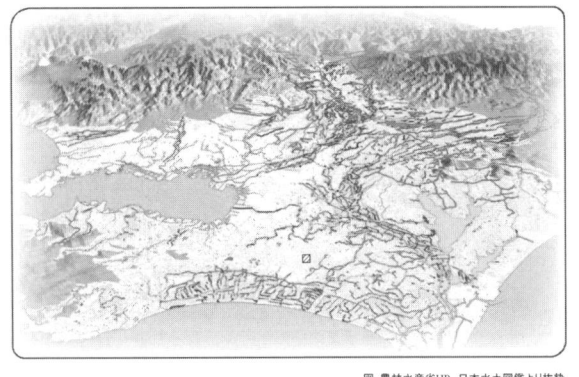

図：農林水産省 HP　日本水土図鑑より抜粋

❶

■ 水路は国土の血管

　幹線水路だけで日本に 40 万 km。この図（⓫）は関東地方である。群馬，千葉，埼玉，東京，神奈川，非常にきめ細かな水路網がまるで毛細血管のように張り巡らされている。

　大事なことは，これを管理する主体が存在するということである。農家の人々が水利組織をつくり，これ

は今「土地改良区」という名前になっているけれども，水路を維持・管理してきたということである。国や県は，昔も今も，河川ではない「水路」の管理には手を出していないし，補助もない。ただ，それを管理している主体である農民の水路団体が，変化してきているというのが今の問題である。こうした"毛細血管"も含めて，人々の営みによって，日本の国土というのは非常に豊かな多様性の高い生態系を，二次的自然として創り維持してきたということである。

■ 河川取水をめぐる社会的関係

これは，各用水路の絵図面（⓬）である。これは，岩手県の滝名川であるが，その中・下流域，さまざまな堰があり，そこから水をとっている。こういう，川の堰と堰の社会的関係も，調べると非常に興味深いものがある。上流から水は流れてくるから，当然，上のほうから水をとっていく。上のほうはできるだけとろうとするが，下流に行くに従って水がなくなってくる。当然ながら，この堰と堰との社会の間にはあつれきが生じる。これを水争いとか水げんかという。

しかし，いつまでもけんかしていては共倒れになるから，全体として約束事をつくって水資源を管理する。これを水利調整，水利秩序という。そういった秩序も，まさに循環型社会の過去のモデル的なシステムだったのである。

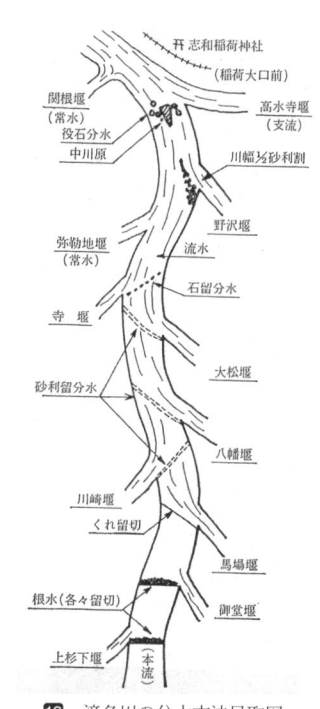

⓬ 滝名川の分水方法見取図

2.「効率優先」は国土・地域コミュニティをどう変えたか

それが，今は，一つ一つ変っている。厳しい言葉でいうと，人と人・地域と地域とのつながりがことごとく切断されたといってもいいかもしれない。

■ 地域自治よりも行政依存へ

地域の水や山や農地，そのような土地や資源を守って管理していく，そのような社会システムが，戦後の高度成長期に，さまざまな公共事業や，人々の生活のスタイルの変化，あるいは価値観の変化によって変っている。農民もそれを希望したの

である。やはり、水そのものの不足を何とかしたい。それから、渇水のたびに上流と下流の堰の間で紛争が起るのはたまらない。したがって、上流にダムをつくってほしい、となる。それから、こういったたくさんの堰を一箇所に統合して、そこから水をとって、あとは機械的に平等に配分できるようにならないかということで、いわゆる「合口」というのもやったし、水路のコンクリート化も、さっきいったように、維持・管理労力や水の節約のために進められた。しかし、その結果、社会システムとして、自分たちが主体的にこれを管理するという意識もなくなっていくわけである。地域資源への主体的なかかわりそのものがなくなっていく、というよりも必要としないようになっていく。

このように、水や二次的な自然の管理を施設に任せる、お上に任せる、補助金をというように、だんだん依存的になっていったというのが現実である。しかも、農村地域というのは、戦後、労働力を都市にどんどん供給する供給源でもあった。なるべく都市に人が行くようにと全体を仕向けた。そこで、やはり農村よりも都市のほうが価値の高い場所だ、文化的にも経済的にもすぐれた場所だという価値観が、農村地域に行きわたる。というわけで若い人が農村に関心をもたなくなり、どんどん都市に出ていったというのが戦後の状況である。

■ 食糧問題の深刻化

そういう中で、今、非常に大きな、いろいろな問題が出ている。20世紀型の効率優先の国土・地域利用の結果、一方の農業の面からいうならば、食糧自給率が40％ぐらいである。穀物自給率では30％以下である。国として非常に危険な状態になっている。では、とにかく農村で食糧をつくろうと思っても、過疎化・老齢化が進むという状態、これをどうしたらいいのかというのが、今日の最大の問題の一つだと思う。

他方では、WTOという大きな地球レベルの、農産物を含めた貿易の自由化が進み、アメリカ、カナダあるいはオーストラリアといった、とにかく広大な土地で、非常にコストを安くつくられた農産物が世界に行きわたるようになると、日本のように生産条件の厳しい、コストの高い農産物というのは太刀打ちできない。もっとも、そうしたアメリカ、カナダ、オーストラリアの農産物が、環境問題からいって健全な状態かというと、実はそうではないし、それからアメリカも、相当程度の額の補助金を、農業者に出している。したがって、完全に自由化しているわけでもない。そこは、アメリカという国の狡猾さである。しかし、日本あるいはヨーロッパに対

しては厳しく，農産物の価格に対する補償はするなという要求を突きつけていて，それをある程度守らざるを得ないという状況の中でどうするか。なかなか厳しい状況にある。

3.「生存力」ある国土・地域構築の動き

日本はそういう状況にあるが，ただ，生存力のある国土・地域構築の動きもまた，今出ていると私は思っている。

■ 新しい世代層の出現

これは妙な言い方かもしれないが，私どもの世代というのは団塊の世代といわれて，1970年の少し前ぐらいから，いわゆる大学紛争で騒ぎを起した世代といわれている。理屈を大分こねて，こうすべきだ，ああすべきだとやってきたのだが，それより10年ほど若い世代，40代から30代の世代では，こうしたらいいだろうというような，具体的なモデルをつくって活躍する人が，大分あらわれてきている，というのが私の印象である。

それはある意味で救いであるけれども，それは今いったように，たとえば，こういう堰にせよ，水の管理にせよ，地域でそういったものに携わるということは煩わしい，とにかく農村に住むことは自分にとってあまり喜ばしいことではないといった感覚が，我々の世代までまだ大分残っているのに対して，そうではなくて，自分のライフスタイルとして地域に関心をもって，地域にちゃんと住んで，水の管理も含めて，あるいは里山の管理を含めて，そういうライフスタイルが，自分にとっての幸せだと思えるような人が大分増えているような気がしている。そういう流れの中で，どんな社会システムが今できつつあるのかというのを，少し紹介してみたい。

■ 湖東地方での事例

私も，琵琶湖沿岸の湖東地方で地域づくりにかかわっている。犬上川から取水してたくさんの用水路が流れているが，この甲良町をせせらぎのある町にしようと，15年間にわたって，まさに住民参加でやってきた動きがある（⓭，⓮）。 集落の中にこんな水が流れていて，これが，圃場整備で全部パイプラインになる予定だった。圃場整備とは，農地を合理的に農作業できるようにするということで，農業生産にとっての効率はいいが，13ある集落の中を流れている川までパイプラインになってしまうと，これは家庭雑排水だけのどぶ川になってしまう。地元の人が，生

第2部 流域圏プランニングの現状

産効率か，生活の潤いのある景観・環境と，どちらをとるのかということで相当議論し，これはこれで残そう，パイプラインもやるが，開水路として集落を流れた後，水田に行くような，そういう系統も残そうということでやってきたのがこの地区である。

⓭ 甲良町パンフレットより(1)　　⓮ 甲良町パンフレットより(2)

住民参加というと，いろいろな面倒な問題がある。Aという人もいればBという人もいる，合意形成がそんなに簡単にできるのか。それを丹念に議論しながら，イメージをつくりながらやってきた，そういう町があるということを，ちょっと皆様方にも頭に入れておいてもらいたいと思う。

ともかく，各集落に住民からなる「村づくり委員会」がつくられ，この委員会が中心となって，水路の計画・設計がつくられていった。行政がこれまでのトップダウン型からボトムアップ型の運営に切りかえることにより，住民の主体性が格段に高まり本当に美しい魅力的なまちに変っていったのである（⓯，⓰，⓱）。

⓯ 甲良町パンフレットより(3)　　⓰ 甲良町パンフレットより(4)　　⓱ 甲良町パンフレットより(5)

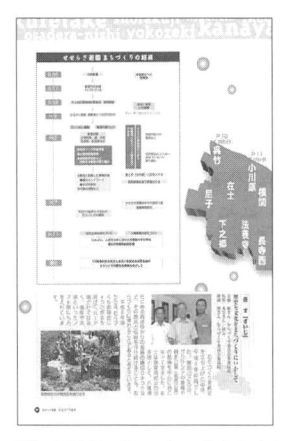

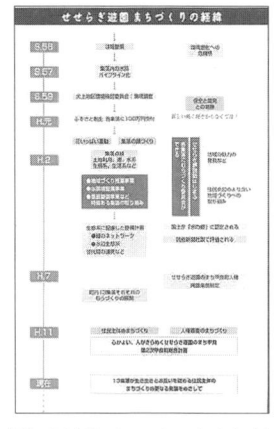

第9章　新たな連携 — 協働による循環型社会システムの形成 —

　私にとっても非常に勉強になった。農村というと，集落の中に古い組織があって，どうしようもなく頭のかたい人ばかりがいて，保守的でどうにもならないのではないかと思っている方もいるかもしれないが，実は意外にそうでもなく，議論する中で，村づくり委員会という新しい組織をつくり，そして若い人たちがどんどん参加するという状況がつくられた。しかもそれを，もともとあった古い集落の住民組織，ある意味で行政の下請けをするような住民組織もそれをちゃんと支えてやってきたという経緯がある(⑱)。

　甲良町の集落では，ものすごくたくさんの活動をしている。これは，やはり農村

集落組織図

⑱　集落組織図(甲良町北落集落)

の集落がちゃんと残っているということである。しかし，年間行事などが変遷したことも事実。確かに青年会は，青年が少なくなって，ここで一度消滅するのであるが，それがちゃんと別な形で引き継がれると，「雨ごい踊り」も，構成を変えた組織に引き継がれてきている(⑲，⑳)。

　それから村づくり委員会が発足し，これが核となって，さまざまな活動を行うようになる。地域の中に，

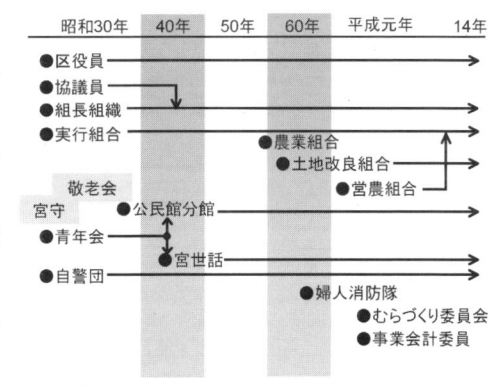

⑲　集落内住民組織の変遷(甲良町北落集落)

211

第2部 流域圏プランニングの現状

⑳ 集落内行事の実施体制変遷（甲良町北落集落）

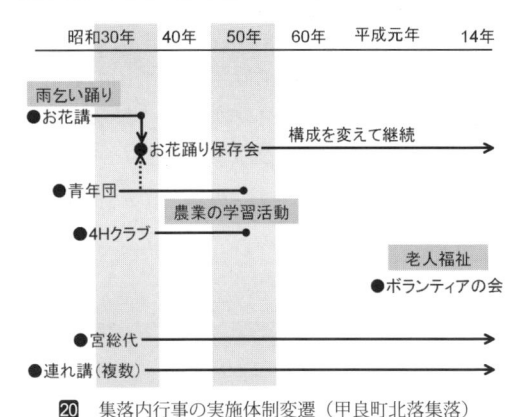

㉑ むらづくり委員会の組織（甲良町北落集落）

- 約20名
- 任期3年
- 年齢や属性にこだわらないやる気集団
- 活動の最終的な決定権は区長が持つ
- 集落の付属機関
- 資金：町の補助金

むらづくり委員会が主体となって行った活動

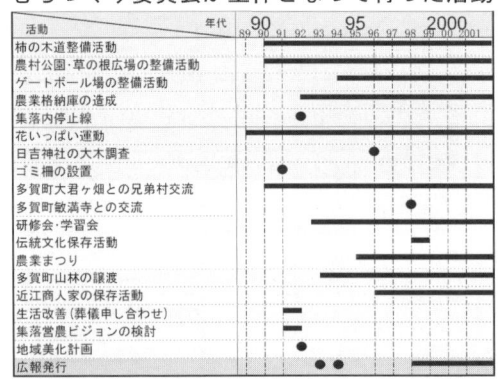

㉒ むらづくり委員会が主体となって行った活動（甲良町北落集落）

水路を初め，さまざまなものが整備されるようになるというわけである。しかし，村づくり委員会がすべて引き受けたのではなく，他の既存組織を活性化させて，役割分担をして，各種の事業を成功させている（㉑，㉒，㉓）。

まさにグラウンドワークという，これはイギリスで始まったことだが，日本にもそういうパートナーシップの概念をもち込んで，日本的なグラウンドワークをやろうとしたのが，この甲良町である。

■「資源循環」は人と人のつながり（コミュニティ）を再生する

湖東地区に愛東町という町がある。ここの菜の花プロジェクト，これもたいへん有名なプロジェクトなので，聞いた人もいると思う。

このプロジェクトでは，休耕田を利用し菜の花を栽培した。それを収穫して，種をとって絞って菜種油にして，油かすは堆肥にする。その菜種油を家庭や学校給食で使う。主に天ぷら油に使用する。廃油は回収して石けんをつくったり，精製し

て自動車の燃料、いわゆる代用ディーゼルにする。それで農耕車を走らせて、また菜の花を栽培する。こういう資源循環型のプロジェクトが滋賀県の愛東町というところで始まった（24）。もともと、琵琶湖の沿岸というのは水質問題が深刻で、対策をいろいろやってきたが、その中でも、石けんを使いましょうという運動がかなり前からあった。その流れの中で、環

むらづくり委員会の活動によって整備されたもの

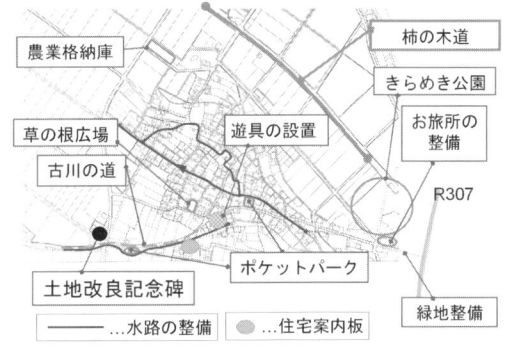

23　むらづくり委員会の活動によって整備されたもの（甲良町北落集落）

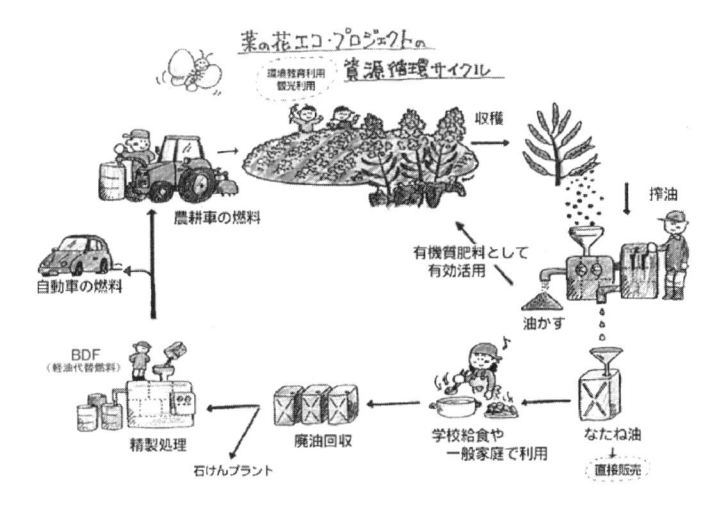

菜の花プロジェクトのHPより引用

24　菜の花エコプロジェクトの資源循環サイクル

境生協という、日本で最初の、環境改善を目的とした生協が、ここでできる。その生協が、菜の花エコプロジェクトを発案・企画し、プロモートしている。これは今、全国数十箇所に普及している。私は今、人と物質がどんな連携をつくっているのかを、学生と調べているところだ。

　循環型社会といっても、物質が自動的に社会に循環されるわけではなく、やはり、

人が手から手に、その物質を渡していかなければいけない。とりわけ、家庭で使ったものはそうである。そういう意味では、人と人がどんなつながりをつくっているのか、つくらなければいけないのかということを、こういった事例から解明するのは非常に大事だと私は思っている。それを調べると、㉕のような絵になる。非常にたくさんの人がかかわっているのがわかる。

図中の小さい「○」が人で、それらを結ぶのが物質である。住民参加型資源ごみ回収システムが設立されたという時期（1981～1991年）の、人と物質の結びつき、または、流れである。1992年からバイオディーゼル油の精製が加わる（㉖）。

そして1998年ぐらいから、さらに複雑なシステムができ上がっているというのがわかる（㉗）。菜の花の栽培は、道の駅あいとうマーガレットステーション（AMS）が行っており、その他に、役場の職員、普及センター等のさまざまな人がかかわっている。それから収穫、これには観光客も収穫を体験し、小・中学生も行う。そして菜種をとって、搾油のところは愛知食油という事業者が搾油する。市民の搾油体験もある。そして菜種油が、AMSにより商品化され、販売される。それが町民や小学校で使われる。そしてまた廃食油が回収されるシステムである。このように、かなり多くの人たちがかかわりながら、この菜の花栽培を起点としたバイオディーゼルのシステムが形成されているというのがこれでわかる。

今、さらにこれにからむ物質の量をずっと拾い上げている。棚卸しのようなことをしている。そして動いているマネー、マネーフローも、だいたい調べた。これまで企業の中では、工場形式でのこういうシステムの解明は進んでいるけれども、地域になると非常に複雑になり、データがあるとは限らない。それをヒアリングや、あるいは、かなり類推も含めてデータ化し、地域としてのシステムの構造を明らかにしようとしている。

■ 新潟県上越市のウッドワーク

実はもう一つおもしろい社会システムを紹介する。これは、新潟県の上越市で、間伐材を伐採して家具を製造販売しているシステムである。もともと間伐材というのは、戦後いわゆる雑木林だったところ、つまり薪炭林として使っていたところが化石エネルギーの利用で放置され使われなくなったので、大々的に補助金を出してスギ、ヒノキを植え、いわゆる経済林化してきた。しかし、それが収穫できるのは50～60年先で、その間に何度か間伐をしなければいけないが、それがされていない。木材も売れない（これもやはり外部からの輸入が原因である）。そのために放置

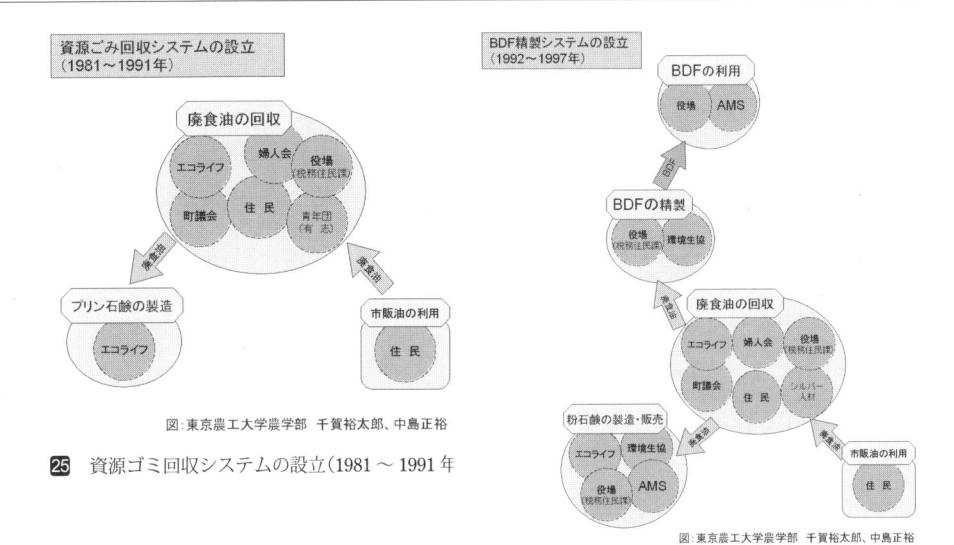

第 9 章　新たな連携 ― 協働による循環型社会システムの形成 ―

㉕　資源ゴミ回収システムの設立（1981 〜 1991 年）

㉖　BDF 精製システムの設立（1992 〜 1997 年）

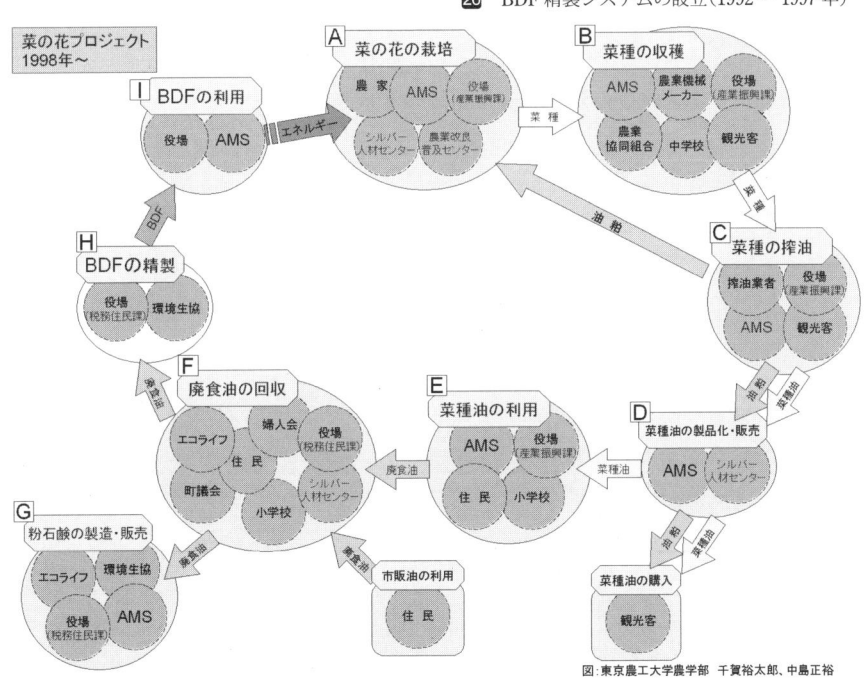

㉗　菜の花プロジェクト（1992 年〜）

され，山そのものが荒れている。治水機能も落ちてきている。

その間伐材をどうするかが，非常に大事な環境問題の一つで，林業の問題だけでなく治水や水資源の問題にもなる。というわけで，この間伐材をどういうふうに利用できるのかというのをずっと考えていた人がいて，こんなビジネスモデルをつくったのである。

家具をつくるのであるが，この家具をつくる人たちは，家具職人ではなくて建具職人である。住宅産業がやはり下火になっているから，なかなか住宅が売れない，少し時間があるので，建具職人の組合が何か別の仕事がないかと考えたわけである。間伐材はスギ，ヒノキである。家具職人は主に広葉樹を扱っているから，建具とは道具も材料も全部違うのである。建具職人はもともとスギ，ヒノキを扱っていたので，かんななどもそれなりのをもっている，それでちょうどいいわけである。

家具は，いわゆる注文生産の方式をとり，全国の消費者に売る。そのときに提携するNPOが，地元（上越）の間伐材を使ったという認証シールを張る。1枚500円で張ってもらう。その家具のデザインがなかなかいい。木目が出ていて，節があるのが逆に自然で，消費者には人気がある。なかなかいい家具ができる。今，これで年間1億円の売り上げがある。そういう新しいビジネスモデルを，地域の人々を組織して展開している事例があるというわけである（㉘）。

■ 水俣からはじまった「地元学」

それから，人と自然とのかかわりをもう一度生活の視点から見直そうという動きも出てきている。これは熊本県水俣市の，吉本さんという市の課長さんが始められた「地元学」といわれる手法である。たとえば，吉本さんの自宅はもともと農家で，ものすごくたくさんの樹木が植えられている。それまでは，ただその辺の木だと思っていたが，よくよくおばあちゃんに聞きながらみんなで調べると，一つ一つがどうやら意味があったという。有用植物という言葉を使っているが，農家の回りに，食べたり使ったりする木や草が84種類もあったという。こういう一つ一つの，自分たちの身近にある木や草，そういうものを確認する作業ということを，地域づくりの原点に据えようじゃないかということ，これを，この地元学が提唱しているのである。水の流れもこういう中で調べていくし，山にも入っていく。さっきいったように，今までいろんな結びつきを切断することによって，煩わしさとか，維持・管理をするための労力を節約しようとやってきたが，逆にそういうようなかかわりをみずからもつことによって，生活を豊かにしていこう。外から買うものも少なくな

第9章 新たな連携 ─ 協働による循環型社会システムの形成 ─

ウッドワーク

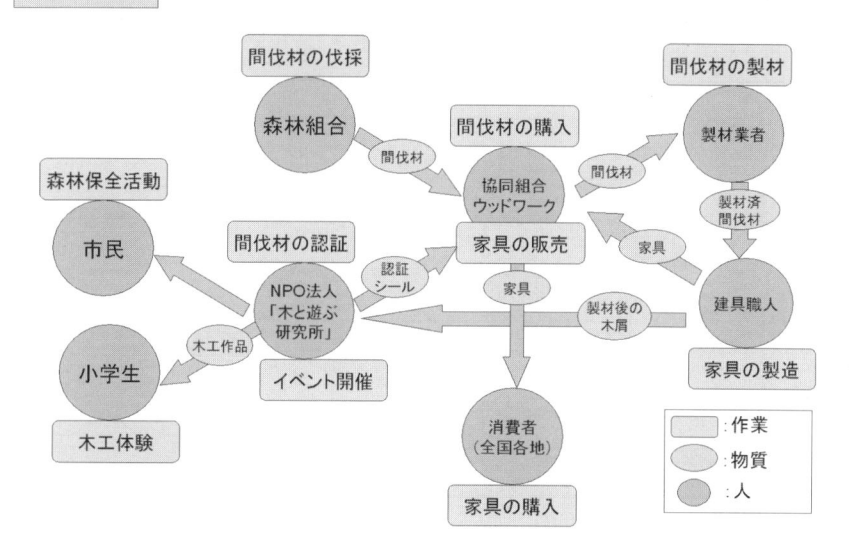

図：東京農工大学農学部　千賀裕太郎、中島正裕

28 ウッドワークのシステム

り，それは地域の食糧の自給にも役立つ。結果，購入する物資も減って，家の経済も改善される。環境面でも，いろいろなものを外から取り込んで，蓄積させて汚染を起すようなことをしない，そのような生活スタイルができるのではないかということで，こういう地元学を提唱し，これがかなりの地域で取り入れられて，地域に対する誇りや，地域でゆったりと丁寧に住むということが，地元の人にとってのライフスタイルになる。

4. むすび

そういうわけで，私は地域環境マネジメントというものをコミュニティベースで，あるいは地域住民が自分たちの仕事として，あるいは自分たちの生活としてやっていくような，仕組みがつくれないかなと思っている。そういうことは，かつてはそこであったわけだが，それをもう一度取り戻す。しかもそれが，いわゆる過去のものをまるっきり復元するというのではなくて，たとえば，自然エネルギーなどは現

代の技術がいろいろある。バイオマスエネルギーにしても，そういうものを，けっして大規模にせず小規模なものにして，うまく取り入れながら，地域の自立を図っていく。そういう循環型社会システムを形成していく動きが，今，出つつあるのではないかと思う。

第10章

水マスタープラン

岸 由二
慶應義塾大学経済学部教授
鶴見川流域ネットワーキング代表

第 10 章　水マスタープラン

　首都圏の中央部，東京都南部から神奈川県北東部に流域を広げる典型的な都市河川である鶴見川は，1980年，流域を計画枠組とする総合治水対策（鶴見川流域整備計画：目標年次1985年）が全国に先駆けて実施されたことで知られる一級水系である。

　当流域では，1989年の総合治水対策の改訂（鶴見川新流域整備計画：目標年次1995）を経て，1998年には流域を枠組とする生物多様性保全モデル地域計画が，また2004年には治水に加え平常時の水量・水質，生物多様性の総合的な保全，震災時初期火災対応，さらに流域文化づくりまで視野に入れた多元的な流域計画，「鶴見川流域水マスタープラン」が策定されるに至った。以下本章では，これらの計画を促してきた流域の特性にも言及しつつ，鶴見川における流域計画＝流域を枠組とする自然共生型都市再生への試みの，過去，現在，そして未来への展望を紹介する。

10.1　総合治水対策

10.1.1　危機の都市流域

　鶴見川は，東京都町田市北部の丘陵地に発し，多摩丘陵・下末吉台地を刻んで東流し，横浜市鶴見区生麦で東京湾に注ぐ，全長42.5 kmの一級河川である。面積235 km^{2}の流域は，その80％以上が関東ロームに覆われた丘陵・台地であり，中下流部に広がる低地は流域全面積の20％ほどである。中下流部の流れは丘陵のせり出しの影響をうけて沖積低地で大蛇行を繰り返すため，丘陵地から排水される洪水は疎通が悪く，豪雨時には古来より氾濫が頻発して低地の農地や町は苦労をかさねた歴史がある。流域の地勢のゆえに，鶴見川はそもそも暴れ川の性格の強い川であった（**1**，**2**）。

　戦後復興期から高度成長期以降の鶴見川流域では，地勢的な束縛に加え，洪水危機に新たな誘因が広がった。鶴見川流域は，東京都町田市，神奈川県横浜市，川崎市，一部東京都稲城市域に広がり，河口地先には京浜工業地帯の中心地域が広がっている。東京，川崎，横浜の中心地からほぼ30 kmの領域に広がる鶴見川流域の丘陵・台地地帯は，高度成長期にいたって近郊住宅地帯として急激な宅地化＝市街化の需要を受けることとなった。1958年時点では10％に過ぎなかった流域の市街地率は，

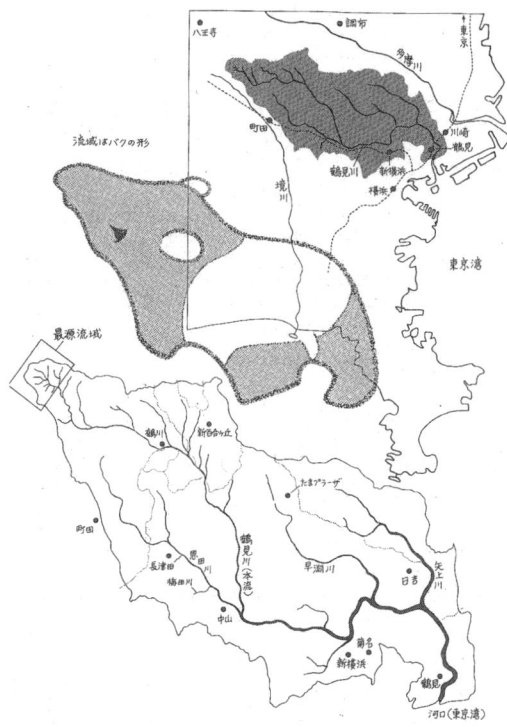

第2部 流域圏プランニングの現状

1975年には60％，1999年には85％に達している．港北ニュータウン，新横浜，多摩田園都市など全国的にも知られる都市群は，いずれもこの時代に形成された都市域である（**3**，**4**）．

高度成長期以降の，急激で大規模な開発は，丘陵・台地を覆っていた雑木林や農地の緑，川辺の水田地帯を激減させ，浸透性の低い市街地を拡大させた．雨水を土壌中に浸透・貯留する丘陵の保水力や，水田の遊水力は急減し，洪水の流出量の増大や到達時間の短縮などを引き起こすこととなり，沖積地におけるいっそうの人口・資産集積ともあいまって，中下流部における水害危機を増大させること

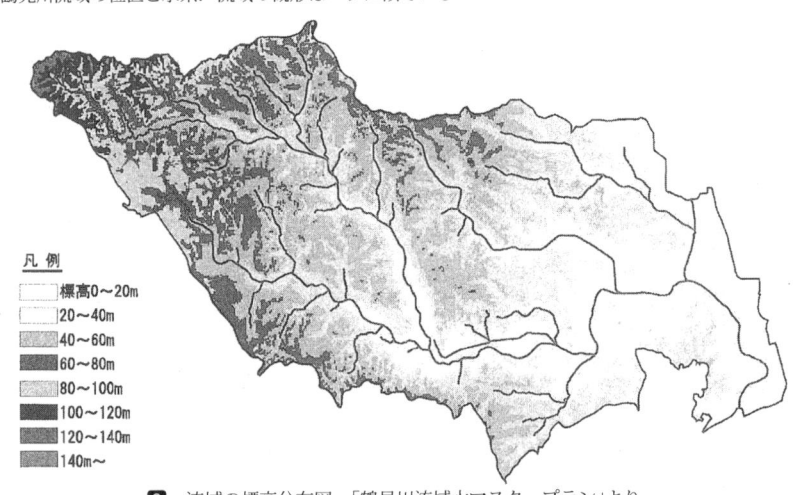

1 鶴見川流域の位置と水系．流域の概形はバクに似ている

2 流域の標高分布図．「鶴見川流域水マスタープラン」より

3 都市の中の鶴見川流域.「鶴見川流域水マスタープラン」より

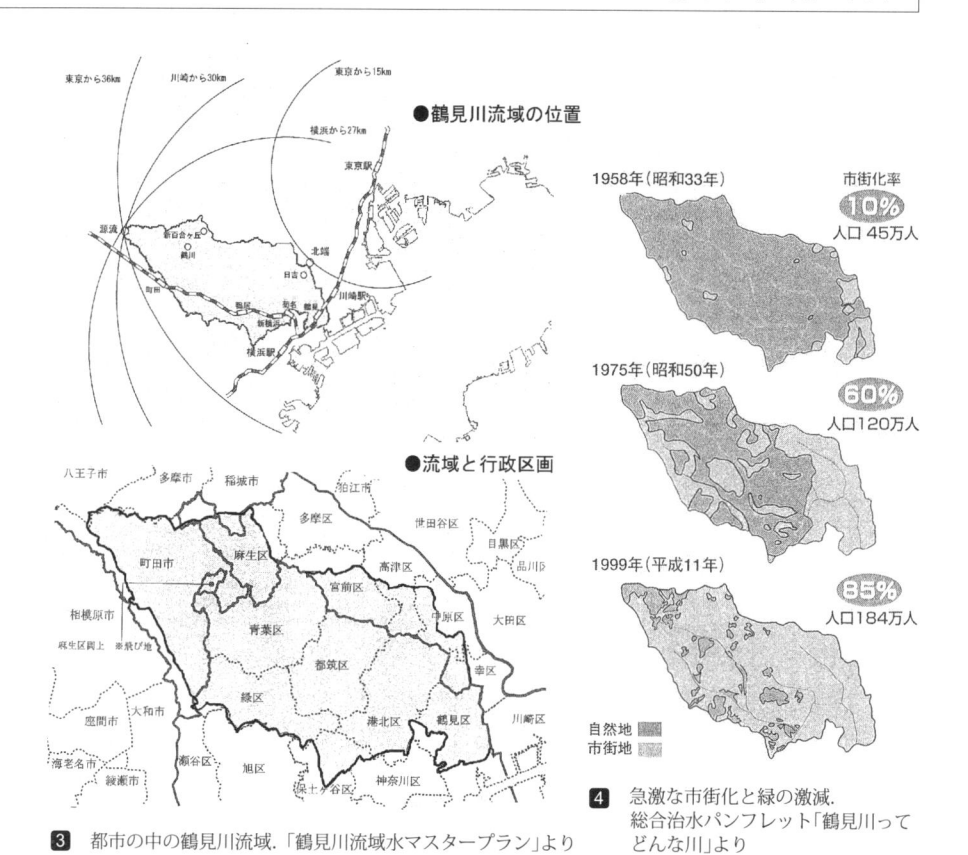

4 急激な市街化と緑の激減.
総合治水パンフレット「鶴見川ってどんな川」より

となった.市街地の急拡大と人口・都市機能の集積は,水災害の危機の増大を招いたばかりでなく,水系の汚染拡大や,ゴミの増大,自然域の激減,さらには地域アメニティーの撹乱,水に関連した地域文化の崩壊など,安全,快適,安らぎ,自然,地域文化の諸領域において,都市の環境と暮らしに大きな負荷・撹乱をもたらすものであった.2004年現在,流域の市街地率は85％をこえ,流域人口は188万人をこえたと推定される.

10.1.2　自然共生型流域計画の先駆としての総合治水

急激な都市化は,地域の安全,安らぎ,快適,自然環境等に大きな危機を招来した.これを鶴見川流域という自然・水循環体系,自然ランドスケープ,あるいは生態系の危機ととらえる端緒となった計画が,1980年5月15日の建設省事務次官通達「総

合治水対策の推進について」に基づいて実施されることとなった「鶴見川流域総合治水対策」であった。

　総合治水対策は，急激な都市化に伴って洪水流出量の増大による治水安全度の低下が生じている特定の都市河川流域において，河川改修事業等とともに，流域における保水・遊水機能の維持・確保にかかわる対応を含む流域整備計画を策定し，適正な土地利用の誘導，緊急時の水防・避難等に資するための浸水実績の公表，また，流域住民に対して治水にかかわる理解と協力をもとめることを骨子とする対策である。この限りでは文字どおり治水対策の一つと限定的に評価することも可能であるが，流域視野，つまり水循環の自然な単位領域である流域生態系の視野で治水を考えるという姿勢そのものにおいて，また，とくに緑地や農地の保水・遊水機能に注目する視点において，流域視野の自然共生型都市再生のビジョンに開かれた対策という性格を備えたものといえる。

10.1.3　鶴見川における展開

　鶴見川における総合治水対策は，1980年以降，国（建設省関東地方建設局／国土交通省関東地方整備局―）と流域自治体（東京都，神奈川県，町田市，川崎市，横浜市）によって組織される鶴見川流域総合治水対策協議会を推進組織として実施されてきた。1989年の「鶴見川新流域整備計画」における施策の体系は，（**5**）に示すとおりである。

　体系の柱は，河川および下水道による対策，流域対策，その他の対策の3つの柱によって構成されている。総合治水対策が流域計画である所以は，もちろん流域対策が立てられたことにある。流域対策の推進にあたっては，治水上の機能・特性に基づいて，流域全域が3区分された。第一の区分である「保水地域」は，上中流域の丘陵台地にひろがる水源地地域であり流域全域の80％を占めている。この地域はさらに，農地・山林等の自然地の保全策を講ずべき「自然地保全地区」，貯留機能の増進策を積極的に構ずべき「貯留増進地区」，貯留機能の増進とともに浸透策を推進すべき「浸透策併用地区」に細分された。雑木林の広がる源流域は，おおむね，「自然地保全地区」型の保水地域に指定された。第二の「遊水地域」は，上中流域沿川に農地のひろがる相対面積2％ほどの低平地であり，遊水機能保持のため農業環境の改善，盛土の規制などが計画された。第三の「低地地域」は，沿川と中下流の沖積低地に市街地や自然地のひろがる相対面積にして20％ほどの地域であり，水害に強い町づくりを進める「耐水化促進地区」，軽微な浸水被害を防止するための工夫を推

第10章　水マスタープラン

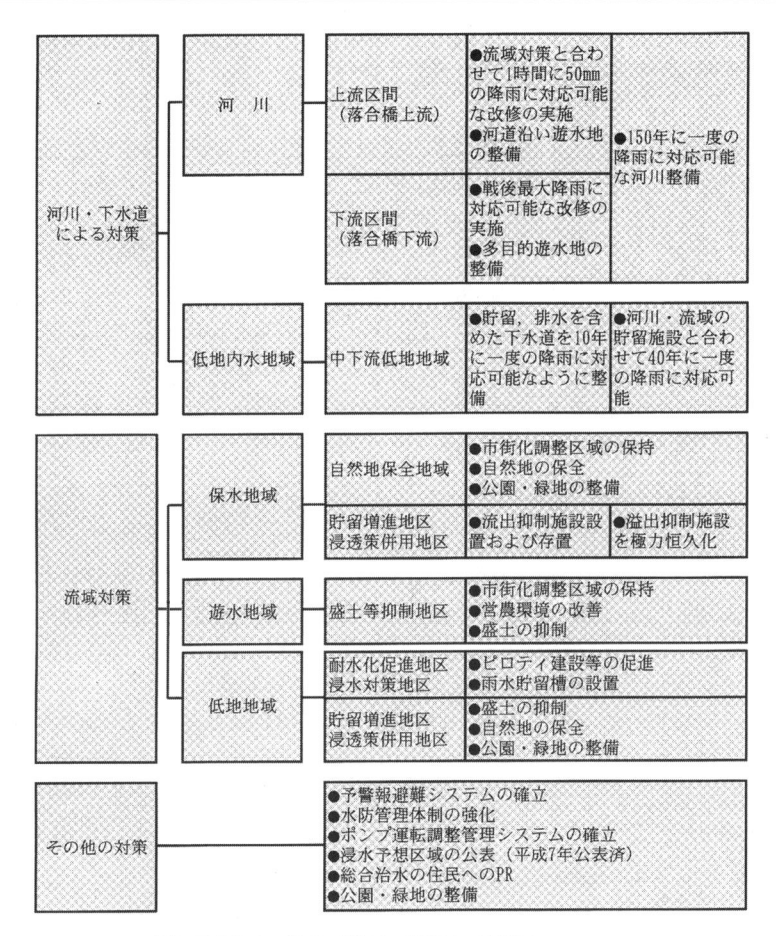

河川・下水道による対策	河川	上流区間（落合橋上流）	●流域対策と合わせて1時間に50mmの降雨に対応可能な改修の実施 ●河道沿い遊水地の整備	●150年に一度の降雨に対応可能な河川整備
		下流区間（落合橋下流）	●戦後最大降雨に対応可能な改修の実施 ●多目的遊水地の整備	
	低地内水地域	中下流低地地域	●貯留，排水を含めた下水道を10年に一度の降雨に対応可能なように整備	●河川・流域の貯留施設と合わせて40年に一度の降雨に対応可能
流域対策	保水地域	自然地保全地域	●市街化調整区域の保持 ●自然地の保全 ●公園・緑地の整備	
		貯留増進地区 浸透策併用地区	●流出抑制施設設置および存置	●溢出抑制施設を極力恒久化
	遊水地域	盛土等抑制地区	●市街化調整区域の保持 ●営農環境の改善 ●盛土の抑制	
	低地地域	耐水化促進地区 浸水対策地区	●ピロティ建設等の促進 ●雨水貯留槽の設置	
		貯留増進地区 浸透策併用地区	●盛土の抑制 ●自然地の保全 ●公園・緑地の整備	
その他の対策			●予警報避難システムの確立 ●水防管理体制の強化 ●ポンプ運転調整管理システムの確立 ●浸水予想区域の公表（平成7年公表済） ●総合治水の住民へのPR ●公園・緑地の整備	

5　総合治水の体系．「鶴見川流域誌・流域編」より

進すべき「浸水対策地区」，農地・緑地等の保全を進めるべき「自然地保全地区」に内訳された．治水機能という限定的な視点からではあるものの，これらの区分は，流域ランドスケープにおける自然的な特性に沿って，保全されるべき緑地や農地の配置を明示する，緑の保全計画としての内容も備えたものであった（**6**）．

　これらの地域区分の詳細は，土地利用施策との強い関連から協議会内部の確認事項に留めるものとされた経緯もあって，流域市民に対して積極的に広報されることはなかった．しかし，鶴見川の流域においては，1991年以降，総合治水対策の啓発，推進を支援する鶴見川流域ネットワーキング（TRネット）などの活発な流域市民活

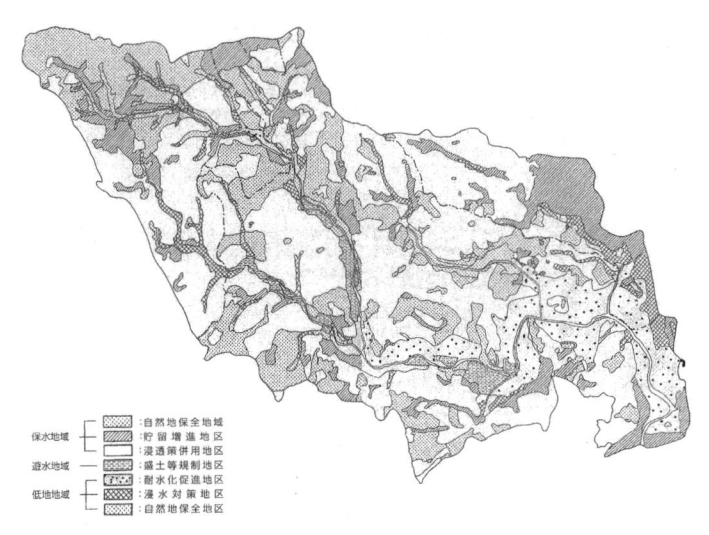

第 2 部　流域圏プランニングの現状

6　総合治水体系のもとでの流域の地域区分
自然地保全地域はほぼ林地の分布に重なっている.「鶴見川流域誌・流域編」より

動も展開され，丘陵の緑や農地の保全が，治水安全度の向上という観点からも重要であることが流域市民にもよく認識されるようになった。1990 年，鶴見川の水系では，流域視野の水と緑のネットワーク構想をふくむ「河川環境管理基本計画」がとりまとめられ，これもまた流域視野の河川政策への市民理解を，大きく促す力となった。鶴見川における総合治水の流域対策が，急激な市街化圧力に対して流域視野で環境保全をアピールする効果を果したことは明らかと思われる。地勢に基づく治水，すなわち治山治水の原理を過密都市域において改めてテーマ化することに成功した総合治水対策は，治水安全度の確保向上という限定的な課題をこえ，鶴見川流域において，自然共生型都市再生の端緒を開いたのだといってよい。

　流域視野の自然共生型都市再生という理念からみるとき，総合治水対策の流域対策における自然地保全方策は，過密都市域におけるまとまった自然地の保全という課題と防災・危機管理という都市再生のもう一つの必須の課題を統合する視野を流域市民に提供する点で，特段の意義があると思われる。自然共生型都市再生は，単純な自然愛好に基づく自然共存を基礎とするものではなく，防災，生物多様性保全，生態系の基本諸機能の確保など，地球環境危機の世紀における都市の危機を総合的に配慮する都市再生でなければならない。治水危機の克服と自然共生を統合させる「流域」視野は，この根本を都市市民にわかりやすく銘記させる力をもつ点において，

都市自然再生方策の基本とされるべき視点といってよいように思われるのである。

　鶴見川における総合治水対策は，1990年代後半に至って，環境配慮と市民参加をさらに重視する多機能的・協働的な計画への拡大・発展を遂げ，水マスタープランの策定に繋がってゆく。以下に紹介する「生物多様性保全モデル地域計画（鶴見川流域）」は，歴史的にはその中間段階を担うことになった流域計画である。

10.2　生物多様性保全モデル地域計画（鶴見川流域）

10.2.1　生物多様性条約を受ける生物多様性国家戦略

　地球環境危機は，指数関数的な拡大を習性としてきた現代産業文明の物質的な規模が，資源，環境，自然の生存基盤の諸領域において地球という惑星の限界に衝突しはじめたことに由来する。自然と共存する持続可能な暮らしへの転換は，文字どおり文明的な課題と認識されるに至っているといってよい。

　その認識転換の象徴となった1992年のブラジル・リオにおける地球サミットにおいて2つの条約が提案され，翌年秋に発効（日本国は両条約とも当初より批准済み）した。一つは「気候変動枠組条約」，もうひとつは，自然保全の国際的な最高法規ともいうべき「生物多様性条約」である。生物多様性条約は，Biological Diversity（生物多様性）を，生物の種間，生物の種内，生態系（生息場所，ランドスケープなどとも言い換えられる）の3つの領域における自然の多様性と定義し，その保全，持続可能な利用，持続可能な利用に由来する利益の公正・公平な分配を理念とする条約である。気候変動枠組条約と同様，本条約も枠組条約であり，実行の詳細は，「国家戦略（National Strategy）の策定」等を通し，締約国の主体性に大きくゆだねられるものであった。この要請に沿い，日本国は環境庁（当時）を窓口として，1995年，生物多様性国家戦略（第一次）を閣議決定したのである。1996年から1998年にかけて，その国家戦略に沿ったモデル地域計画が，鶴見川流域において策定されることとなった。生物多様性国家戦略（第一次）は，その長期目標に基づく施策の柱の一つとして，「地域レベルでの生物多様性の保全と回復」をかかげ，全国4地域において「生物多様性保全モデル地域計画」が策定されるところとなり，その一つとして，鶴見川流域における計画の策定が決ったものである。

10.2.2　計画策定の経緯

　生物多様性保全モデル地域計画（鶴見川流域）は，流域という自然ランドスケープ

のもつ入れ子構造（nested watersheds）・階層構造に注目し，過密都市域における生物多様性の総合的な保全・回復戦略を策定しようとするものであった。鶴見川流域が候補とされたのは，総合治水対策という流域計画が実効性を発揮しており，これに関連して，環境庁（当時）は，河川管理者である京浜工事事務所（当時），ならびに流域規模の市民ネットワーク組織である鶴見川流域ネットワーキング（TRネット）と協働できるという見通しがあったためである。端緒は，1996年9月21日，川崎市で開催された「鶴見川流域における生物多様性保全を考えるサミット」であった。環境庁自然保護局，町田市，横浜市，川崎市による「鶴見川流域における生物多様性保全を考えるサミット実行委員会」が主催したこのサミットを契機に，学識者，都県を含む自治体，環境庁自然保護局，建設省京浜工事事務所（オブザーバー）の参加による「生物多様性保全モデル地域計画検討委員会（鶴見川流域）」が組織され，二年間の検討を経て，「生物多様性保全モデル地域計画」（鶴見川流域，1998）がとりまとめられた。

10.2.3　流域の構造に沿った検討

計画の核となる保全目標の設定にあたっては，「水系を軸とした流域群配置を基本として把握し，地形・ハビタット・種多様性を流域の総合的な様相として」保全するとの基本方針が設定された。これに沿って以下の二段階の保全目標の設定が行われた。

第一段階として，流域における生物多様性保全回復の拠点群となるべき「生物多様性重要配慮地域」の設定が提案された。抽出にあたっては流域の入れ子配置図を基準とし，全体流域，亜流域ならびに主要な小流域の源流にあたる谷戸地域，沿川の斜面・湿地拠点，高水敷，合流点，遊水池などを候補として，地形の非改変度，貴重種・注目種の生息などを目安に選定するものとされた。源流拠点については，谷と尾根の地形単位を総合的に包括できる広がりを条件として，少なくとも2次の小流域（谷戸）の規模を基本とした方式が適切という判断となった。これらの考えに基づき，鶴見川流域において具体的選定が行われ，保全・配慮の視点等について関連の自治体あるいは開発主体との調整を行った上，17拠点を確定し，一覧として公表した（❼）。

第二段階では，都市域において生物多様性の回復拠点となる「生物多様性回復拠点」を設定するとともに，回復拠点における生態系回復のあり方，ならびに拠点の配置・ネットワーク化のあり方が整理された。設定にあたっては，公園等既存の緑

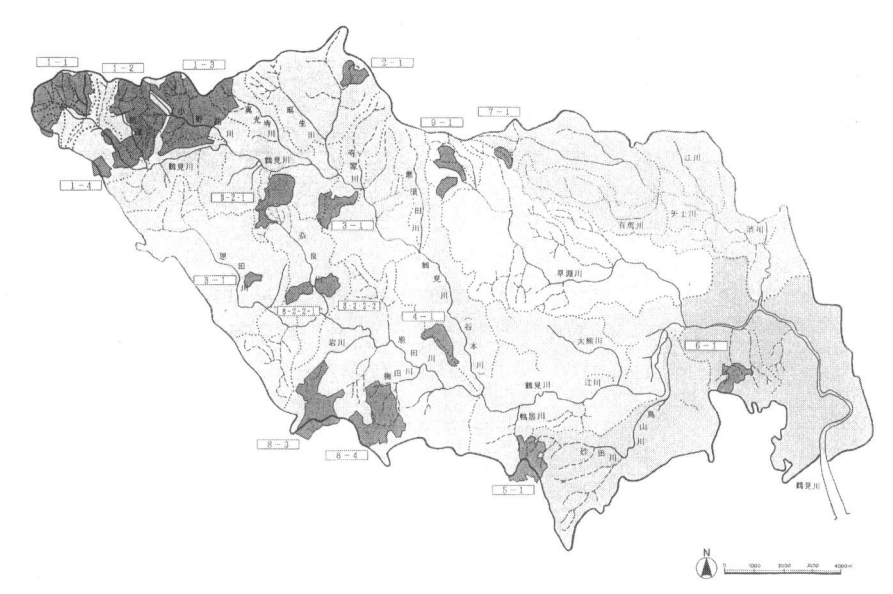

7 鶴見川流域における生物多様性重要配慮地域．「生物多様性保全モデル地域計画」（鶴見川流域　1998）より

地の環境教育活用，都市域に等間隔に配置されている学校の校庭における水辺と緑のビオトープ拠点の創出，総合治水対策に基づいて流域に多数設置されている流出抑制施設（防災調整地）や池等のうち可能な部分の多自然化，河川コリドーや河辺周辺の複合的な自然拠点の回復などが重視された．これらについて本計画での検討は，基本となるビジョンの提示にとどまり，鶴見川流域における具体的なモデル地域の設定等は行われていない．

以上，二段階の検討を総合し，流域を枠組とする都市の生物多様性保全回復のための一般的，モデル的な拠点配置イメージとして，**8**に示す「生物多様性保全拠点配置・ネットワーク化イメージマップ」が提案され，本計画のアウトプットとして報告書等（1998）において一般に公表されるところとなった．

10.2.4　その後の展開

以上のようなビジョンに沿って，典型的な都市流域，鶴見川流域における生物多様性の保全・回復を進めるための方策として報告書が提示した体制案は，つぎのとおりである．

推進組織（仮称：鶴見川流域生物多様性保全連絡協議会）のコアは，環境庁，建設省，

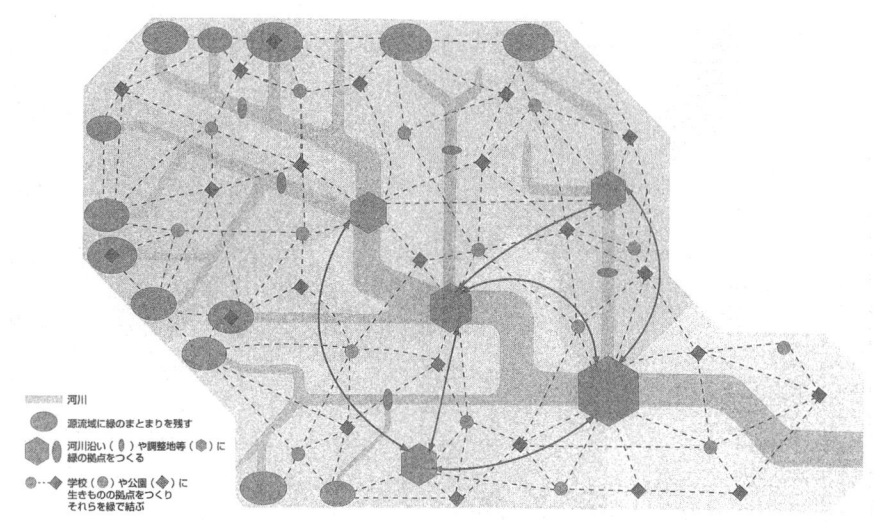

第 2 部　流域圏プランニングの現状

8　流域に注目した生物多様性保全拠点配置モデル
「生物多様性保全モデル地域計画(鶴見川流域　1998)」の提案より

関連自治体が構成し，これに，鶴見川流域総合治水対策協議会と，流域市民活動のネットワーク(鶴見川流域ネットワーキング)，ならびに企業，大学等が協働する方式となっていた。推進スケジュールでは，1998 年の報告書をうけ，1999 年には横浜市の主催による「池のフォーラム」，2000 年には町田市主催による「谷戸のフォーラム」，2001 年には環境庁主催による連絡協議会立ち上げのフォーラムが予定されていた。前 2 者の企画については行政・市民(TR ネット)の協働が十全に発揮されて，「池のフォーラム」「谷戸のフォーラム」は予定通りに実施された。しかし 2001 年開催予定の環境庁主催のフォーラムは実施にいたらず，報告書に沿った協議会は実現せずに終っている。この時期，環境省は，生物多様性国家戦略の改訂(2002)にむけて各種の施策検討を進めていた。よく知られているように，2002 年の第二次生物多様性国家戦略では，里地・里山概念を軸とする拠点的・要素論的な地域把握を主体とする構成が突出しており，流域等のランドスケープを枠組としたホリスティックな地域レベルの保全方策が大きなテーマとなることはなかった。地域モデル計画の中断の背景には，環境省における地域戦略を巡る路線転換があったのかもしれない。

10.2.5 成果など

　推進体制の確立はなかったものの，鶴見川における生物多様性保全モデル地域計画の試みは，流域の調整地・溜め池の配置，重要な源流拠点あるいは谷戸の状況，ホトケドジョウなどの貴重生物の分布等にかかわる情報の集積に，大きな役割りを果した。また最源流域をはじめ，当時開発計画の進められていた重要配慮地域においては，モデル地域計画のビジョンがさまざまな形で計画に反映され，開発計画，公園計画の見直しなどを促すことにもなった。事例の一つは，川崎市宮前区の矢上川(鶴見川の支流の一つ)源流，犬蔵谷戸における土地区画整理である。開発計画の進む中，当地は検討委員会より「生物多様性保全重要配慮地域」への指定を打診されるところとなり，土地区画整理組合の了解により，組合，川崎市，ならびに流域市民活動(TRネット)による公園計画の検討会が組織され，絶滅危惧魚類であるホトケドジョウをはじめとする在来の生物相の保全・回復を柱とする源流公園の創出を基本理念とする合意が成立し，2004年春，ほぼ検討どおりの水辺(＝谷戸環境)の回復を果している。

　本計画における流域視野の生物多様性保全の検討は，流域において同時期に推進された「町田市エコプラン」(1996〜99)における小流域視野の自然評価の方式や，「鶴見川流域水マスタープラン」(1999〜2004)の自然環境保全策定にも影響を及ぼしている。1980年以後の流れを振り返れば，流域対策を柱の一つとする総合治水対策の推進と，これに連携する流域市民活動(鶴見川流域ネットワーキング)の存在が生物多様性保全モデル地域計画(鶴見川流域)の試行を促し，これがさらに「町田市エコプラン」(1996〜99)における流域視野の応用や「鶴見川流域水マスタープラン」(1999〜2004)における生物多様性重視を促すという歴史的な展開を，確認することができるのである。

10.3　鶴見川流域水マスタープランの時代へ

10.3.1　水マスの流域へ

　鶴見川流域では，生物多様性保全モデル地域計画(鶴見川流域)策定の試みに続き，総合治水対策と生物多様性保全計画を骨格として，さらに多元的な形で諸施策の流域的な統合をめざす，「鶴見川流域水マスタープラン」(水マス)の検討・提案・策定作業がスタートし，2004年8月，施行の運びとなった。

　これを契機に鶴見川流域は，総合治水対策協議会にかわる流域連携組織である

●水マスの推進体制

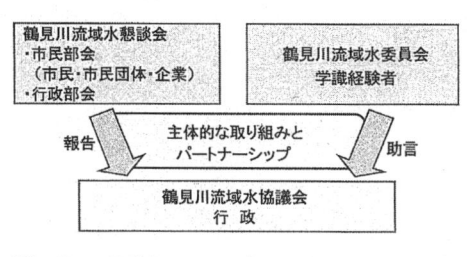

```
┌─────────────────┐    ┌─────────────────┐
│ 鶴見川流域水懇談会 │    │ 鶴見川流域水委員会 │
│ ・市民部会       │    │  学識経験者      │
│  (市民・市民団体・企業)│    │                 │
│ ・行政部会       │    │                 │
└─────────────────┘    └─────────────────┘
       │    主体的な取り組みと    │
    報告│   パートナーシップ    │助言
       ↓                      ↓
      ┌─────────────────────────┐
      │     鶴見川流域水協議会      │
      │          行 政          │
      └─────────────────────────┘
```

9 鶴見川流域水マスタープランの推進体制.「鶴見川流域水マスタープラン」より

「鶴見川流域水協議会」を軸として，助言機関である「鶴見川流域水委員会」，市民・行政の一般的な意見交換組織である「鶴見川流域水懇談会」を配しつつ，治水，水質・親水，環境，防災，地域文化育成の諸課題を流域視野で統合する枠組計画，「鶴見川流域水マスタープラン」のもとに流域調整の進む流域となった（**9**）。策定の経緯，計画の概要，推進の方式等について，以下略説する。

10.3.2　策定への経緯

素案をまとめたのは，1999年10月，建設省京浜工事事務所（現：国土交通省京浜河川事務所）の提案に基づいて組織された，「鶴見川流域水委員会準備会」（虫明功臣委員長：1999.10.1～2001.2.1)であった。提案の背景には，当時，「流域における健全な水循環系の構築」を基本理念として，河川審議会等において進められていたさまざまな検討があった。1998年7月の河川審議会総合政策委員会水循環小委員会中間報告は，水量・水質の一体的な管理を軸として，市街地における身近な水辺の回復，水と緑の自然軸の積極的な回復をめざし，さらには都市計画そのものに反映されてゆくべき計画として，総合的な水循環マスタープランの策定を提言していた。1999年3月の河川審議会総合政策委員会報告（案）では，流域における地域固有の自然，歴史，生活文化，産業等の地域特性をふまえ，水に関する総合的な施策を位置付けた，「流域水マスタープラン」の作成，ならびに作成にかかわる，行政，学識者，市民，事業者等の参加による「流域水委員会」の流域ごとの設置が提言されていた。鶴見川における「鶴見川流域水委員会準備会」設置は，これらの検討を踏まえ，提案されたものであった。

学識者，流域を熟知する流域市民活動(TRネット)代表等で構成された「鶴見川流域水委員会準備会」は，治水，水質・親水，自然環境，防災，水辺ふれあい文化等の領域を軸に，流域の視野から諸課題の総合的な解決改善をめざす枠組ならびにモデル的計画を検討し，2001年5月，「鶴見川とその流域の再生」をテーマとした＜鶴見川流域水マスタープラン策定に向けた提言書＞をとりまとめ，公表した。検討ならびに提言のとりまとめにあたっては，準備会のほか行政による制度研究会，5

つのモデル地域をめぐる市民参加型の分科会が開催された。京浜工事事務所（当時）と鶴見川流域ネットワーキング（TRネット）の共催による「鶴見川流域水フォーラム」(5/27)の場において提言が公表されたことも，行政・市民連携のしるしとして，銘記されてよいことであろう。

10.3.3 鶴見川流域水委員会準備会による提言

鶴見川流域水委員会準備会（1999.10.1 ～ 2001.2.1）の基本スタンスは，「流域的な視点による総合治水の発祥の流域である」鶴見川流域において，水循環系の健全化という視点を取り入れつつ，総合治水の多自然・多機能化をさらにおし進め，関係者の広範な参加を促す方向を目指すとともに，流域という視点で地域や都市を見つめなおし，水循環系の健全化というキーワードのもとに都市の再生を目指してゆくというものであった。この視点に沿って同準備会は，以下の5つの柱を提言した。

(1)洪水時水マネジメント：
　流域視野に基づく洪水管理（＝総合治水対策）の強化。
(2)平常時水マネジメント：
　流域視野に基づく水質や支川の平常時水量の管理・回復。
(3)自然環境マネジメント：
　流域ランドスケープの配置に沿った自然環境の総合的な保全・回復。生物多様性保全モデル地域計画を大幅に改定し，詳細化するもの。
(4)震災・火災時マネジメント
　川や河辺を活用した震災時の初期火災への対応等。
(5)水辺ふれあいマネジメント
　流域活動センターを拠点とする流域環境学習・防災教育，流域トレイルの工夫，流域産業の育成などを視野にいれた流域意識の育成。

以上の5つの柱について，同準備会はそれぞれ現状の分析と課題の整理を行うとともに，考えられる施策例と流域計画の試案を提示し，これらを基礎として，新たな組織による「鶴見川流域水マスタープラン」の策定を進めるよう提言した。

10.3.4 策定から施行へ

鶴見川流域水委員会準備会による提言を受け，2002年，「鶴見川流域水委員会」（虫明功臣委員長，2002.2.18 ～ 2004.3.30）が組織され，「鶴見川流域水マスタープラン行政会議」(2001.11.22 ～ 2002.12.19)と連動した策定作業が開始された。2003年には，

水マスタープランにかかわる市民，行政の意見交換の場として「鶴見川流域懇談会」も設置された。これらの組織による検討を基礎に，2004年8月2日，「鶴見川流域水マスタープラン行政会議」において「鶴見川流域水マスタープラン」が策定され，同日，1980年以来鶴見川流域において総合治水を進めた「鶴見川流域総合治水対策協議会」は，水マスタープランを推進する「鶴見川流域水協議会」に改組・改名されることとなった。これを受け，同月28日，横浜において「鶴見川流域水マスタープラン推進宣言式典」（鶴見川流域サミット）が開催され，国土交通省関東地方整備局長，東京都知事代理，神奈川県知事，横浜，川崎，町田市長による，推進宣言への署名式がとりおこなわれ，国と関連自治体による推進が正式合意されるところとなった（文末の資料：「鶴見川流域水マスタープラン推進宣言」を参照）。「鶴見川流域水マスタープラン」は国土交通省関東地方整備局の「環境共生・創造マスタープラン」のリーディングプロジェクトの一つに位置付けられている。

10.3.5 プランの概要

(1) 主旨・理念

急激な都市化の進んだ鶴見川流域では，洪水，汚染，保水・遊水地域でもある緑地や農地の激減，川とつながる地域文化の衰退など，水循環や，流域の健全さにかかわる諸問題が健在化していたことは重ねて触れたとおりである。総合治水対策，生物多様性保全モデル地域計画（鶴見川流域）等の計画は，それぞれの時代においてそれらの諸課題に具体的・地域（流域）的に対応したものであるが，事態の進行はさらに総合的で多元的な流域計画の策定を要請していた。「鶴見川流域水マスタープラン」はそのような時代の課題，要請をうけ，従来の諸計画の統合を基礎として策定されたものであった。

計画にはまた，近年の拡大から成熟に向かう歴史の転換のなかで，私たちの社会が，経済や制度の急激な再編，さらなる安全・環境への配慮，高齢化などの諸問題に直面しつつ，自然と共存する持続可能な社会をめざす都市・地域再生の時代を迎えたとの一般的な認識も提示されている。このような時代認識のもと，通常の行政区画ではなく，水循環の地表における基本単位である流域（流域圏）を計画地域とさだめ，水循環の健全という視点から，安全，安心，自然との共生，水循環や自然と交流する地域文化の育成などを通して健全な流域の創造を進め，これを介して自然と共存する持続可能な社会をめざす都市・地域再生を，鶴見川流域からスタートさせるという先進の自覚が表明されていることも，「鶴見川流域水マスタープラン」の

特徴といえるかもしれない。

(2) 計画の構成

「鶴見川流域水マスタープラン」は，鶴見川流域水協議会の発行する2つの基本文書，すなわち鶴見川流域水マスタープラン・本編と参考資料にとりまとめられている。

本編においては，鶴見川流域の諸課題が，準備会による提言に沿った5つの課題に整理され，それぞれについて，基本方針，計画目標，具体的なメニューあるいはその候補となる施策(大，中，小分類)のメニューとともに，連携主体の候補，関連の現存の計画や制度，のぞまれる新たな制度・施策が示され，施策推進にかかわるイメージマップが提示されている。

これに続き，「推進方針」として，計画・実行・点検・見直しのマネジメントサイクルの確認，市民・市民団体・企業・行政の主体的な取組みのパートナーシップの原則，行政間の役割り分担と連携強化の確認，推進のための組織配置(図)，そして，枠組計画である水マスタープランを具体的に推進するためのアクションプラン(実行計画)の策定・進行管理に関する基本事項が確認されている。

本編末尾では，マスタープラン推進のための総合的な普及・啓発の方策として，「鶴見川・バクの流域水キャンペーン」を展開すること，また，マスタープランの啓発・推進にあたり，水マスタープランのキャッチフレーズは，「いのちとくらしを地球につなぐ鶴見川流域再生ビジョン」とすることが紹介されている。

参考資料には，各マネジメントの各課題ごとに，基本施策の理解を促すための補助として図や事例が提示されている。また，全体流域に対応した以上の基本施策をさらにきめ細かい方策とするための指針として，鶴見川流域を8つの小流域に分割し，小流域ごとにマネジメント方向を示唆する「小流域の方向性」の章が設定されている。さらにモデル分科会の成果として，アクションプランの見本として先行的に実行段階におかれている4地域におけるリーディングモデルプロジェクトの概要が紹介されている。

(3) 5つの柱

マスタープランの骨子となる5つの課題分野と，基本的な対応の方向は，以下のとおりである。

●洪水に強い流域づくり

流域視野による鶴見川流域水マスタープランの第一の柱は，「洪水時水マネジメント」と呼ばれる。河川水の氾濫や排除されない雨水による水害から地域を守るた

第2部　流域圏プランニングの現状

めの流域計画を軸とした総合治水のさらなる推進，洪水調整地の整備確保をめぐる新たな施策の工夫，被害軽減システムの工夫等が，その主な内容となっている。

●清らかで豊かな川の流れを取り戻す

　第二の柱は，「平常時水マネジメント」と呼ばれている。急激な開発によって流量の減少した支流域において，それぞれの流域の緑の保全や雨水浸透を通して流量回復をはかること，子どもたちが川であそび多様な生物が生息・生育・繁殖できる水質という新たな感覚的指標も活用しつつ水質の改善をはかること，東京湾に排出される汚染負荷の削減，節水社会の実現等が，基本の内容である。基本は，河川環境管理基本計画における水環境計画に相当すべき内容といってよい。

●流域のランドスケープと生物の多様性を守る

　第三の柱である「自然環境マネジメント」は，生物多様性保全モデル地域計画（鶴見川流域）における検討を引き継ぎ，さらに総合的で具体的な保全のビジョンをとりまとめている。基本は，流域ランドスケープを構成する，源流の谷戸，尾根，崖線，河川コリドー，河口などの骨格配置を重視すること。これに沿って流域の緑の保全・創出・活用方針（表）が整理され，流域自然環境拠点の配置図（❿）が作成され，水系・緑地の生態ネットワークの形成（表）指針がしめされ，流域レベルの RD 種，指標種なども提示されている。これら諸点の提示にあたって，流域の階層的な配置

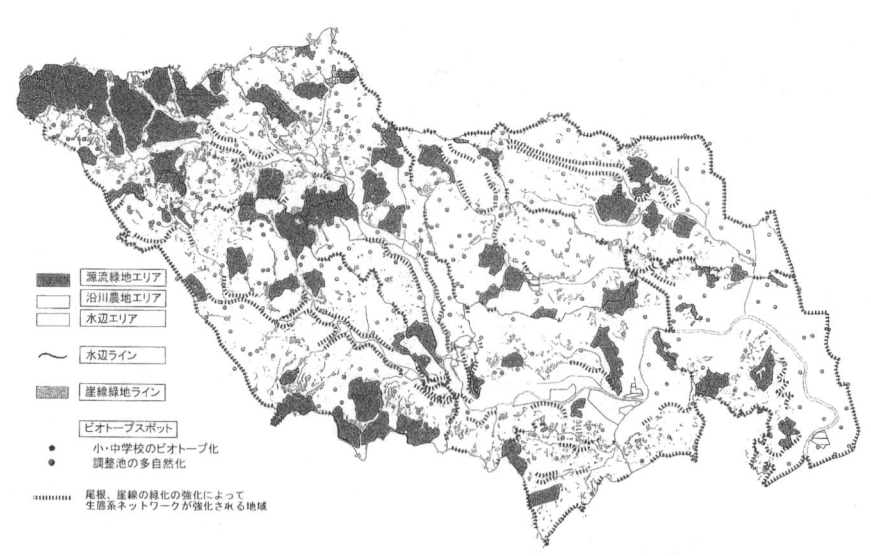

❿　鶴見川流域水マスタープランにおける緑地保全の全体ビジョン．「鶴見川流域水マスタープラン」より

に対応した視点や施策への配慮が徹底していることが，大きな特徴となっている。
●震災・火災時の危険から鶴見川流域を守る
　第四の柱である「震災・火災時マネジメント」は，阪神淡路大震災の教訓に学び，河川を活かした工夫によって，震災・火災時の危険から流域の街を守る工夫を進める提案であり，消防利水としての河川の利用や，防災船着き場，河川敷の緊急道路整備等が提案されている。
●流域意識をはぐくむふれあいの促進
　第五の柱である「水辺ふれあいマネジメント」は，河川とのふれあいを通じて流域意識を育むうるおいのあるくらしの実現をめざす計画である。流域の学習・活動拠点を活用して流域の水循環や自然の理解を促進する流域学習を進めるとともに，流域の多様な資源を活用した流域ツーリズムを推進し，流域の環境に負荷をかけない暮らしを実践してゆくことがうたわれている。

10.3.6　具体化にむけた方策

（1）アクションプランによる推進とモデルプラン

　鶴見川流域水マスタープランは，課題解決のためのさまざまな視点やツール，主要施策に関する中長期（10～30年）の目標，大中小レベルの施策メニュー案，推進方式の提示された，枠組型のプランとでもいうべきものである。

　プランの実行は，具体的な課題をテーマとするアクションプランの，関係主体による連携的・自主的な策定，実施，流域水協議会等によるその適切な進行管理によって進められる方式となっている。アクションプランを提案し，連携し，役割りを分担する主体の環が，通常の行政活動の縦割りの枠をこえ，行政区画をこえ，行政，市民，企業のセクターをこえ，流域という枠組のもとでどれだけ多様，多彩に広がってゆくか，またそれらが流域市民にどれだけ広く理解・支持され，とりわけ土地利用にかかわる諸制度にどこまで影響力を行使してゆけるかが，計画全体の長期における成否を決めてゆくことになるだろう。

　アクションプランによる推進を実効あるものとするための方策の一つとして，マスタープラン策定の過程と平行していくつかのモデルプランの検討が進められ，マスタープラン策定時に，程度の差はあれいずれも実行段階に入っているのも，水マスタープランの大きな特徴である。

　支川矢上川では川崎市による河床の自然回復ならびに神奈川県による魚道整備等の河川環境再生計画が市民参加のもとで進んでいる。支川小野路川においては，町

田市を主体として，地元，市民団体，学校も参加する形式で，流域学習との連携をめざした河川とその沿川の総合的な整備計画が進んでいる．支川早淵川では，神奈川県が主体となり，横浜市，区画整理事業主体，流域市民の参加のもと，水辺のふれあい拠点計画がまとめられ，施工段階に入った．中流域の高水敷においては，神奈川県，国，横浜市，流域市民の参加のもと，河川空間の保全・回復・活用にかかわるゾーニングならびに管理の方向が検討され，県区間において具体的な対応が始まっている．さらに町田市北部丘陵の広大な丘陵地に展開する本流源流域（＝保水地域）においては，水マスタープランの策定と関連しつつ，最源流中心域の保全・活用をテーマとするさまざまな検討が進められた．その検討が続く中，地価急落等の動向もからんで開発計画の中止と緑地，農地の大規模な保全が事実上確定し，2004年8月28日の推進宣言式の席上，町田市長より水マスタープランのビジョンに沿った保全の方針が表明されるところとなった(**⓫**)．

　これらとは別に，水マスタープランの推進役，調整役でもある河川管理者からは，近く策定される見通しの法定計画である鶴見川水系にかかわる「河川整備計画」を，水マスタープランのアクションプランの一つと位置付け，「鶴見川流域水協議会」「鶴見川流域水委員会」「鶴見川流域水懇談会」の協議に付し，水マスタープランとして

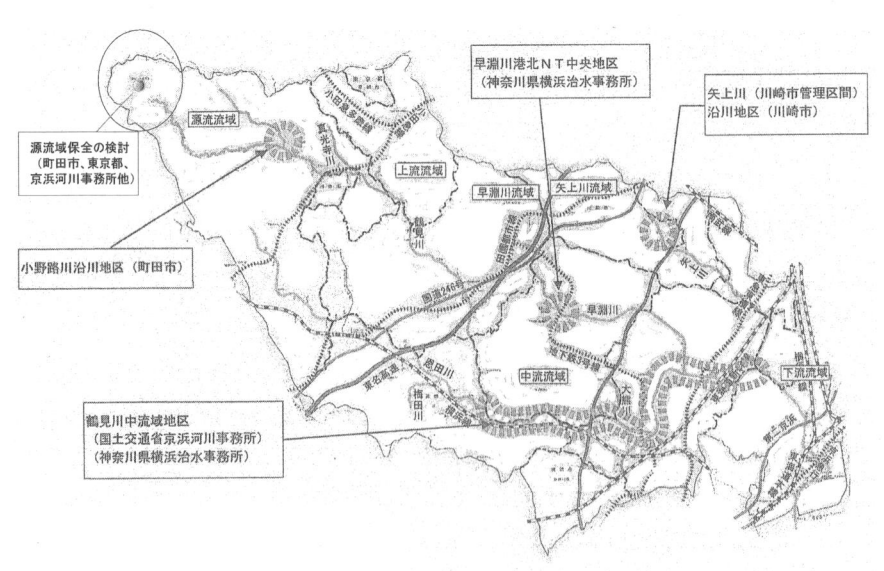

⓫ 水マスタープラン策定過程におけるモデルプロジェクトの検討．源流域の検討を除く4地域は水マス策定時点で計画がまとまった．「鶴見川流域水マスタープラン」から一部改変して引用．

の進行管理にゆだねる方針が表明され，具体的な活動が開始されている。

　流域思考に沿って流域の市民連携活動を推進している鶴見川流域ネットワーキング（特定非営利活動法人鶴見川流域ネットワーキングと，任意組織である連携・鶴見川流域ネットワーキングの協働活動）からは，流域クリーンアップ活動，市民活動の拠点を活用した流域学習活動，流域ウォーキング／ツーリズム，流域市民連携による生物調査計画などが，アクションプランとして順次提示されてゆく可能性がある。

　これらに加え，さらに自治体，あるいは企業等から有効なアクションプランがどのように提示されてくるか，今後の展開が注目される。

(2)啓発広報活動への体制づくり

　鶴見川流域水マスタープランは，市民，市民団体，企業，行政等の多様な主体による，行政区画や縦割的な制度枠組をこえた積極的な地域協働，流域連携を前提とする流域再生計画である。その推進にあたっては，行政諸部局，行政区画をこえた課題の共有，流域地図の共有，流域意識のさらなる普及・啓発が不可欠となる。鶴見川流域水マスタープランが，流域視野における自然共生型都市再生の理念を正面から打ち出すばかりでなく，「いのちとくらしを地球につなぐ鶴見川流域再生ビジョン」という広報コピーを掲げて流域意識の総合的な普及・啓発戦略を提示しているのは，当然の方策といってよいだろう（⓬）。

　近年，鶴見川における流域意識は，総合治水対策推進のための河川行政による各種の啓発活動をとおして，またこれに協働する流域市民活動である鶴見川流域ネットワーキング（TRネット，⓭）の連携活動をとおして啓発され，育まれてきた。流域の外形を，悪夢をたいらげよい夢を人に残すという伝説のある，バクという動物にみたて，「鶴見川流域はバクの形」という表現を流域啓発活動の中心イメージとして活用する鶴見川方式は，TRネットの流域啓発戦略に由来するものだが，今日，流域の河川管理者も広くそのイメージを共有するようになった。鶴見川流域水マスタープランの啓発戦略が，「鶴見川・バクの流域水キャンペーン」と命名されているのは，その連携の確認でもある（⓮）。

　啓発戦略のコアとなるのは，「鶴見川流域水協議会」の推進する流域啓発事業（2004年度末の段階では「ふれあって鶴見川」「鶴見川いきいきセミナー」と呼ばれている）と，これを推進し，さらに広く河川・流域学習を促進する拠点として運営されている「鶴見川流域センター」である。当センターについては，流域の各地域ごとに「サブセンター」を配置する計画もアクションプランのメニューとなっており，これら

第 2 部　流域圏プランニングの現状

12　水マスタープラン啓発活動の推進体制．「鶴見川流域水マスタープラン」より

のシステムと，流域各地の市民活動拠点等を活用した学習，ツーリズム，流域交流などが，流域市民活動の参加もえつつ，展開されてゆく見通しとなっている．

10.4　今後の課題

10.4.1　懸　案

　基本的な枠組と，モデルプランは整ったものの，「鶴見川流域水マスタープラン」の今後の推進には，アクションプランの提案・検討・推進メカニズムの担保，関連制度の検討など多くの課題が残されている．

　保水地域となる緑地地域をまとめて保全してゆくための既存制度，新制度の検討や，

第 10 章 水マスタープラン

TRネット組織図

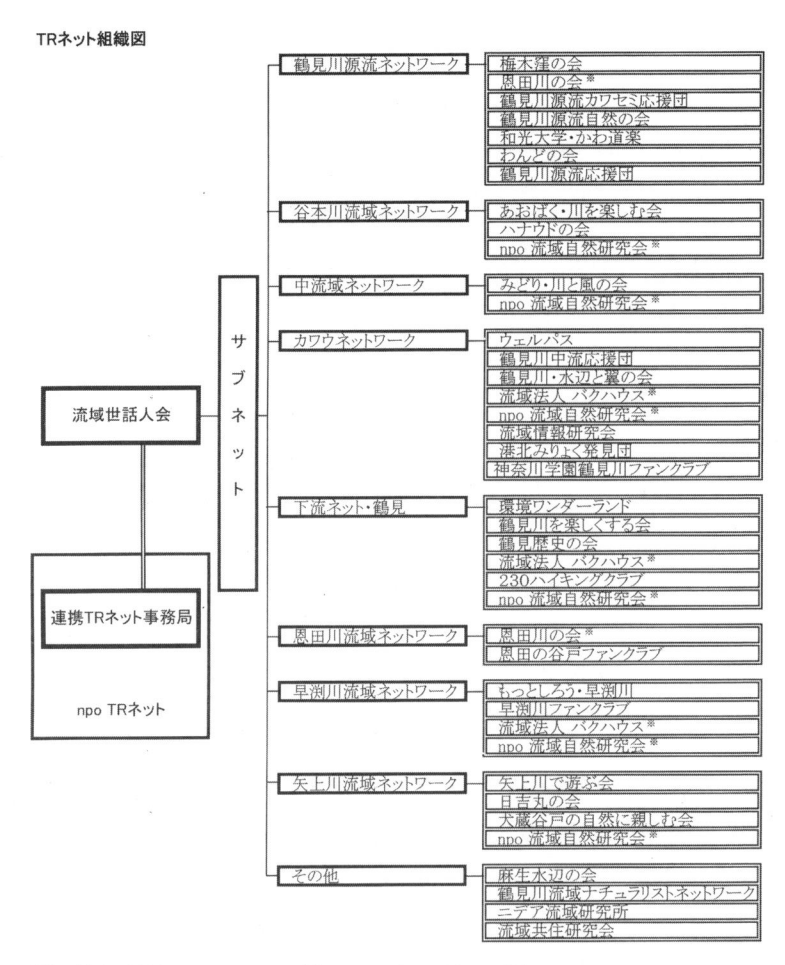

```
流域世話人会 ─┐
              ├─ サブネット ─┬─ 鶴見川源流ネットワーク ─┬─ 梅木窪の会
連携TRネット事務局           │                            ├─ 恩田川の会 ※
npo TRネット                 │                            ├─ 鶴見川源流カワセミ応援団
                             │                            ├─ 鶴見川源流自然の会
                             │                            ├─ 和光大学・かわ道楽
                             │                            ├─ わんどの会
                             │                            └─ 鶴見川源流応援団
                             │
                             ├─ 谷本川流域ネットワーク ─┬─ あおばく・川を楽しむ会
                             │                            ├─ ハナウドの会
                             │                            └─ npo 流域自然研究会 ※
                             │
                             ├─ 中流域ネットワーク ─┬─ みどり・川と風の会
                             │                        └─ npo 流域自然研究会 ※
                             │
                             ├─ カワウネットワーク ─┬─ ウェルパス
                             │                        ├─ 鶴見川中流応援団
                             │                        ├─ 鶴見川・水辺と翼の会
                             │                        ├─ 流域法人 バクハウス ※
                             │                        ├─ npo 流域自然研究会 ※
                             │                        ├─ 流域情報研究会
                             │                        ├─ 港北みりょく発見団
                             │                        └─ 神奈川学園鶴見川ファンクラブ
                             │
                             ├─ 下流ネット・鶴見 ─┬─ 環境ワンダーランド
                             │                      ├─ 鶴見を楽しくする会
                             │                      ├─ 鶴見歴史の会
                             │                      ├─ 流域法人 バクハウス ※
                             │                      ├─ 230ハイキングクラブ
                             │                      └─ npo 流域自然研究会 ※
                             │
                             ├─ 恩田川流域ネットワーク ─┬─ 恩田川の会 ※
                             │                            └─ 恩田の谷戸ファンクラブ
                             │
                             ├─ 早渕川流域ネットワーク ─┬─ もっとしろう・早渕川
                             │                            ├─ 早渕川ファンクラブ
                             │                            ├─ 流域法人 バクハウス ※
                             │                            └─ npo 流域自然研究会 ※
                             │
                             ├─ 矢上川流域ネットワーク ─┬─ 矢上川で遊ぶ会
                             │                            ├─ 日吉丸の会
                             │                            ├─ 大蔵谷戸の自然に親しむ会
                             │                            └─ npo 流域自然研究会 ※
                             │
                             └─ その他 ─┬─ 麻生水辺の会
                                        ├─ 鶴見川流域ナチュラリストネットワーク
                                        ├─ ニデア流域研究所
                                        └─ 流域共住研究会
```

🔢 鶴見川流域ネットワーキング(TR ネット)の組織図.「鶴見川ってどんな川」(NPO TR ネット)より

防災調整地の多自然化の工夫，詳細な地域情報の交換を基礎とした小流域ベースの意見交換組織の柔軟な設定などは，まったなしの焦眉の課題といってよい．鶴見川流域における流域計画の，都市，緑地，農地，産業等にかかわる諸計画への反映は，短期的には，主として賢明かつ先進的な個々の「アクションプラン」を通して進むものと考えられるが，中・長期的には，流

🔢 鶴見川流域活動のアイコンと基本コピー

第2部　流域圏プランニングの現状

域再生にかかわる国等による更に総合的な法制度の工夫をまって，適切な制度化にむかうことが期待される．これには水循環にかかわる行政諸部局の実務的・制度的な機能統合，国と自治体の関連部局の相互連携のさらなる推進も，大きな課題となるだろう．中長期的には，鶴見川流域における水マスタープランの試行そのものが，国における新たな流域制度の検討を誘発してゆくという展開も，期待したい．

10.4.2　流域イニシアティブの行方

　以上の懸案と並んで，同様に重要なポイントは，プランを推進する，形式・制度をこえた流域イニシアティブの問題である．自然と共生する都市の再生にあたっては，流域で広く連携しつつ，流域で計画し，流域主体の多様な参与によって，形式的な計画主義ではなく地域具体的に仕事を進める方式をよしとする「流域イニシアティブ」を主体的に支える活動，連携のさらなる活性化が不可欠である．

　総合治水対策，生物多様性保全モデル地域計画，そして水マスタープラン策定の過程を通して，鶴見川における流域イニシアティブは，京浜河川事務所をコーディネーターとする流域行政連携組織である「鶴見川流域総合治水対策協議会」に参加する河川管理者と，「安全・安らぎ・自然環境・福祉重視の川づくり・まちづくりを通して自然と共存する持続可能な流域文化の育成をめざす」ことを主旨とする「鶴見川流域ネットワーキング」を中心とする流域市民活動によって，それぞれ自立的に，また連携的・協働的に発揮されてきた経緯がある．

　「水マスタープラン」実施にあたり，この連携の歴史に新しい展開がはじまっている．総合治水を推進した「鶴見川流域総合治水対策協議会」は，水マスタープランを推進する「鶴見川流域水協議会」に改組され，学識者組織として「鶴見川流域水委員会」が常設され，行政・市民による新たな意見交換組織として「鶴見川流域水懇談会」が組織され，活動を開始している．この新しい配置の中で，行政業務として「流域イニシアティブ」を発揮すべき現場の行政機構と，市民サイドから「流域イニシアティブ」を主体的に発揮し続けてきた河川関連の市民活動との地域，亜流域，全体流域レベルの専門的な意見交換や連携が，今後いかなる展開，発展をみせてゆくか．これがマスタープランの推進を大きく規定するポイントとなってゆくことであろうと思われる．

参考文献

1) 鶴見川流域総合治水対策協議会：「鶴見川新流域整備計画」(東京都，神奈川県)，1989
2) 建設省関東地方建設局：「鶴見川水系河川空間管理計画」(東京都，神奈川県)，1990
3) 鶴見川流域における生物多様性保全を考えるサミット実行委員会：「鶴見川流域における生物多様性保全を考えるサミット」，1996
4) 国立公園協会：「生物多様性保全モデル地域計画(鶴見川流域)」，1998
5) 環境庁：「生きもののにぎわいのある環境づくり」(パンフレット)，1999
6) 鶴見川流域総合治水対策協議会：「鶴見川ってなんだろう」，1999
7) 町田市：「まちだエコプラン」，2000
8) 環境庁自然保護局：「池のフォーラム報告書」，2000
9) 鶴見川流域水委員会準備会：「鶴見川とその流域の再生 鶴見川流域水マスタープラン策定に向けた提言書」，2001
10) 環境省自然環境局：「谷戸のフォーラム報告書」，2001
11) 特定非営利活動法人鶴見川流域ネットワーキング：「バクの流域へようこそ流域活動10年の歩み」，2001
12) リバーフロント整備センター：「鶴見川とその流域の再生」，2002
13) 岸由二：流域とは何か，木原編：「流域環境の保全」所収，pp.70-77，朝倉書店，2002
14) 国土交通省京浜河川事務所：「鶴見川流域誌／流域編」，鶴見川流域誌編集委員会編，2003
15) 特定非営利活動法人鶴見川流域ネットワーキング：「TRネット通信合本」，2003
16) 鶴見川流域水協議会：「鶴見川流域水マスタープラン」，2004
17) 鶴見川流域水協議会：「鶴見川流域水マスタープラン―各マネジメントの施策に関する参考資料」，2004
18) 鶴見川流域水協議会：「いのちとくらしを地球につなぐ鶴見川流域再生ビジョン」，2004
19) 特定非営利活動法人鶴見川流域ネットワーキング：「バクの流域へようこそ」，2005

● 関連するホームページ

NPO鶴見川流域ネットワーキング― http://www.tr-net.gr.jp/
国土交通省京浜河川事務所― http://www.keihin.ktr.mlit.go.jp/english/index.htm

第 2 部　流域圏プランニングの現状

資料：鶴見川流域水マスタープラン推進宣言

〜国土交通省関東地方整備局長，東京都知事，神奈川県知事，横浜市長，川崎市長，町田市長が署名〜

鶴見川流域においては，
- 水循環系の健全化を視点とする流域再生を理念とし，
- 今後 20 〜 30 年後を目標として，
- 鶴見川流域の水循環系の諸課題
    - ◆洪水時の安全度向上（洪水時水マネジメント）
    - ◆平常時の水環境の改善（平常時水マネジメント）
    - ◆流域の自然環境の保全・回復（自然環境マネジメント）
    - ◆震災・火災時の安全支援（震災・火災時マネジメント）
    - ◆流域意識を啓発する水辺ふれあいの促進（水辺ふれあいマネジメント）を総合的にマネジメントすることによってその解決を目指すとともに，
- 「鶴見川流域水協議会」「鶴見川流域水委員会」「鶴見川流域水懇談会」等核となる推進体制を確立し，
- 流域の市民，市民団体，企業，行政が連携・協働の取り組みと適切な役割分担のもとに一体となって，流域の自然環境と人間の諸活動が共存する持続可能な流域社会の実現を図る鶴見川流域水マスタープランを推進する。今日この日から，宣言の具体化に向けた取り組みを開始する。

平成 16 年 8 月 28 日

III

流域圏プランニングの展望

第11章

流域圏・都市再生への
シナリオ　その1

吉川　勝秀

慶應義塾大学政策・メディア研究科教授
(財) リバーフロント整備センター部長

第 11 章　流域圏・都市再生へのシナリオ　その 1

　本章では，自然と共生する流域圏と都市，そのための流域圏・都市再生のシナリオについて述べる。

　❶[1)]は，ここ 100 年間および今後 100 年間における日本の人口の推移・推移予測図である。❶より，おおむね，この 100 年の日本は，人口が大きく増加した時代であったことがわかる。

　この急激な人口増加に伴い，都市化もまた急激に進行した。その結果，都市化が秩序なく拡大し，流域内における水・物質循環や生態系，景観などを喪失した歴史がある。

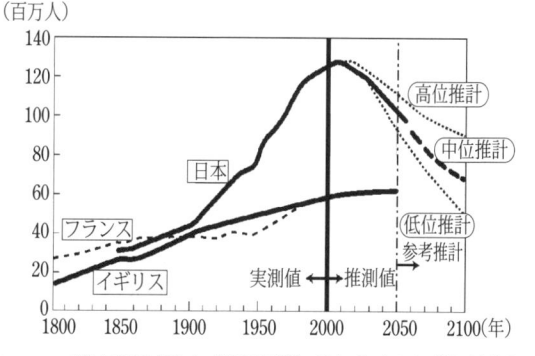

注）国立社会保障・人口問題研究所「人口動向」，「マクミラン世界歴史統計」，国際連合「世界人口予測(1950→2050)」より作図

❶　日本の人口の推移

　❶に示したとおり，今後我が国において人口は急激に減少することが予想される。今後は減少する人口の下で，これまでの負の遺産を解消しつつ，流域圏というスケールの中において自然との共生を指向しながら活動を持続し，持続可能な発展を目指すことが求められると考えられる。

11.1　基本的立場

　本章では，自然と共生するという視点から，流域圏や都市の再生について，既往の計画のレビューをしながら，都市化の進展と都市内における土地利用や河川，緑の変遷についての分析を踏まえ，自然と共生する流域圏，都市再生の実践的なシナリオを提示する。

　都市化の進展，都市内における土地利用や河川・緑の変遷について分析するツールとして，土地利用図等の地図や衛星画像を活用する。行政計画に衛星データを利用する研究については，従来からさまざまな試みがなされてきたが，近年になって，都市計画の分野では生物多様性の保全やヒートアイランド現象の軽減，広域避難場所の防火性の評価のための緑地分布の把握等に利用されるようになった。本章では，

第3部 流域圏プランニングの展望

地図情報と衛星情報とを組み合せて首都圏の半径約 100 km という複数の河川流域にまたがる広い領域の分析に活用することを試みる。

そのような基本的データに基づく流域圏・都市の変遷について分析を行うとともに，先進的な実践事例等を踏まえつつ，自然と共生する流域圏・都市再生のためのシナリオを類型化して具体的に提示することが本章の重要な目的である。

11.2　我が国における流域圏・都市の発展の経過とこれからの展望
(1)　流域圏・都市の土地利用の変遷と現状

❷は，約 100 年前の明治期と現在の首都圏およびその周辺の様子を地図により比較したものである（色の濃い部分が市街地）。これにより，明治時代からの約百年間で首都圏において都市域が大きく拡大したことがわかる。❸は，衛星画像による高度経済成長期以降の近年の首都圏およびその周辺の土地利用状況の分布の変遷を見たものである（色の濃い部分が都市化した地域）。20世紀末の30年間でも，著しく都市化が進展したことがわかる。❷，❸から，近年の首都圏への人口の集中と都市化の圧力が知られる。この圧倒的な都市化圧力のため，帝都復興計画以降の首都圏の都市計画は，ほとんど機能しなかったといえる。

❹，❺は，LANDSAT/TM データにより作成した首都圏およびその周辺における流域圏・都市の現状を示したものである（❹：平面写真，❺：鳥瞰図）。都市的利用の区域とともに，残された緑や河川網，水田等の農業的利用区域がみてとれる。❹，❺には，近年都市化が著しく進展した二つの流域圏，すなわち丘陵的な流域であ

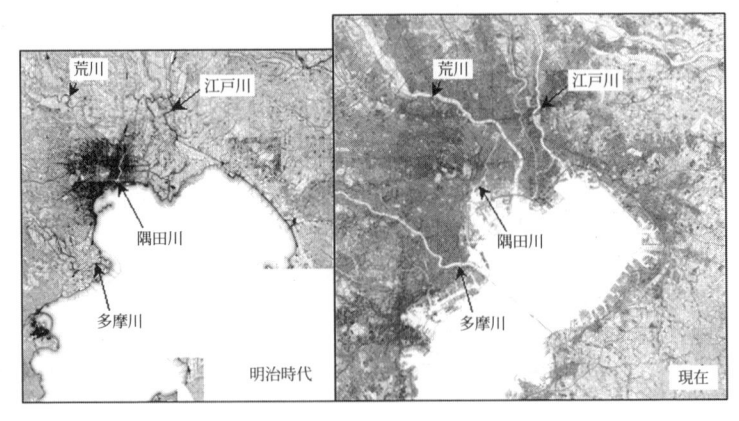

❷　この約 100 年間の首都圏の都市化の進展（国土地理院の地図より）

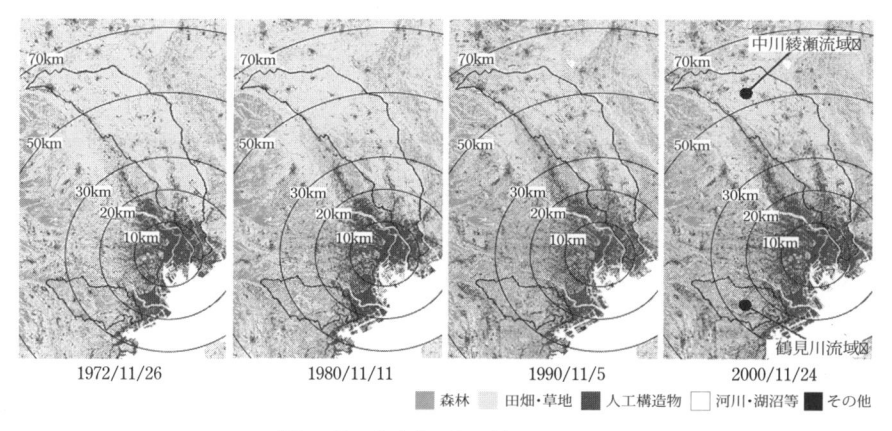

第 11 章 流域圏・都市再生へのシナリオ その 1

| 1972/11/26 | 1980/11/11 | 1990/11/5 | 2000/11/24 |

■ 森林　□ 田畑・草地　■ 人工構造物　□ 河川・湖沼等　■ その他

3 近年の都市化の進展（衛星写真より）

る鶴見川流域と沖積平野（氾濫原）である中川・綾瀬川流域を示した。この両流域の間には，武蔵野と多摩の丘陵に発展した東京の中心部が位置している。**5**は，山から平野，海に至る流域を鳥瞰するために，標高がわかる三次元表示をしたものである。

4，**5**でみると，これらの図から，丘陵地である鶴見川流域，荒川左岸側の大宮大地，利根川と鬼怒川に囲まれた常総台地等の丘陵地は緑が比較的残っていることが知られる（図の都市部以外で色が相対的に濃い地域）。

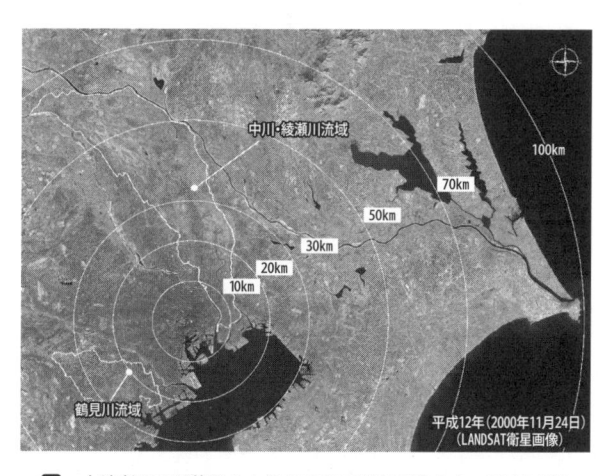

4 土地利用の現状その 1（LANDSAT 衛星画像より．平面写真）

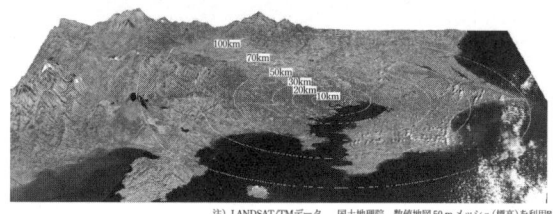

注）LANDSAT/TM データ，国土地理院 数値地図 50 m メッシュ（標高）を利用

5 土地利用の現状その 2（LANDSAT 衛星画像より．鳥瞰図）

251

第3部　流域圏プランニングの展望

6は，EOS-Terra/ASTERデータより作成した都市に残る緑の様子を丘陵地である東京都心周辺について見たものである。**7**は**6**において都心部を拡大した図である。**7**に黒く連なっている実線の輪は環状7号線であり，この内側でみると，皇居や新宿御苑，赤坂御苑，神宮の森，上野の森等のまとまった緑が散在していることが知られる（図で色が相対的に濃い部分）。

4～**7**のいずれの図からも，川とその周辺の緑が首都圏の都市の軸となっていることが知られる。**7**でみると，都心にあるまとまった緑とともに，東京の中西部の丘陵地には多摩川，目黒川，渋谷川・古川，神田川，石神井川等の川が流れ，東部の低平地では隅田川，荒川（放水路），中川といった規模の大きい川から，小名木川，横十間川等の運河があり，都市の骨格を形成していることが知られる[1]～[3]。

既往の調査より，氾濫原である中川・綾瀬川流域は市街化率が約50％に止まったのに対し，丘陵地の鶴見川流域では市街化率が85％に達したことがわかっている[1]。しかし，**4**～**7**でみると，中川・綾瀬川流域は緑が目立たないのに対し，鶴見川流域には比較的まとまった緑が残っていることがわかる。これは，大半が氾濫原である中川・綾瀬川流域は，350～400年前の江戸時代にほとんど水田として開発しつくされており，都市化したところ以外は現

白破線：東京都23区　黒線：環状7号線

6　土地利用の現状その3（EOS-Terra/ASTERデータより）

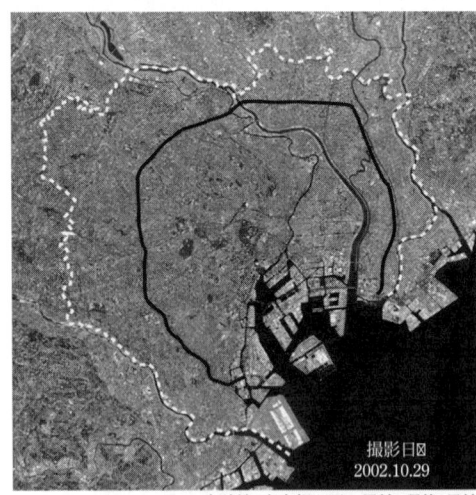

撮影日図
2002.10.29

白破線：東京都23区　黒線：環状7号線

7　土地利用の現状その4（EOS-Terra/ASTER衛星画像より．都心拡大図）

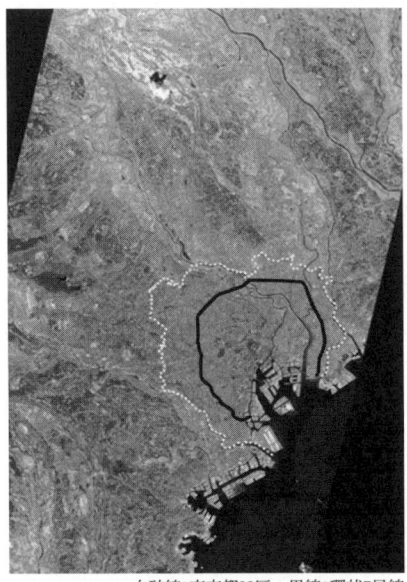

在も水田であり，森林がほとんど存在していないためと考えられる。また，❹〜❼は，10〜11月にかけての画像データであり，中川・綾瀬川流域に多い水田は稲を収穫した後の状況であるので，緑として認識されていないと考えられる。一方，丘陵地の鶴見川流域では，都市化が大きく進展したが，水源（山）や斜面等には森林が残されているため，緑が残っていると考えられる。

都市空間の再生という視点でみたときに，中川・綾瀬川流域では，数多くある河川の連続した空間を活用した水と緑（と歩道）のネットワーク化が重要であり，鶴見川流域では残された水源林や斜面林の保全と河川網のネットワーク化が重要となるといえる。

(2) 河川・水路網の変遷と現状

河川・水路網の変遷について，国土地理院の基本地図（1/50 000）より読みとれる河川網の変遷を見たものが❽，❾，❿である。❽は明治40（1907）年頃と現状（平成13（2001）年度）の河川・水路網分布を比較したものである。実線で示した部分が消失した河川，湿地，湖沼である。❾は，同様にして増加した河川・水路を実線で示したものであり，荒川，中川，江戸川の放水路や村山等の貯水池，さらには新たに整備された河川や農業用水路がそれに該当する。❿は，そのような経過を経て現存する河川・水路網を示したものである。

❽にみるように，氾濫平野である中川・綾瀬川流域の下流域（東京都の古利根川等の河道（現垳川，水元公園）より下流の江戸川区等の低平地）では，明治

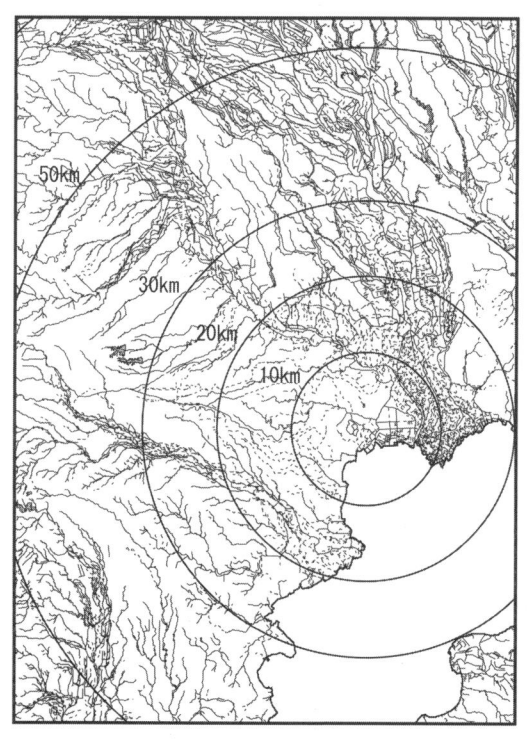

❽ 河川・水路網の消失（明治40年頃と平成13年との比較（実線：消失した河川・水路））

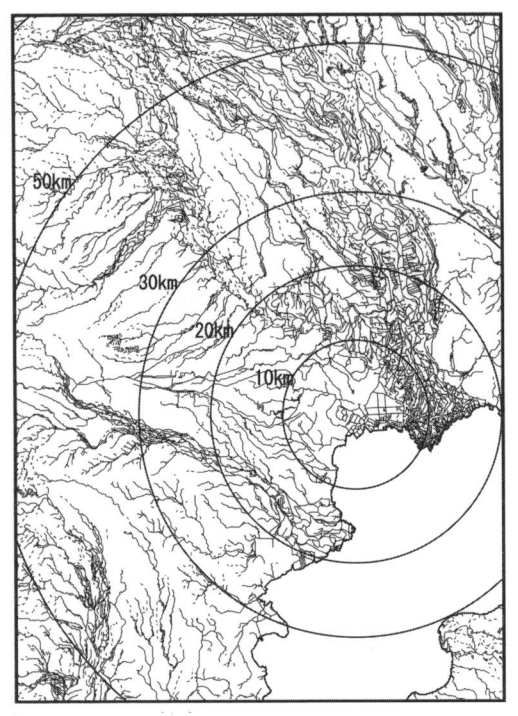

第 3 部　流域圏プランニングの展望

40（1907）年頃には総計で約 273.3 km の農業用水路や運河が張り巡らされていたが，現在では，残っている河川・水路は総計で 73.8 km であり，明治期に比較して約 83％が消失している。東京の都心と山の手地区についてみると，もともと河川・水路網は疎であるが，その水路・河川網の半分以上が消失したことが知られる。いずれも，川や農業用水路が下水道として地下に潜った水路となり，また運河も含めて埋め立てられて，その上空の大半が道路となった。

ここで強調するべきことは，都市化の進んだ地域で多くの川や農業用水路，運河が消失したとはいえ，10に示すように，都市を貫き，都市の骨格となる河川がまだ存在しているということである。都市化とともに河川・水路の消失が著しく進んだとはいえ，現在でも，河川現況調査からわかるように，都市域の面積の約 10％は連続した河川空間である[1],[2]。この河川空間は，公有地であり，水と生き物のにぎわいがあり，上空は開けて風の流れる貴重な空間である。民地の土地利用の誘導・規制がほとんど不可能に近い我が国において，都市の公有地は，都市の再生において貴重である。この公有地である連続した川の空間を都市再生で活かし，さらには消失した川や農業用水路，運河をできる限り再生することによる都市再生が考えられてよい。

都市化により環境の悪化した川や水路の多くは暗渠化あるいは埋立てされたが，1975 年頃以降，その水路を水・緑・歩道（ウォーキングトレイル）のネットワークとして再生することも徐々に進められるようになった。この水・緑・道のネットワークは，石川[3]のいうパークシステム，関[4]のいう魅力的な水と緑のネットワーク（保健道路）を想起させるものである。すなわち，これらのネットワークは欧米の都市

9　河川・水路網の増加（明治 40 年頃と平成 13 年との比較（実線：増加した河川・水路））

計画におけるパークシステムと同様であり，帝都復興計画や東京緑地計画にみられた川の両側に保健道路や歩道を設け，川とその周辺を緑化するという構想の現代版ともいえるものである[1],[4]。

都市には，都市の面積の約10％を占める河川空間と約16％を占める道路空間，約3％を占める公園があり，これらを合せると都市の面積の約30％が公共空間となる[1],[2]。自然と共生する都市への再生において，これらの公共空間の再生・整備を進めつつ，民間の土地利用や建築物を誘導していくことが重要といえる。

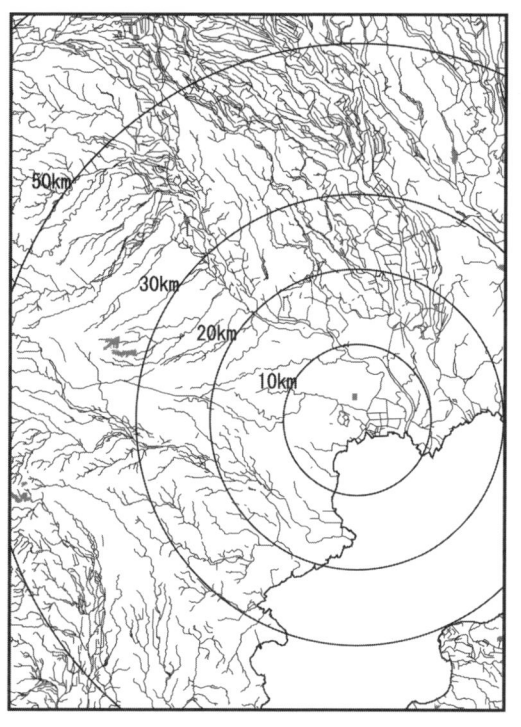

(3) 都市計画，国土計画の変遷と現状

❿ 現在（平成13年）の河川・水路網図

有史以来，長い期間にわたり，我が国の国土利用，土地利用は，河川の整備と農地の開発の歴史であった[1],[2]。都市化の時代以前は，川の整備は農業とともにあった。そこに都市の問題が顕著に出てくるのは，戦後の経済の高度成長が始まった1960年代以降のことといえる。

都市化が他に先駆けて進んだ東京の都心周辺について，都市計画がどのような変遷をたどったかを検討すると以下のようである。

東京という都市の実行性のある計画が始まったのは，関東大震災後の帝都復興計画（1923）のころからであると考えられる。その都市計画はその後，東京緑地計画（1932），防空計画（1940），そして戦後の大都市圏の整備計画におけるグリーベルト計画（1956）へと展開していった。

これらの計画は，すでに❶および❷〜❼に示したように，人口の増加と首都圏への集中，都市化の進展により，ほとんど実現することはなかったといえる。たとえば，戦後のグリーンベルト計画は，都心（ここでは日本橋付近としておく）から約15 km

付近(環状7号線付近)に緑のベルトを配置して都市の無秩序な拡大を抑制することを指向したものであったが，❷〜❼にみるように，都市はその範囲を大きくこえて広がった。すなわち，それぞれの時点での計画は，東京の圧倒的な都市化を見通したものではなかった。

しかしながら，その計画の一部でしかなくとも，これらの計画に基づいて確保された隅田公園等の緑地や公園，風致地区等の社会的共通資本としての緑のストックは，これからの都市再生において重要な資産となっている[3]。それらの資産は，河川空間(河川・水路網)とともに，都市の社会的共通資本として認識されるべきものといえる。

都市の成長を管理しようと試みたグリーンベルト構想は，その後法律的な制度として，1968年の新都市計画法での市街化区域・市街化調整区域の法律に，そして農地に関しては農業振興地域の整備に関する法律(1969)に引き継がれていった[5]。流域内における水害との関係でみると，これらの法律は，後述する都市化の著しい流域での総合治水対策において，災害の原因に対応した土地利用規制と誘導に大きく関係するものとなった。その厳しい自然である災害と共生するための土地利用と誘導の内容は，水や緑，生態系という自然との共生とあい通じるものである[1]。

国土計画としては，全国総合開発計画(全総)があるが，この計画は国土の均衡ある発展を指向し，地方の開発にその主眼があったといえる[6]。最初の全総(1962)は，地方に生産拠点を整備することを，新全総(1969)は国全体の工業生産の増加を加速して大規模化し，新幹線，高速道路，通信網の整備を進めることを目指したものであった。

三全総(1977)では，公害や環境問題を意識して各地域に産業を育て，人口を定住させる定住圏構想が提唱された。その定住圏は流域圏に対応するものとされ，定住圏構想は流域圏構想ともいわれた。

経済のバブルの時代の四全総(1987)では，交通や情報通信といったインフラの整備がテーマとされた。この計画は，バブルの時代のインフラ整備の計画であったといえる。

五全総(1998)は国土のグランドデザインと称し，美しさや風土，「国土軸」「多自然居住地域」「地域連携」といったコンセプトの提唱とともに，都市再生の問題について「大都市のリノベーション」がテーマとされた。この計画は，インフラ整備(公共事業)の目標が明示されなかったこと，全総法の必要性やその見直しの議論等から，それが策定された時点でもあまり注目されることはなかった。この計画では，

新たな流域圏構想ともとれる提案もなされたが，具体的な実践にはほとんど効力はなかったと考えられる。

都市に関しては，小泉内閣の進める都市再生があり，都市環境づくり，社会と経済の構造改革，民間の活動の拡大，国際的に開かれたビジネスと文化活動の場の提供をテーマとして，数次にわたり多数のプロジェクトの決定がなされている[7]。たとえば，第3次決定では，大都市に残された貴重な自然環境の保全，臨海部における緑の拠点の創出，水循環系に着目した河川・海の再生などが含まれているが，その実行性については財政面等の課題が多い。

このように，国土計画や都市再生において，自然と共生する流域圏・都市再生は重要なテーマといえるが，行政，企業，市民による実行ある実践に結びついていない。このこともあって，今後の実行ある計画，実践につなげるための継続する一つの対応として「自然共生型流域圏・都市再生イニシアティブ」(内閣府総合科学技術会議，関係各省)を国家研究開発プロジェクトとして立ち上げた経緯がある[2]。

(4) 流域圏・都市再生の空間スケールとテーマ

自然と共生する流域圏・都市再生を考える場合の空間スケールと再生テーマについて整理すると表1のようである。表1には，日本や世界ですでに取り組まれている先進的な実践，あるいは提案されている再生シナリオ(計画，構想)を例示した。

図4，図5を参照すると，表1に含まれる各事例がもつ空間スケールとテーマとの対応が知られる。たとえば，鶴見川流域の水マスタープランは中規模流域における水・物質循環，生態系と緑，都市空間等を対象とした複合的，総合的なテーマを設定し

表1 自然と共生する流域圏・都市の空間スケールと再生テーマ

	小流域(サブ流域)	中流域	大流域	複数流域
水・物質循環	◇雨水貯留浸透，湧水の復元	◇印旛沼流域再生行動計画 ◇中川・綾瀬川／鶴見川流域総合治水		◇東京湾流入河川および湾の水質改善 ◇チェサピーク湾および流域再生
生態系(水域・陸域)・緑	◇(韓国：清渓川再生)			
都市空間	◇2020年の東京区部パークシステム(石川幹子) ◇韓国清渓川再生	◇(中川・綾瀬川／鶴見川流域総合治水)		◇首都圏の都市環境インフラの将来像
複合，総合		◇鶴見川流域水マスタープラン	◇マージ川流域キャンペーン	

たものといえる。東京湾に流入する河川流域と東京湾を含む範囲でのテーマとされる河川や湾の水質改善は，複数の流域を包含した地域が対象となる。また，首都圏の都市環境インフラ（緑と川）を対象としてその保全と再生を目指す場合も，複数の流域を対象とすることになる。小規模流域の水・物質循環を対象としたものでは，流域の雨水の貯留浸透による洪水流出量の抑制や雨水の再利用，湧水の復活といったことがある。また，生態系にかかわるエコトーンの保全等の小規模なものもこのサイズのテーマとなる。

(5) 流域圏のとらえ方について

流域，流域圏のとらえ方については第5章で述べた。

以下では，流域圏を表流水の流域に対応させて議論を進めている。

11.3 水・物質循環にかかわる再生シナリオ

水・物質循環にかかわる流域圏・都市再生のシナリオの例としては，⓫のようなものを示すことができる。

すなわち，平常時の水・物質循環に関しては，河川や湖沼，沿岸域，湾域の水質

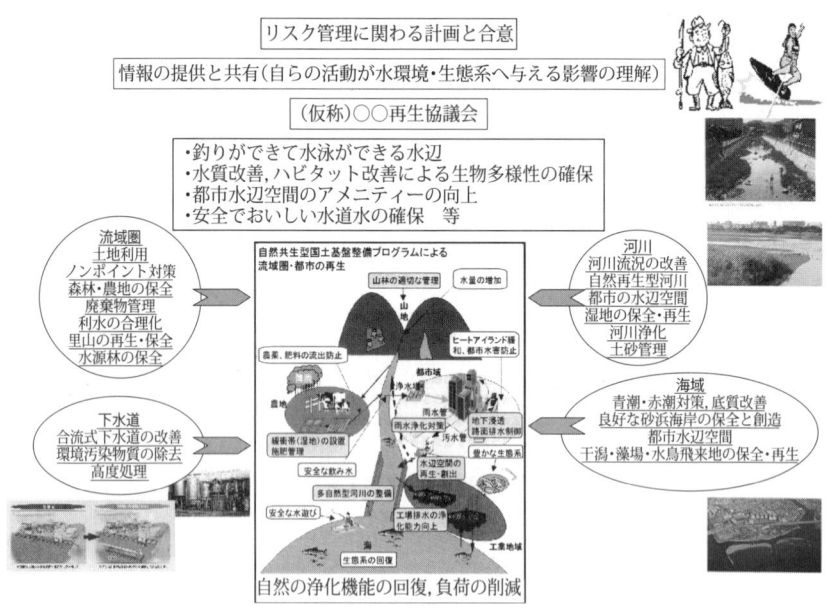

⓫ 水物質循環を中心とした再生シナリオのイメージ[2]

の改善,河川の平常時の水量の回復といったことが主要なテーマとなる。これには,アメリカにおける水泳ができて魚釣りができる水質の保全と回復,日本では河川,湖沼,湾域の水質改善を目指すといった実践的なテーマが該当する。このような再生シナリオを実行あるものとして実践するためには,⓫に示したような目標の設定,各種の具体的な対策や行動の設定,そして関係行政や市民,企業等での合意の形成,財源の確保等が必要となる。

この面での事例としては,表2に示すようなものがあげられる。日本では,従来から行われてきた河川水質の改善にかかわる各種の取り組み,閉鎖水域にかかわる洞海湾の再生,各地の湖沼での湖沼水質保全への取り組み,東京湾等にかかわる流域内での排水水質規制や汚濁負荷量の削減等の取り組みがある。しかし,その実践にあたっては,よりレベルの高い目標の設定と行政,企業,市民を含めた合意の形成,実践が課題となっている。

近年では,印旛沼流域水循環健全化への取り組み[8],鶴見川流域水マスタープランでの平常時の水,異常時の水への対応(水循環の健全化)[9]があげられる。

海外では,マージ川流域キャンペーンでの取り組み,チェサピーク湾とその流域での水質改善,ボストン湾の水質改善等があげられる[2]。マージ川流域キャンペーンでは,産業革命以降ヨーロッパでもっとも汚染され続けた同水系の水質を改善し,どこでも生物の棲める環境にまで改善する幅広い活動が約25年間にわたり行われてきている。行政,企業,市民の連携した世界の先進的な実践活動として知られている。チェサピーク湾とその流域での活動は,水質の改善,天然の牡蠣の生態系の復元等を目指した連邦,関係州等の行政,市民団体等の連携した活動として注目を集めている活動である。ボストン湾の再生は,湾の水質改善のための大規模な合流式下水等からの排水処理の高度化に加えて,湾岸のウォーターフロント開発やウォーキングトレイルの整備等とも一体となったものとして知られる。

洪水時における対応としては,流域の森林等のもつ自然の雨水を貯留浸透させる機能の保全,水田や湿地等の洪水が溢れて遊ぶ機能の保全という土地の特性に対応した土地利用規制・誘導,その他の各種ソフト施策(非構造物施策)を加えた総合治水対策があげられる。この総合治水対策での土地利用の規制と誘導は,流域の自然の保全,生態系の保全ときわめてよく対応するものである[1], [10]。

この他にも,飲み水の水質の保全と再生にかかわる取り組みなどもあげられる。

以上のように,水・物質循環にかかわる再生のイメージが湧く事例を表2に示したが,そのいずれもが再生シナリオの萌芽的あるいは先進的な事例として参照され

第3部　流域圏プランニングの展望

表2　水・物質循環の再生に

	マージ川流域キャンペーン（英国）	チェサピーク湾・流域再生（米国）	カリフォルニア・ベイデルタ流域再生（米国）
概要	◇産業革命発祥の地を流れるマージ川流域の再生。（産業革命以降ヨーロッパでもっとも汚された水系） ◇公共セクター，民間セクター，ボランタリーセクターの連携。3つのNPO，600以上のNGO，民間企業のパートナーシップ。 ◇水系の再生，経済の再興。	◇湾の環境復元のための関係州，連邦等の連携。 ◇6主体（3州，ワシントンDC，連邦，湾協議会）の合意。水質については湾に接しない上流3州も参加。 ◇再生にかかわるチェサピーク2000合意。 ◇市民，NGO・NPO，大学等の広範な参加。	◇ベイデルタを含む流域全体の管理計画。 ◇州，連邦で構成する共同体が推進役。 ◇州知事，大統領から任命された諮問委員会が長期的な解決に向けて中心的な役割。 ◇再生計画策定での各種調整，市民参加。
主な再生活動	◇魚が棲める川，水路，運河への水質改善等。下水道の改善等。 ◇人々が水辺の環境価値を認識する支援。水辺の体験・環境学習，清掃等。支川の流域単位のイニシアティブも活発。 ◇ビジネス，住宅・建築，観光，歴史的資産，レクリエーション，野生生物等のための水辺環境の再生・再開発，水辺整備等。	◇生物資源（牡蠣など）の保護と回復，生物生息地の保護と回復，水質保全と回復，健全な土地利用，スチュワードシップとコミュニティシップ（市民や地域の積極的な参加） ◇上記にかかわる約300のゴールについての合意。具体的数値目標も設定。	◇主要テーマ：水の安定供給，水質の確保，エコシステムの生産性の回復，デルタ内の堤防整備・改修。 ◇11のプログラム：水管理，貯水，導水，効率的な水利用，水交換，環境用水の確保，飲料水の水質確保，流域管理，堤防整備・改修，環境の回復，科学的調査。 ◇生態系の健全性の回復と有益な水利用・管理との両立が計画の目的。
その他	◇すでに約20年が経過した，世界の先進事例。 ◇3つのNPO，600以上のNGO，水関係・銀行・石油等の民間企業が参画したパートナーシップが特徴。 ◇立ち上げ段階での環境大臣，副首相相等の政治的リーダーシップ。 ◇25年間継続する活動計画。延長議論も。 ◇下水道改善は5箇年ごとのアセットマネジメント計画で実施。 ◇150年ぶりにサケが回帰。水泳・トライアスロン大会が開催できるまでに水質が回復。 ◇明確な目標，強力なパートナーシップ，投資の最大化が成功のポイントとのこと。	◇複数の州（連邦制の下での国），自治体，大学，市民団体の広範なパートナーシップ。 ◇有力な市民団体，チェサピーク湾財団（ロビー活動等）とチェサピーク湾同盟（市民理解等の活動）。 ◇当初の関係各州，連邦等でのパートナーシップ（チェサピーク湾プログラム）からの積み上げ。 ◇1983年，1987年合意（1992年に改訂）そして2000年の合意。2010年までの7年間の行動計画。必要経費から収入を引いた資金ギャップの解決が大きな課題。 ◇湾の健康教書では27（将来的には70〜80を展望）。	◇州と連邦の共同体（カルフェッツド・エージェンシー）と政治任命の諮問委員会。 ◇環境，水供給，水利用の複合的な目標。 ◇ベイデルタおよびサンホアキン川とサクラメント川流域全体の流域管理計画。 ◇フェーズⅠ：事業目標，指針となる原則策定，フェーズⅡ：プログラムの検討と環境影響評価。現在はフェーズⅢのステージ1で，各プログラムを実施予定。 ◇2030年を展望し，2000年から2008年までの計画。 ◇レッスン：伝統的関係者と新しい関係者のところに出向く，科学コンソーシアムの基盤，バランスのとれた投資（87億ドル）。

第 11 章　流域圏・都市再生へのシナリオ　その 1

かかわる先進的な取組み事例

鶴見川流域再生	ボストン湾(港)・流域再生(米国)	印旛沼・流域再生	洞海湾再生	東京湾・流域再生
◇行政の連携による総合治水対策実施の経験。その後の市民団体の活動の活性化。 ◇市民参加のもとでの水にかかわるマスタープランの策定。 ◇鶴見川流域ネットワーキングが市民活動による流域再生に参画・リード。	◇連邦法裁判で湾(港)の水質改善命令。 ◇下水道改善による湾(港)の浄化。市民は下水料金の大幅な値上げに合意。 ◇先立つ長い歴史のマディー川、チャールズ川、湾岸の水辺再生。さらには、水辺とダウンタウンを分ける高架の高速道路の地下化。	◇水循環の健全化についての千葉県・自治体の緊急行動計画。 ◇流域の水循環の健全化、沼の再生を目指す行政中心の計画。	◇死の海と化していた湾を民間企業の協力で再生。	◇流域内の工業、家庭、農地からの汚染負荷の削減。水辺空間や水域生態系も議論に。
◇河川や流域の洪水時の水、平常時の水、自然環境、震災・火災時、水辺ふれあいにかかわるマネジメントの計画づくり（水マスタープランと呼んでいる計画）。 ◇マスタープランを策定した（20〜30年を展望したプランづくり）。 ◇国、県、市等の合意の計画となった。	◇流域イニシアティブ（27流域） ◇合流式下水道の水を集中処理し、ボストン湾の外のマサチューセッツ湾に排出。 ◇湾の水辺の再開発、水辺トレイルの整備。	◇流入河川や沼の水質を改善するための多数の対策メニューを設定。 ◇当面および長期の達成目標の設定。	◇工場からの排水の規制、水道整備、底泥の浚渫。 ◇最近は生物を用いた浄化。	◇排水水質規制、汚濁負荷量の総量規制。 ◇モニタリングと国・県・市等の関係行政の連携。 ◇合流式下水道の雨天時の水の処理等、いくつかのリーディング・プロジェクト。
◇総合治水対策の経験、強力な市民団体の活動が重なった、現時点では希少な流域。 ◇約 50 の市民団体が連携した鶴見川流域ネットワーキングの活動。	◇マサチューセッツ州水資源公社が事業主体で CM 会社と契約。CM 会社は建設会社および PI チームと契約。施設計画に対する市民諮問委員会。 ◇投資の 80％は下水道料金で回収。料金の大幅な値上げ（100 → 800 ドル /4 人家族）。 ◇これに至るまでの川や水辺の再生・再開発の歴史があり、高架の高速道路の地下化とも連動していることにも注目。 ◇下水処理場関係は 2000 年に完成。 ◇高架高速道路の地下化（BIG DIG）は 1991 年から建設開始、2003 年 3 月には地下部は完成、地上のオープンスペース整備が今後進められる。	◇千葉県関係部局、流域町村の合意の計画。 ◇流域の市民参加が課題。 ◇沼の水を上水道として飲んでいる県民の参加の検討。 ◇見直し（アダプティブマネジメント）を前提とした当面の行政計画。	◇日本の殖産興業、重厚長大産業の発祥の地。もっとも早くから汚染された水域の再生事例。 ◇大企業の工場等の特定汚染源。企業の協力・参加。	◇東京湾蘇生プロジェクトとして関係行政機関が連携。

261

てよい．いずれの場合にも，いろいろなレベルでの合意の形成と実践が最大のテーマとなる．

11.4　生態系にかかわる再生シナリオ

　生態系については，水域生態系と陸域生態系，そしてそれらを複合したものがある．また，この生態系と密接に関係したものとして，水と緑のネットワークがある．

　水域生態系に関しては，すでに水・物質循環の項で述べたチェサピーク湾とその流域の再生，カリフォルニア・ベイデルタ流域再生等が典型的なものといえる．より広い意味では，マージ川流域キャンペーンや鶴見川流域水マスタープランでも水域，陸域生態系双方の保全と改善が指向されている．そこでは，河川や湾の水質改善とともに，湾岸や河畔の自然生態系の復元や環境教育などが行われている．日本では，川を通じての魚の移動の確保，川と水田地域での生物の移動の確保，多自然型川づくりの常識化，湿地や氾濫原等の再生が部分的に行われるようになったが，それらのことを流域全体で生態系のバランスを取りながら行うというものである．

　生態系の保全と再生あるいは水と緑のネットワークの形成は，水・物質循環の改善の場合と同様に，さまざまなレベルでの合意の形成と実践が最大のテーマである．　陸域と水域を連結させた水と緑のネットワークについて，それをイメージするために鶴見川流域水マスタープランより引用したものが⓬である[9]．また，複数

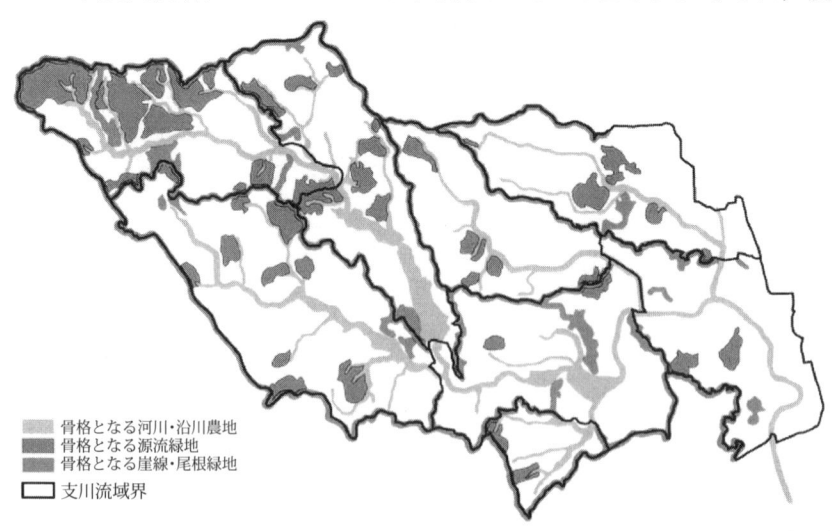

⓬　流域単位での水と緑のネットワークのイメージ例（鶴見川流域水マスタープランより，簡略化）[9]

の流域にまたがる首都圏についてそれをイメージするために引用したものが⓭である[11]。⓭では，いくつかの河川が位置づけられているが，⓾に示したように，それら河川の他にも渋谷川・古川等，多数の河川網があり，それらもネットワークに位置づけられてよい。

ここに示した鶴見川流域と首都圏の2つの事例は，実践を強く意識した行政的なものであり，陸域生態系や緑がその中心的なテーマとなっているが，生態系や水と緑のネットワーク再生シナリオのイメージを示しているものといえよう。

近年，水域生態系については，河川や農地で行われるようになった近自然工法による河川・水路の整備や魚の生活史に基づいた海・川・農業用水路・水田での移動の確保，鳥の生息に配慮した河川や農地の整備，湿地の復元等の水域の再生も行われるようになってきており，これらは生態系にかかわる再生のメニューとなるものである[12]。

11.5　都市空間にかかわる再生シナリオ

都市空間の再生については，たとえば，韓国の道路撤去による清渓川の再生からその周辺の市街地再開発に至るような比較的狭い範囲における再生シナリオから，石川[3]の提示する東京区部のパークシステム（2020年）のようにより範囲の広い区域の再生シナリオが考えられる。

鶴見川流域水マスタープランにおける水と緑のネットワーク構想（⓬）から，さらにその範囲を広げ，❽～⓾に示す河川・水路網（沿岸域の水辺も含む。また消失した河川・水路の再生も想定），⓮の河川氾濫域の地形および❹～❼や⓭に示される緑とをネットワークすることが考えられてよい。その場合には，生態系の再生の場合と同様に，⓭に示されている河川以外にも，東京東部の氾濫原を流れる川をネットワークに組み入れるとよい。たとえば，⓮，⓯に示される中川・綾瀬川流域の元荒川，古利根川等の本川と支川，東京東部低地に数多く残る運河網，東京西部や南部の丘陵地では渋谷川・古川，多摩川の多数の支川，横浜の大岡川等が位置づけられてよい。

さらに範囲を広げると，東京の東部では，利根川・荒川・渡瀬川によって形成された埼玉平野の水田と川が，東京西部では，多摩・三浦丘陵から北の武蔵野につながる緑が位置づけられてよい。

都市における水と緑と歩道のネットワークを軸として，まとまって存在する緑地，そしてネットワーク周辺の都市の中の公開空地の緑等との結びつきも図っていき，

第 3 部　流域圏プランニングの展望

都市域全体として、より自然と共生するものとすることが考えられる。

河川・水路の空間が、水と緑、歩道等の面で再生された事例がいくつかある。たとえば、日本では暗渠化された区間ではあるが下水処理水等を利用して水と緑のネットワークとして工夫された丘陵部の川である目黒川上流の北沢緑道（⓰）、低平地（氾濫原）の川である中川・綾瀬川流域の小松川・境川緑道（⓱）、仙台堀・横十間川の再生（⓲）事例等がそのイメージとしてあげられる。

1	三浦半島ゾーン
2	湘南丘陸ゾーン
3	横浜の丘ゾーン
4	八菅川・萩野ゾーン
5	相模原ゾーン
6	多摩丘陵ゾーン
7	多摩川右岸崖線ゾーン
8	国分寺崖線ゾーン
9	多摩の森緑線ゾーン
10	狭山丘陵ゾーン
11	三富新田ゾーン
12	荒川・江川ゾーン
13	見沼田圃・安行ゾーン
14	葛西臨海ゾーン
15	草加・越谷新田ゾーン
16	市川・船橋の台地ゾーン
17	三番瀬ゾーン
18	利根川・菅生沼ゾーン
19	牛久沼ゾーン
20	手賀沼ゾーン
21	印旛沼ゾーン
22	東千葉の台地ゾーン
23	盤州・小櫃川ゾーン
24	鹿野山ゾーン
25	富津岬ゾーン

⓭　複数の流域にまたがる水と緑のネットワークのイメージ例（国土交通省：首都圏の都市環境インフラのグランドデザイン[11]より）

また、海外では、暗渠化された川と周辺都市を再生するという世界的に注目されている事例として、韓国・ソウルの中心地を貫いて流れる清渓川の再生事例があげられる。暗渠化されその上に平面道路が、さらにその道路の上に高架道路が走っていた清渓川を、道路を撤去することにより自然的な都市の川として再生するのみならず、周辺の再開発も誘導し、ソウル市を自然にやさしく文化の香る都市として再生することが急ピッチで進められている（⓳～㉑）[1], [13]。

首都圏の広域的な構想については、今後詳細な調査を必要とするであろうが、❹～❼の衛星写真、❽～❿の河川・水路網図、および氾濫原の土地の成因や水田の存在を示す治水地形分類図（⓮、⓯）より、おおむねの構想をもつことができる。すなわち、土地の成因からみた特性に配慮して、東京西部の丘陵地域は水源林や斜面林の自然保全と再生が、東部の氾濫原では数多くある川や水田等を活かした再生が考

第 11 章　流域圏・都市再生へのシナリオ　その 1

えられてよい。

　自然現象としての厳しい自然である水害との共生も重要なテーマである。これは，前述のように，流域内の洪水に対する土地の危険性に応じて住み，土地の特性（森林等の保水区域，水田等の遊水区域）に応じて土地利用を規制・誘導し，洪水に対応した流域圏を再生するというものである。この洪水の危険性に応じた土地利用は，

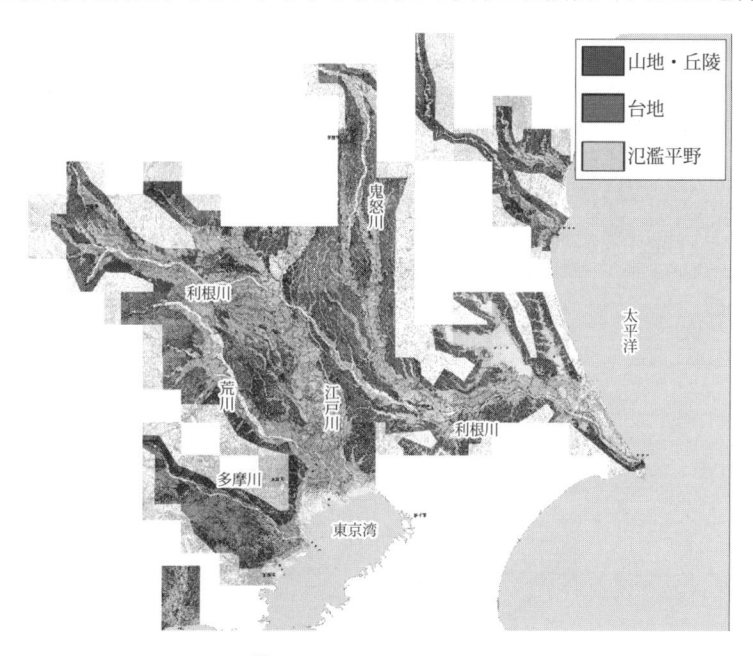

14　関東平野の治水地形分類図

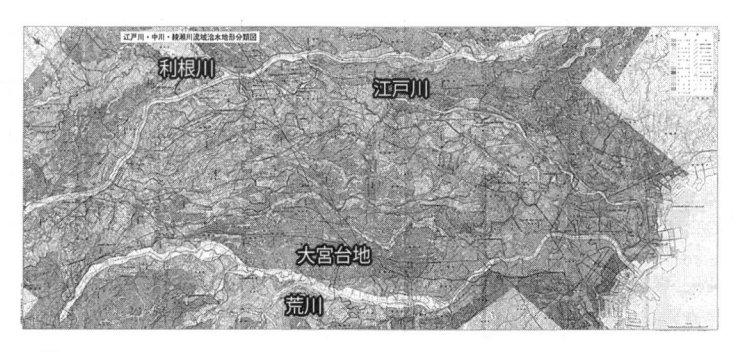

15　中川・綾瀬川流域（利根川，江戸川，荒川に囲まれた地域）の治水地形分類図

水と緑に着目した都市再生のシナリオときわめてよく対応したものとなる。すなわち、水害の危険性に対応した土地利用と水田や森林の保全等は、流域の水と緑のネットワークの形成や自然との共生と表裏の関係で対応する [1), 2), 9), 10)]。

⑯ 目黒川上流の北沢緑道

⑰ 小松川・境川緑道

⑱ 仙台堀・横十間川の再生

⑲ 韓国・ソウルの清渓川の再生前（暗渠化、上空は平面道路と高架道路が占用）

20 韓国・ソウルの清渓川の再生後のイメージ その1（工事途中．一部多自然河川化）

21 韓国・ソウルの清渓川の再生後のイメージ その2（完成後のイメージ写真）

11.6 複合的，総合的な再生シナリオ

　複合的，総合的な自然と共生する流域圏・都市再生のシナリオは，上記の水・物質循環，生態系（水と緑），および都市空間にかかわるシナリオをその流域圏，都市の状況に応じて組み合せたものとなる。

　広い意味で，マージ川流域キャンペーン[2]や鶴見川流域水マスタープラン[9]（**22**）はそれらを複合的に取り込んだ再生シナリオであるとみることができる。前者は，固定的で問題の多い計画はもたないで，どこでも魚が棲める川とする，水辺の価値を高める，だれもが参加でき，成功の象徴となる運動とする等の大きな目標を設定し，複合的で長い期間にわたって継続して活動を進めている。後者は，水マスタープランという形で，洪水時の安全度向上，平常時の水環境の改善，流域の自然環境の保全・回復，流域意識を啓発する水辺とのふれあいの推進といったことを総合的に進めるとしている。

　なお，ここで強調しておきたいことは，再生シナリオは複合的あるいは総合的でないといけない，あるいは複合的，総合的であることが望ましいということではないということである。複合的，総合的なものは，市民合意や行政合意等においてわかりづらく，明確な意識の下での実践に結びつきづらい面があるということである。たとえば，多様な目的を設定しているが，天然の牡蠣を守り復元する等のわかりやすい目標を根本にもったチェサピーク湾流域再生運動などは，より大きな求心力をもって実践につながっている。日本でもかつて，急激な都市化の進展で洪水被害が頻発していた時代には，総合治水という明確な治水単独目的の対応は，わかりやすく，実践につながっていったことがあったことを想い起すと，そのことが推察されると思われる[1],[2]。

第3部 流域圏プランニングの展望

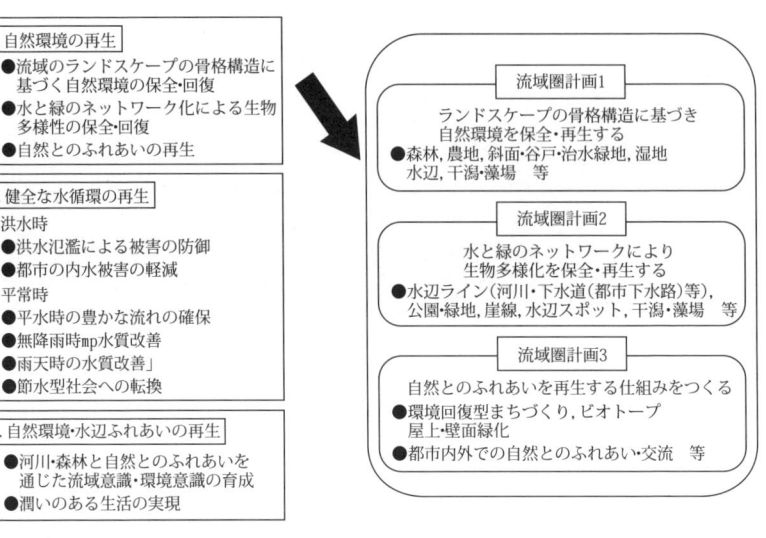

```
┌─────────────────────────┐
│ 1. 自然環境の再生        │
│ ●流域のランドスケープの骨格構造に│
│  基づく自然環境の保全・回復      │
│ ●水と緑のネットワーク化による生物│
│  多様性の保全・回復             │
│ ●自然とのふれあいの再生         │
└─────────────────────────┘
┌─────────────────────────┐
│ 2. 健全な水循環の再生     │
│ 1)洪水時                        │
│  ●洪水氾濫による被害の防御      │
│  ●都市の内水被害の軽減          │
│ 2)平常時                        │
│  ●平水時の豊かな流れの確保      │
│  ●無降雨時mp水質改善            │
│  ●雨天時の水質改善」            │
│  ●節水型社会への転換            │
└─────────────────────────┘
┌─────────────────────────┐
│ 3. 自然環境・水辺ふれあいの再生   │
│ ●河川・森林と自然とのふれあいを  │
│  通じた流域意識・環境意識の育成  │
│ ●潤いのある生活の実現           │
└─────────────────────────┘
```

```
┌──────────────────────────────┐
│  流域圏計画1                  │
│  ランドスケープの骨格構造に基づき │
│  自然環境を保全・再生する      │
│  ●森林,農地,斜面・谷戸・治水緑地,湿地 │
│   水辺,干潟・藻場 等          │
└──────────────────────────────┘
┌──────────────────────────────┐
│  流域圏計画2                  │
│  水と緑のネットワークにより    │
│  生物多様化を保全・再生する    │
│  ●水辺ライン(河川・下水道(都市下水路)等), │
│   公園・緑地,崖線,水辺スポット,干潟・藻場 等 │
└──────────────────────────────┘
┌──────────────────────────────┐
│  流域圏計画3                  │
│  自然とのふれあいを再生する仕組みをつくる │
│  ●環境回復型まちづくり,ビオトープ │
│   屋上・壁面緑化              │
│  ●都市内外での自然とのふれあい・交流 等 │
└──────────────────────────────┘
```

22 鶴見川水マスタープランよりイメージした複合的な再生シナリオ

水物質循環を中心とした再生シナリオとするか，生態系(水と緑)を中心としたものにするか，都市空間に着目したものとするか，あるいは総合的，複合的なものにするかは，対象とする地域，都市，流域の状況に応じて，市民合意や実践を意識して設定すべきプランニングのテーマである．

11.7 展 望

本章で得られた知見と展望は以下のとおりである．

明治期以降における我が国の都市域は，急激かつ圧倒的な都市化の進行により，各段階で構想された都市計画は，ほとんどといっていいほど効果をあげることはできなかった．これは我が国の土地所有制度と密接にかかわる基本的な問題といえる．

急激な都市化により都市内の緑や河道はその大部分を喪失したが，それでも首都圏域等には都市の骨格となりうる河川や，量的に少ないとはいえ，まとまった緑が残されている．

これらの残された河道網や緑を活かし，または暗渠化された河道を復活させることなどで自然と共生した都市を再生していくことが考えられる．

国内外の再生シナリオの先進的な実践事例および計画をその空間スケールとテーマ，すなわち，水・物質循環系，生態系(水と緑)，都市空間およびそれらの複合的・

第11章 流域圏・都市再生へのシナリオ その1

総合的テーマに関して，分類して提示した(表2，23)。それらの実践には，目標の設定，関係者間の合意が重要であることを示した。

これらの再生シナリオ，とくにその中で都市空間にかかわるものについては，これから新たに始まる土地利用計画や国土計画，首都圏の計画等に反映されてよい。

- ■印旛沼・流域行動計画(水・物質循環)
- ■サンフランシスコ湾・流域再生計画(水・物質循環・生態系)
- ■チェサピーク湾再生計画(水・物質循環・生態系)
- ■鶴見川流域水マスタープランの計画
  （一部は空間計画）
- ■マージ川流域キャンペーン
  （一部は都市再生）
- ■関正和:「水と緑のネットワークで国土の再生を」
- ■石川幹子:「東京区部のパークシステム(2020年)」
- ■下河辺淳他:「東京都心のグランドデザイン」
- ■ソウル清渓川(チョンゲチョン)・都市再生

23　再生シナリオの分類と実践事例，計画・構想

参考文献

1) 吉川勝秀：河川流域環境学，技報堂出版，2005.
2) 吉川勝秀：人・川・大地と環境，技報堂出版，2004.
3) 石川幹子：都市と緑地，岩波書店，2001.
4) 関正和：大地の川，草思社，1994.
5) 稲本洋之助・小柳春一郎・周藤利一：日本の土地法―歴史と現状―，2004.
6) 下河辺淳：戦後国土計画の証言，日本経済評論社，1994.
7) 伊藤滋：都市の再生 地域の再生，ぎょうせい，2004.
8) 千葉県：印旛沼流域水循環健全化緊急行動計画書，2004.
9) 鶴見川流域水協議会：鶴見川流域水マスタープラン，2004.
10) 山口高志・吉川勝秀・角田学：都市化流域における洪水災害の把握と治水対策に関する研究，土木学会論文報告集，No.313, pp.75-88, 1981.9.
11) 国土交通省：首都圏の都市環境インフラのグランドデザイン（中間報告）―水と緑のいきものの環―，2003.
12) リバーフロント整備センター：第2回川の自然再生セミナー，2004.

第3部　流域圏プランニングの展望

13) リバーフロント整備センター：水辺からの都市再生，技報堂出版，2005.
14) I. マクハーグ著，下河辺淳ら訳：デザイン・ウィズ・ネイチャー，集文社，1994.
15) 下河辺淳，他，国土庁大都市圏整備局編：東京都心のグランドデザイン，大蔵省印刷局，1995.
16) 本永良樹・高柳淳二・吉川勝秀・山本有二：人口急増地域の治水に関する事後評価的研究，第59回年次学術講演会講演概要集，土木学会，pp.119-120，2004.

第12章

流域圏・都市再生への シナリオ　その2

岸　由二
慶應義塾大学経済学部教授
鶴見川流域ネットワーキング代表

12.1　自然共生型の都市再生

都市再生には2つの焦点がある。財政逼迫，高齢化し縮小する人口，経済再生をかけた産業・情報再編，市街地拡大から一転して中心地に向かって縮退を始めた都市活動，危弱な防災対応，環境／自然保全，持続可能性への配慮，安らぎのある美しい都市空間への希望等々，課題は多様多彩に錯綜する。これらの課題に対応する都市再生ビジョンの一方の焦点は，経済・情報の効率化・国際化に収斂するのであるとすれば，もう一つの焦点は，防災，環境／自然保全，安らぎや美しい都市形成，ひとことでいえば自然共生型・都市再生の領域，ということになるだろう。流域を強調した自然共生型流域圏・都市再生は，後者に属する戦略の一つである。この戦略は何を目指し，どんなビジョンのもとに，どんな配置とシナリオで進むか。なお未整理な考えではあるが，各種の市民的な実践もふまえつつ，私見を述べる。

12.2　環境危機の世紀

私たちは，文明史的な規模における環境危機の時代に巡り会っている。20世紀を通して，倍々増加をこえる速度で驚異的な拡大を継続した私たちの産業文明は，世紀末に至り，資源，環境，生物多様性の諸次元にわたって地球制約と広範な領域で衝突する事態となり，人の居住の領域に，さまざまな危機を招来しはじめた。21世紀地球社会にとって，自然と共存する持続可能な未来を可能にするエコロジカルな産業文明への転換は，回避不可能な状況となった観がある。

1992年のブラジル・リオデジャネイロでの地球サミットは，農業革命，産業革命につぐ第三の文明次元の革命である＜環境革命＞とも把握されるこの事態を，各国の政治指導者ともども世界が認識する世紀の機会となった。その会議で提案され，後日発効した，「生物多様性条約」「気候変動枠組条約」は，地球制約を無視した産業文明の歴史が，自然（生物多様性・biodiversity）と共存する持続可能な未来へ転換してゆく臨界状況を象徴する歴史的なツールということができる。以来，「自然と共存する持続可能な発展，未来，暮らし」は，環境革命の共通サインとなった。

12.3　焦点は都市

この転換のための文明的な仕事の拠点は都市であろうという直感がある。第一の

理由としては，都市，とくに発展途上国等の都市域において安全，安らぎ，自然との共生を重視すべき人間的居住にかかわる撹乱が甚だしいという事情をあげることができる。都市における安全，快適，自然共生型居住の実現は，それ自体が地球環境危機の大きな課題である。

しかし文明史的には，さらに大きな理由があってよい。都市は産業文明のエンジンである。脱地球的な産業文明の推進装置として，地球制約を軽視し，自然との共存や持続的な暮らしを軽視する文化，技術・科学，産業，生活の様式，すまいのセンス，人材などを地球大に発信・提供しつづけることが，都市，こちらはとくに，先進諸国の都市の基本機能となっている現実がある。これを破綻なく穏やかに，エコロジカルな領域へ，自然との共存を促す地球親和的な文化，技術・科学，産業，生活の様式，すまいのセンスを育て発信・提供する，いわば地球人的な居住の拠点へと転換してゆくことが，文明転換の鍵となるという直感があるのである。

この判断は，都市そのものの否定とは縁がない。一次・二次産業の大幅に希薄な居住地域を都市と呼ぶのであれば，地球人口の過半はすでに都市に居住しているはずであり，この傾向は止まることがないだろう。安全で安らかで，暮らしの便利に満ちた都市域での居住は，ホモ・サピエンスの過半にとって望ましい居住様式なのだと承認される必要があると思う。その上で，都市ならびに非都市域全体におよぼす文化，科学技術，思想，産業，くらし，あるいは市民の感性，人材の発進の領域まで視野におさめた，都市の構造・機能・文化にわたるエコロジカルな転換が必要と考えるものである。この転換は，都市に暮らす市民の安全，安らぎ，便利を大切にするという意味で都市中心主義的であるが，非都市的な地球領域への波及効果をターゲットにおさめつつの転換を目指すという意味で，普遍的な環境主義の側面をもつべきものと考える。安全，安らぎ，自然環境重視の都市再生は，この二つの課題を担う仕事の一翼でなければならないだろう。

12.4　計画の空間枠組を地球化する

エコロジカルな文明転換の一翼でもあるような自然共生型都市再生にとって基本的な要請は，計画・活動の空間枠組の地球化とでもいうべきものと思われる。ここにいう地球化は，いわゆるグローバル化ということではない。都市計画の空間を自然的な配置においてテーマ化すること。ランドスケープ，生態系・生物多様性の配置，水や大気の循環などとして都市活動の足下に登場する地球の制約や可能性を，計画枠組として正面から引き受けるような工夫という意味で，使いたい。

私見によれば，そのような工夫の単純明解な糸口は，計画枠組のランドスケープ化である。人為的な行政区画，図面上のデカルト空間を計画枠組とするのではなく，都市の足下にリアルに広がる山野河海，丘陵，台地，流域，海岸等の広がりそのものを計画枠組として尊重し，受け入れる工夫といってよい。やや理屈っぽくいうなら，足下から広がる大地を，山野河海・丘陵台地・流域・平野等が織りなす，自然ランドスケープの階層構造あるいは入れ子的な空間配置として把握し，そのような地図が開き示す地球の制約や可能性を確認しつつ都市を計画してゆくこと，といってもよい。自然共生型・都市再生は，足下のランドスケープの階層的な配置の地図のもとで，安全，安らぎ，自然環境重視の環境配慮型都市を工夫してゆく方式とするのがよい，という提案である。

　この見方にしたがえば，自然共生型流域圏・都市再生は，足下の自然ランドスケープ地図として，まずは「雨水が水系に集まる流域」を基礎領域として選択し，重視する都市再生のアプローチということができるだろう。

12.5　流域アプローチの明解さ

　流域ランドスケープを枠組とする都市計画，都市再生は，素朴な明解さをもっている。地表における水循環の基本領域である流域は，人の暮らしにとっては治水・利水を工夫すべき基本領域であり，水系や尾根の配置に沿って自然の多様性がわかりやすくまとまる生態系でもある。都市域において，流域の自然配置を尊重し，緑や農地の発揮する保水・遊水機能を共生的に活用する方式で治水・利水を進め，流域生態系の提供する自然のにぎわいを活かした安らぎある空間利用を工夫してゆくことは，そのまま自然共生型都市再生の試みとなるだろう。

　市街地が卓越する都市的な居住域において，大地の自然の枠組を感覚的に把握することはますます困難になっているが，水系と分水界（尾根）の秩序に対応した流域ランドスケープは，都市的な高密度の土地利用のもとにあっても，共存すべき自然の領域の感覚的把握を比較的に容易なものとするという利点もある。

　流域ランドスケープには，全体流域の中に中規模流域が配列し，中規模流域の中にさらに小規模流域が配列する入れ子構造（nested watersheds）の配置がある。これを活用することで，それぞれの部分流域に合せ，流域としての基本構造に対応した共通性と地域ごとの自然の個性にあわせた都市再生を進めてゆくことが可能である。等身大の規模の流域ごとに適切な市民参加が実現すれば，流域ベースの都市再生は，連携的な配置のもとで，協働的な都市再生の事業をわかりやすく，見通しよ

第 3 部　流域圏プランニングの展望

1　流域の入れ子構造—鶴見川の例．「流域とは何か」より

い作業にしてゆくはずである（**1**）。

　都市域の枠をはずせば，流域ランドスケープの把握はさらに容易である。多雨の条件のもとで傾斜地系の卓越する日本列島は，境界の鮮明な大小の流域ランドスケープが無数のピースとなって水と緑のジグソー画を構成するような配置となっており，地域的な諸課題への対応枠組としての流域枠組のわかりやすさは，自明という側面をもっているかと思われる。流域枠組の都市再生は，日本列島においてはとりわけ無理のない明解さ，一般性，あるいは高い応用可能性をもっていると言えるだろう。

　わかりやすさは，そのまま有効性に置換できるわけではない。流域ベースの再生

を基本として，自然共生型の都市再生が十分に遠くまでゆけるという理論的な保証があるわけではない。流域ではなく，丘陵，台地，さらに広域的なランドスケープの複合を計画枠組とした都市再生こそ有効という場合も多々あることも，明らである。そのような制約を確認した上で，しかし私は，自然共生型・都市再生の標準的な方式としての流域アプローチの卓越性を，強調しておきたい。自然のにぎわいとともにある持続可能な都市文明を，行政／市民の地域的な協働によって創出してゆくという複雑かつ巨大な課題にたちむかうためには，何よりもまず，基本における実践的，感覚的な明解さが必要と考えるからである。

12.6 流域アプローチの実例

　流域をベースとして自然共生型の都市再生を目指す工夫は，まずは可能な領域で多様な試みを積み上げ，実行可能な総合を工夫し，有効性と限界の領域をたしかめつつ進むものと思われる。この分野では研究，計画，実践を総論として峻別する必要もないのではないか。実践につながる研究，研究であり同時に行政的な施策，あるいは計画でもあるような実践。現場の課題に沿った問題対応的な多様な試みがまずは重要と思われる。

　関連の実例は多々あるが，私に身近な試みとして鶴見川流域における工夫を紹介する。東京・神奈川の境界地域に広がる丘陵台地地域，ならびにその東方に広がる沖積地には，東京都の南多摩諸都市，川崎，横浜の大規模な市街地が広がっている。新興の居住域が一気に広がった丘陵域では開発・都市基盤整備と農地や自然環境の保全・活用をめぐる諸問題が山積している。沖積地の人口密集地では，地域の安らぎの回復や，震災，洪水等にかかわる危機の緩和が懸案である。

　鶴見川流域は，この地域の中心部に広がる $235\ km^2$ の領域を占めている。急激な市街化の進んだ当地では，1970年代，通常の河川整備による治水対策が限界に直面し，1980年より，行政区ではなく水循環の単位領域である鶴見川流域に注目して，保水地域である緑地や農地の保全や，流出調整地の配置など，土地利用にまで視野を広げた総合治水対策が，河川管理者を中心とする行政組織と自治体，市民の連携で進められてきた。1998年には，総合治水の流域アプローチを基礎として，都市に残された貴重な自然地や生物の多様性を保全・回復するための有効な手段として，流域ランドスケープの入れ子的な配置を手がかりとした生物多様性保全のためのモデル地域計画，「生物多様性保全モデル地域計画(鶴見川流域)／環境庁ほか」が策定されている。さらにこれらを基礎として2004年夏には，治水，平常時の水管理，

自然環境保全，防災，地域文化（流域文化）育成を柱とした流域視野の都市再生計画（＝統合的な流域管理計画）として，鶴見川流域水マスタープランも策定されたところである（本書231頁参照）。

　これらの流域計画を通し当該地域では，自然地や農地の保全と下流部の治水安全度向上の関連や，流域ランドスケープの骨格構造に沿って重要な自然領域が確認できること等への理解が広がっている。過密都市域に自然領域を保全回復するにあたっては，流域というランドスケープの枠組で考えることがわかりやすく，有効であるとの認識も広がっている。関連した成果として，大小の自然域において，源流・河口等流域的な視野からの位置付けも応援となって保全・回復の実現する事例も登場し，流域ベースで環境保全を進める市民の活動も活性化している。過密都市における自然の保全・回復が，水循環やランドスケープの構造を介して，都市の安全やアメニティーと構造的に関連しているという理解が地域に広がってゆくことは，自然共生型都市再生の大きな流れに沿うものだろう。そして何よりも重要なことは，水循環の基本単位でもある流域という自然ランドスケープを計画，検討，実践の枠組とすることによって，過密都市の安全・快適の課題が，文字通り地球環境危機の一部なのであるとの認識が，子どもたちや市民に実感をもって認識，理解されてゆくということだろう。

　鶴見川流域における以上の流域計画は，土地利用にかかわる総合的な都市計画そのものに全体的・制度的に接続する状況には，まだ至っていない。水循環にかかわる下水道と河川部局との密接な仕事連携による環境回復もこれからの課題である。計画・ビジョンへの市民の理解・応援・協働が，今後どのような進捗，展開をみせるか，なお予測は立て難い。しかし，計画としてのさまざまな不十分さにもかかわらず，鶴見川の流域では，自然共生型都市再生への努力が，流域ランドスケープの枠組を援用する方式で着実に積み上げられていると，理解していただくことはできると思う。

12.7　丘陵ベルトに注目した自然共生型都市再生

　自然共生型・都市再生の広域的な枠組として参照されうるランドスケープは，流域に限られるわけではない。丘陵，平野，多様なランドスケープ構造の複合する圏域，あるいは列島のレベルで，各種の試みが展開されてよい。以下には，流域とは別の広域的ランドスケープを援用した例として，これも私に身近な丘陵構造に沿った首都圏グリーンベルト提案の事例をあげておきたい。

日本国・首都圏の中央部は，大規模なグリーンベルトあるいは緑地帯のない，巨大都市圏である。この領域に自然共生型の都市構造を実現するには，基本メニューの一つとして都市型のグリーンベルトが構想されてよい。当該地域における広域グリーンベルト計画の周知の事例の一つは，1958年，首都圏整備計画において提案され，住民等からの強い反対で公表と同時に挫折に追い込まれた，いわゆる第一次首都圏グリーンベルトである。その計画においてグリーンベルトの予定地となった領域をあらためて見直してみると，当該地域のランドスケープ配置との整合性がほとんど配慮されていなかったことがわかる。予定地の概形は，東京・横浜の中心都市域を半円形に囲む抽象的な空間配置となっており，そこには江戸川・荒川の低地，武蔵野台地，多摩川低地，鶴見川流域から三浦半島基部にのびる起伏の大きな多摩丘陵と，異質かつ市街化の程度・見通しの大きく異なっていたはずの多様な地形地域が包含されていた。この側面に限定して観察すれば，実現にはたいへんに不向きな立地設定であったということになるのではないか。中心市街地を環状に取り囲むという計画図式にこだわらず，あくまでランドスケープの視点から関東平野に着目してみることにすれば，別の可能性も見えてくるというのが，ここで紹介する事例である。

　大地の凹凸に注目して見渡すと，首都圏中央域には，北から順に，大宮台地，荒川低地，武蔵野台地，多摩川低地，多摩三浦丘陵，相模野台地という明瞭な地形配列があり，その東側に東京湾臨海の低地が広がっている。地表面の平らな台地ならびに沖積地では，すでに徹底的な市街化が進んでおり，基本的には公園，崖線，農地，河川沿川に拠点的な緑がかろうじて残されている状況といってよい。ところがこの配列の中で唯一，起伏の強い多摩丘陵と三浦半島を骨格とする多摩三浦丘陵域は，他と対照的な姿をとどめている。関東山地の東端高尾山の東方から，南多摩，川崎，横浜，鎌倉，逗子，横須賀，三浦を経て太平洋に至る延長70 kmほどのその領域には，丘陵域のゆえに開発を免れた大小の緑地や農地が，大小の公園緑地や水辺の自然拠点等とともに，現状でもなお見事に散在していることがわかるのである。衛星写真でみれば，意図せざるネットワーク型のグリーンベルトの様相といってもよい。

　首都圏の大地の必然にかかわるこの自明性を背景として，緑地・水辺をネットワークするタイプの新しい首都圏グリーンベルトを，多摩三浦丘陵において工夫しようという提案が，10年程以前より，市民活動領域（多摩三浦丘陵の概形がジャンプするイルカに似ているということから「いるか丘陵ネットワーク活動」と呼ばれている）から発信されており，知られるようになってきた。首都圏では，2001年都市

再生本部において決定された都市再生プロジェクトの一環として，ここ数年来自然環境の総点検が推進され，国と自治体の協働作業によって「首都圏の都市環境のインフラのグランドデザイン」が取りまとめられている（2004年3月）。そこにおける重点緑地等の検討は，主として要素論的なアプローチに基づくものでありランドスケープへの注目は二次的なものであるが，抽出された重点地域の配置は流域，丘陵等のランドスケープ構造との対応をみごとに示すものとなっている。とりわけ多摩三浦丘陵群というランドスケープへのホリスティックな対応がすでに不可避なものとなっていることを如実に示唆するものとなった。丘陵・台地域における大規模緑地は，同時に，流域ランドスケープの源流域に対応するというのはごく普通の事態であり，丘陵をベースとした自然共生型都市再生は，流域をベースとした自然共生型都市再生にそのまま連動するものである。ちなみに，鶴見川流域における自然・農地保全の最大拠点である本川源流域は，「首都圏の都市環境のインフラのグランドデザイン」が多摩丘陵において注目する町田市北部丘陵の自然拠点と同じ地域である。水循環を軸とした流域都市再生の観点からみれば源流最大の保水拠点である同地は，丘陵ランドスケープに沿った都市グリーンベルトを構想する丘陵都市再生の視点からすれば丘陵骨格の緑の大拠点ということになる。

　流域視点を基礎とし，丘陵台地等に視野をひろげ，首都圏レベルの自然共生型都市再生を目指す流れは，自然共生型流域圏・都市再生の首都圏域におけるシナリオの次の重要なステップの一つとなってゆくだろう。

12.8　生態文化複合

　自然共生型都市再生の試みにとって，計画空間の地球化，すなわち流域，丘陵等のランドスケープをベースとした試みとならんで基本的な重要性をもつもう一つの領域は，都市における地域文化の地球化とでもいうべき課題である。

　自然との共存が課題になるということは，共存すべき自然の配置，生態系の特性等が，都市の構造・機能そして市民の暮らしにおいて，さまざまにテーマ化されるということである。この際，自然共生型都市再生が，都市市民に了解され，支えられ，協働の流れの中で実現するものであるなら，共存すべき自然のテーマ化は，研究者や専門家たちのPCや，計画書の中だけで生じるのではなく，都市市民の暮らしにおいて，日々実現されてゆくのでなければならない。図式的にいえば，都市の基盤にあって共存すべき自然の配置や機能を，市民の暮らしの地図や，会話や，市民的な活動等を通して日常的に対象化し，テーマ化することのできるような地域文

第 12 章　流域圏・都市再生へのシナリオ　その 2

化の育成が必要ということである．ランドスケープ，水循環，生物多様性の配置などの地域の自然の様相が，地図や，会話や，各種の余暇活動等に代表される日常の暮らしを介してテーマ化され，地域の文化に組み込まれている様子を，仮に，＜生態文化複合＞とでも呼ぶことにすれば，自然共生型都市再生は，保全的関心とともにあり，また保全的な関心を支え励ますことのできるような，地球親和的な生態文化複合の形成とともに進む，ということである．都市計画の地球化は，計画の枠組地図の地球化であると同時に，その地図に対応した環境保全型の生態文化複合形成の努力でもある．

　そのような地域文化，地域の生態文化複合もまた，自然ランドスケープを準拠枠組とすることによって，有効に育成されてゆくというのが，私のシナリオである．入口は，地域文化へのランドスケープ地図の定着ということであろう．都市が共存の対象とすべき自然は，行政区画の枠組において構造化される自然ではなく，大地の必然ともいうべき自然ランドスケープに沿って構造化される自然であることを，地域の文化に着実に組み込んでゆく工夫といってよい．実践的な事例として，ここでも鶴見川流域と多摩三浦丘陵を取り上げる．

　鶴見川の流域では，総合治水対策に伴う啓発事業において，河川管理者のサイドから，行政界の地図ではなく，水循環あるいは洪水の基本単位である流域地図や流域の自然・文化拠点の紹介が盛んに進められた．行政と連携しつつ活動する流域市民活動である鶴見川流域ネットワーキング（1990 ～）もまた，流域活動推進のため，独自のアプローチで流域地図，流域自然拠点等の地図を広報し，流域活動を推進している．ここで重要なポイントは，流域地図の共有は，通常の行政区画の地図の束縛を相対化できる程度に，印象的な方式で進められなければならないということであった．鶴見川流域では，流域地図を＜バク＞にみたてて親しむ市民活動由来の地図を活用する方法や，亜流域を色分けして提示する方法が，市民活動，行政によって広く共有されはじめている（❷）．町田市小山田地域に広がる森林地帯は行政区画でみれば町田市北部の森であるが，鶴見川流域の地

❷　流域地図を共有しやすくする工夫．鶴見川流域をバクにみたてる．

図でみれば，バクの形をした流域の鼻先にひろがる最源流の森である．同流域では，流域バクのキャラクター化がさらに各方面におよび，総合治水や水マスタープランなどという流域計画の啓発や流域イベントの広報にも，バクのキャラクターがさまざまに活用され，流域ランドスケープへの市民の関心の促進に寄与している．

　首都圏中央部を貫いて関東山地と太平洋を結ぶグリーンベルトの様相をしめす多摩三浦丘陵の領域に関しては，これをジャンプするイルカにみたてて，＜イルカ丘陵＞と称し，自然イベント等を介してその存在をアピールするいるか丘陵ネットワークの活動があることは，すでにふれたとおりである（❸，❹）．

　自然共生型都市運営を支える都市の生態文化複合あるいは都市文化には，対応する都市域のエコロジカルな構造機能の創出・維持等を促す効果に加えて，そこで育ち，暮らす都市市民に，自然と共生する暮らし，技術，文化を支持するセンス，知識，技術，常識等を育てる効果，その都市から発信される文化，技術，思想，商品，人材等のエコロジカルな水準を高めるような効果も期待することができてよい．自然共生型の都市の計画，自然共生を促す都市の生態文化複合は，そして自然共生度を高めてゆく都市の構造あるいは運営機能等々は，相互に励ましあって，文明のエコロジカルな転換を促す都市を実現してゆくというシナリオを想定しておくことができるであろう．

　首都圏中央域の私の居住領域でいうなら，それは，バクの形の鶴見川の流域や，多摩川の流域や，多摩三浦丘陵に，流域ランドスケープ，丘陵ランドスケープに沿っ

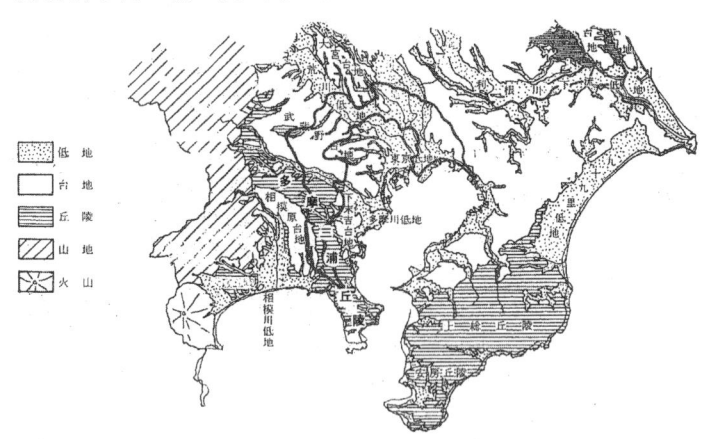

❸　首都圏中央部の地形配置
　　実線の雲形の領域は第一次首都圏グリーンベルト(1958)の予定地．多摩三浦丘陵は多摩丘陵，下末吉台地，三浦半島を含む回廊である．「日本の地質3　関東地方」から改変して引用．

た豊かな都市自然のネットワークが保全回復され，教育，ツーリズム，防災，都市気候制御装置，農業等に活用されることを通して自然との共存度を高める首都圏都市域が実現されていくとともに，自然と共存する地球暮しのための知識，技術，文化，感性，商品，思想，人材等々を発信する生態文化複合の成熟が促され，国内，国外に自然共生型都市再生の地域モデルを提供してゆくようなシナリオを語ることになるだろう。

　自然との共生への関心や意欲を内在的に促す効果を発揮できるような，都市における「流域生態文化複合＝流域文化」「丘陵生態文化複合＝丘陵文化」の創出にかかわる検討は，都市再生の領域における今後の中心課題の一つとなろう。

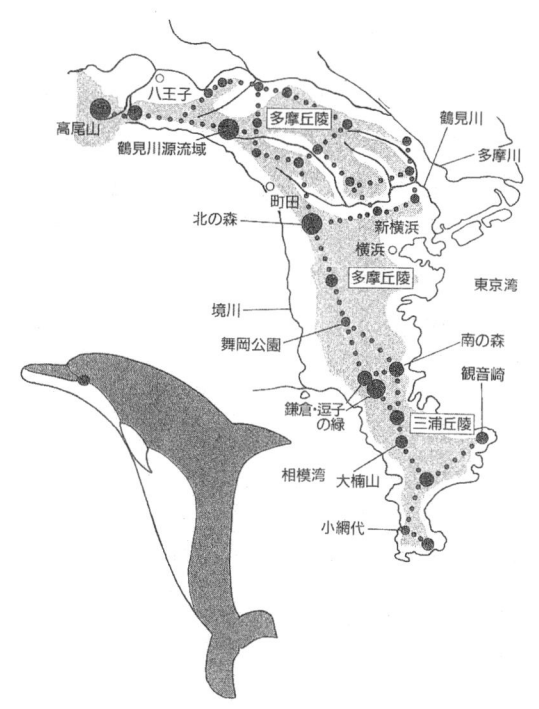

4 多摩三浦丘陵はいるかの形．首都圏中央部の多摩三浦丘陵の配置地図を共有しやすくする工夫．「自然のまなざし」より

12.9　学習創造コミュニティーの形成

　自然共生型都市再生を目指すにあたり，一方に流域を基本とした自然ランドスケープを計画枠組とした具体的・個別的な都市の諸計画の試みを置き，他方には，同様に流域を基本とした自然共生型の生態文化複合（流域文化）の形成を置くというシナリオは，そのような活動・文化形成を価値あるものとする地域的な運動，あるいはそのような活動を支えるコミュニティーのようなものの形成・推進をもって，エンジンとするのでなければならない。それは，足下の流域に発する地球の広がりに注目し，これが示唆する資源・環境・自然の制約や可能性のもとで，自然と共存する持続可能な未来を志向しうる地域文化，生態文化複合の形成を促す，＜流域的な学習・創造のコミュニティー＞のようなものの形成，推進，ということになるだ

ろう。

　流域的な学習・創造のコミュニティーの具体的な形式は，流域ごとに多様多彩な方式が選ばれてよい。市民活動をベースとした交流組織がその任を果すかもしれない。総合治水対策協議会のような行政の流域連携組織が，まずは中心的な役割りを果たすかもしれない。さらに総合的に諸課題を取り扱う流域協議会のような組織が適切な機能を果す可能性もあるだろう。

　ただし総合治水対策の推進・啓発，生物多様性保全モデル地域計画の策定，そして流域水マスタープランの策定に参加する歴史をもつ流域市民活動・鶴見川流域ネットワーキングの経験からいえば，制度的な束縛の強い，自由度の低い形式的な組織に，過度の期待をするのは，やや控えるのがよいかも知れない。通常の行政枠組をこえ，流域という自然ランドスケープに沿って，共存すべき自然の要素，制約，可能性を再確認し，それらを都市再生につなげてゆく作業は，行政，市民，企業，学識者等の形式的な役割り区分や職能をこえ，ひたすら地域に密着する日常活動とともに，自由で創造的な学習や意見の交換を進める方式を不可避のものとするはずである。研究者や行政職員が，地域の自然や歴史に深く通じた市民から多くを学ぶ必要もある。委員会，学習，研究，検討などという枠組より，都市のただなかで自然の制約や可能性を再発見し，あるいは自然のケアを進めるような各種の小規模な実践やウォーキングや多様・多彩なイベント交流のような形式に立場をこえた参加が促進されることこそ，都市再生にかかわる学習・創造の本来の機能をはるかに有効に果たすということもあるはずである。そのような機会を提供する有効で実質的な世話役のコミュニティーを，行政，市民の連携がどのように作り上げてゆくのか。それが課題ということになる。

　以上のような考察は，都市問題の枠をこえて一般化することも可能である。日本列島は，川の国，多彩な個性の流域がつらなり，階層的な構成によって丘陵，台地，山地，平野を形成してゆく列島である。そのそれぞれの単位的な流域において，それぞれの自然的・社会的個性のもと，自然と共生する暮らしを目指す学習・創造コミュニティーが育ち，活性化し，流域に発する大地の階層構造にも対応して互いに共鳴してゆくなら，それらすべてが自然と共生する多彩な知恵や技術をうみだす生態文化複合(＝流域文化)の豊かな揺籃となり，森の島を流域ごとに暮らしなおす国・日本への道を開き，同時に，自然の枠組を深く尊重しつつ地球を暮らしなおす新しい文明の形を地球社会に発信する国・日本を育ててゆく土壌ともなってゆくように，思われるのである。

参考文献

1) 岸由二：自然へのまなざし，紀伊国屋書店，1996．
2) 岸由二編著：いるか丘陵の自然観察ガイド，山と渓谷社，1997．
3) 国立公園協会：生物多様性保全モデル地域計画（鶴見川流域），1998．
4) 岸由二：流域とは何か，木原編：流域環境の保全所収，pp.70～77，朝倉書店，2002．
5) 自然環境の総点検に関する協議会：首都圏の都市環境インフラのグランドデザイン，2004
6) 鶴見川流域水協議会：鶴見川流域水マスタープラン，2004．
7) 鶴見川流域水協議会：鶴見川流域水マスタープラン―各マネジメントの施策に関する参考資料，2004．
8) 大森昌衛，他：日本の地質3　関東地方，共立出版，1986．

関連するホームページ

NPO 鶴見川流域ネットワーキング― http://www.tr-net.gr.jp/
国土交通省京浜河川事務所― http://www.keihin.ktr.mlit.go.jp/english/index.htm

第13章

都市環境計画と流域圏プランニング

石川 幹子
慶應義塾大学環境情報学部教授

第 13 章　都市環境計画と流域圏プランニング

13.1　都市環境計画としての流域圏プランニングの意義

　第3章で明らかにしたように，都市内に良好な水・緑の資源を持続的に維持している都市の多くは，経済効率優先の都市政策が展開された1960年代以前に，流域圏プランニングの考え方に基づき，土地利用の制御システムを創り出しながら，都市経営を行ってきた。

　本章では，地球環境問題，水循環の回復などが，21世紀初頭におけるすべての都市の課題であることを踏まえて，流域圏プランニングを，都市環境計画における普遍的計画論として適用するために，その具体的手法の提示を行うことを目的とする。「都市環境計画」とは，現在の「都市計画マスタープラン」「緑の基本計画」「景観計画」など，身近な都市環境形成の基本となる様ざまなマスタープランの総称である。

　ここで，流域圏とは，「雨水を集め，共通の集水域に運ぶ土地の自然的ユニット」[1]，すなわち，「分水嶺に囲まれた表面水の集水域」と定義する。流域圏の定義は，農業，上水道，下水道等，目的とする水資源の相違により異なるが，都市環境計画は，市民の日常的生活に直結したものであるため，もっともわかりやすい概念を適用するものとする。

　1は，流域圏のスケールを各種の計画に応じて表示したものである。国土計画レ

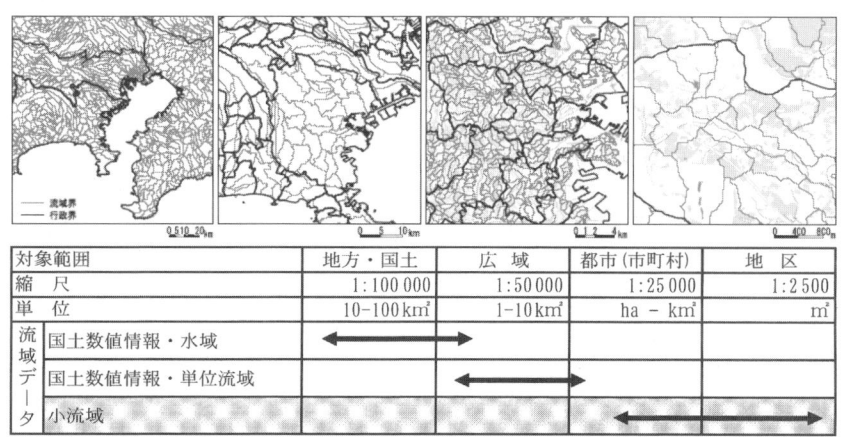

対象範囲	地方・国土	広　域	都市(市町村)	地　区
縮　尺	1:100 000	1:50 000	1:25 000	1:2 500
単　位	10-100 km²	1-10 km²	ha － km²	m²
流域データ　国土数値情報・水域	←―――――→			
流域データ　国土数値情報・単位流域		←―――→		
流域データ　小流域			←―――――→	

1　流域圏のスケール

ベルは，1/100 000 以上，広域計画は 1/50 000 以上，市町村計画は 1/25 000 万から 1/10 000，日常生活に直結する地区レベルは，1/2 500 分以下であり，都市計画基礎調査は，1/2 500 のスケールで作成されている。本書でみてきたように流域圏計画のほとんどは，河川計画を中心とし，1/5 000 ～ 1/10 000 のレベルで策定されている。

　しかしながら，身近な環境の回復の積み重ねにより，地球環境問題を解決していかなければならないことを考えるとき，都市環境計画の一環として流域圏プランニングを導入していくことが，いま，新たな領域として求められている。このためには，都市計画基礎調査のスケールで，流域圏の分析，計画が行われなければならない。本論は，このような問題意識を背景とし，1/2 500 の精度に対応する小流域を都市環境計画における最小のプランニング・ユニットと位置づけ，計画論の提示を行うものである。

13.2　都市環境計画における流域圏プランニングの手順

　❷は，都市環境計画の精度で，流域圏プランニングを実施する際の手順である。近年，都市計画基礎調査は，GIS による整備が行われており，地形，土地利用，水系，法制度などの基本的情報は入手できるようになった。しかしながら，自然環境のうち，植生や，水質，昆虫，鳥類，哺乳類など生物関係の情報は，都市によりデータの作成状況に大きな相違があり，自然環境の回復を目標とするためには，これらの基礎的データの整備が課題となっている。一般に入手できるデータはつぎの通りである。

- 地形：数値地図 50 m メッシュ標高，都市計画基礎調査
- 土地利用：都市計画基礎調査，土地利用現況
- 水系：都市計画基礎調査，地形図，公共下水道計画図
- 植生：自治体により相違がある。現存植生図等
- 法規制：自治体により相違がある。各種地域制緑地，公園緑地，宅地造成等規制法，急傾斜崩壊危険区域等

　自然環境のデータベースとして，ここではビオトープ・マップを取り上げた。ビオトープとは，「特定の生物群集が生存できるような，特定の環境条件を備えた一定の地域」として定義される。筆者らは，都市環境計画の精度に対応するビオトープ・マップの開発を行い，地形，植生，水環境，生物調査のデータを総合化し，鎌倉市を事例として作成を行った[2]。ビオトープ・マップにより，多様な自然環境の情報

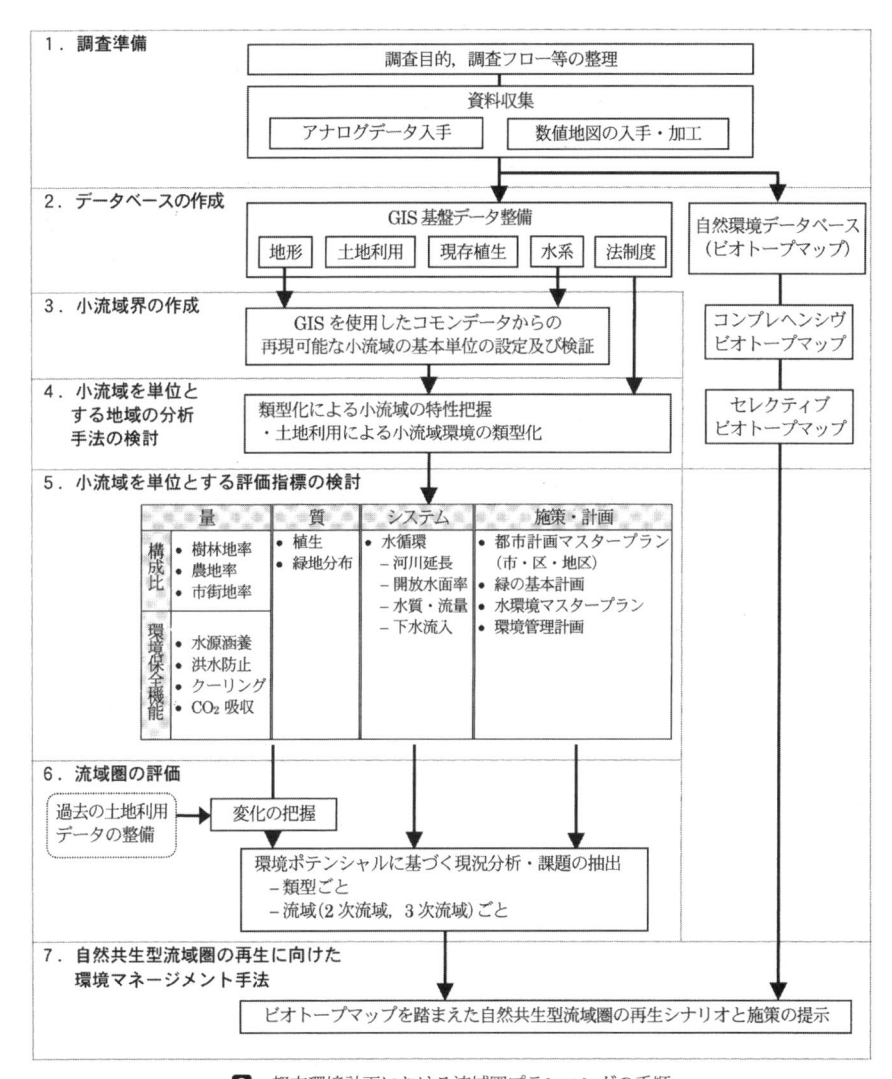

第13章 都市環境計画と流域圏プランニング

```
1. 調査準備 ─── 調査目的，調査フロー等の整理
                資料収集
                ┌ アナログデータ入手
                └ 数値地図の入手・加工

2. データベースの作成
   GIS基盤データ整備                    自然環境データベース
   ┌ 地形 ┬ 土地利用 ┬ 現存植生 ┬ 水系 ┬ 法制度    (ビオトープマップ)

3. 小流域界の作成
   GISを使用したコモンデータからの         コンプレヘンシヴ
   再現可能な小流域の基本単位の設定及び検証   ビオトープマップ

4. 小流域を単位と
   する地域の分析   類型化による小流域の特性把握     セレクティブ
   手法の検討     ・土地利用による小流域環境の類型化  ビオトープマップ

5. 小流域を単位とする評価指標の検討
         量        質       システム           施策・計画
   構成  ・樹林地率  ・植生   ・水循環           ・都市計画マスタープラン
   比    ・農地率   ・緑地分布  ‐河川延長          (市・区・地区)
         ・市街地率           ‐開放水面率         ・緑の基本計画
                             ‐水質・流量          ・水環境マスタープラン
   環境  ・水源涵養           ‐下水流入           ・環境管理計画
   保全  ・洪水防止
   機能  ・クーリング
         ・CO₂吸収

6. 流域圏の評価
   過去の土地利用 → 変化の把握
   データの整備
                環境ポテンシャルに基づく現況分析・課題の抽出
                 ‐類型ごと
                 ‐流域(2次流域，3次流域)ごと

7. 自然共生型流域圏の再生に向けた
   環境マネージメント手法
      ビオトープマップを踏まえた自然共生型流域圏の再生シナリオと施策の提示
```

2 都市環境計画における流域圏プランニングの手順

を，生態系の一つのまとまりとして認識することが可能となり，流域圏における自然環境回復のシナリオと手法を考察する上で，有効な手がかりとなる(**3**)。

つぎに，小流域をどのような手法により設定するかについては，この間，試行を繰り返してきたが，汎用性のある方法論の確立が可能となっている[3]。具体的方法

第3部 流域圏プランニングの展望

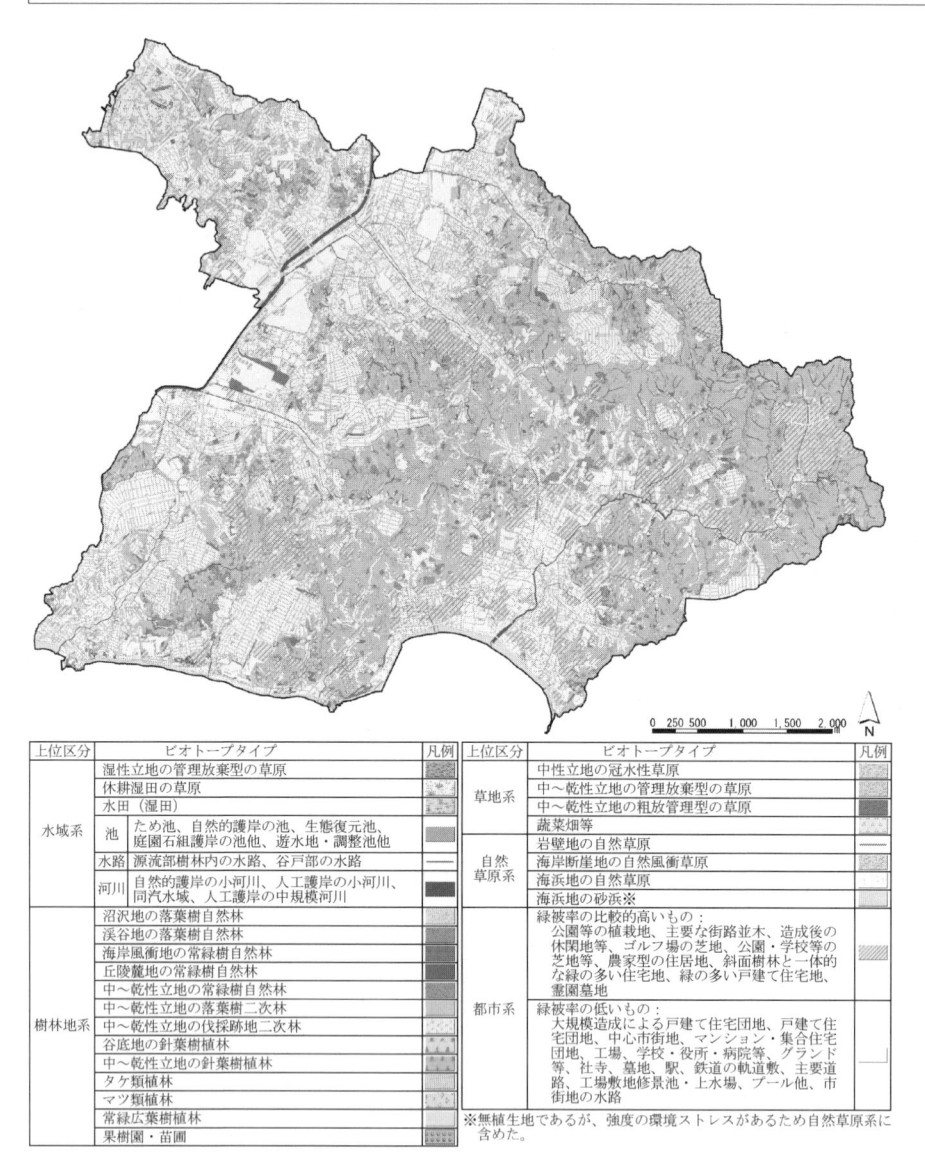

上位区分		ビオトープタイプ	凡例
水域系		湿性立地の管理放棄型の草原	
		休耕湿田の草原	
		水田（湿田）	
	池	ため池、自然的護岸の池、生態復元池、庭園石組護岸の池他、遊水地・調整池他	
	水路	源流部樹林内の水路、谷戸部の水路	
	河川	自然的護岸の小河川、人工護岸の小河川、同汽水域、人工護岸の中規模河川	
樹林地系		沼沢地の落葉樹自然林	
		渓谷地の落葉樹自然林	
		海岸風衝地の常緑樹自然林	
		丘陵麓地の常緑樹自然林	
		中～乾性立地の常緑樹自然林	
		中～乾性立地の落葉樹二次林	
		中～乾性立地の伐採跡地二次林	
		谷底地の針葉樹植林	
		中～乾性立地の針葉樹植林	
		タケ類植林	
		マツ類植林	
		常緑広葉樹植林	
		果樹園・苗圃	

上位区分	ビオトープタイプ	凡例
草地系	中性立地の冠水性草原	
	中～乾性立地の管理放棄型の草原	
	中～乾性立地の粗放管理型の草原	
	蔬菜畑等	
自然草原系	岩壁地の自然草原	
	海岸断崖地の自然風衝草原	
	海浜地の自然草原	
	海浜地の砂浜※	
都市系	緑被率の比較的高いもの：公園等の植栽地、主要な街路並木、造成後の休閑地等、ゴルフ場の芝地、公園・学校等の芝地等、農家型の住居地、斜面樹林と一体的な緑の多い住宅地、緑の多い戸建て住宅地、霊園墓地	
	緑被率の低いもの：大規模造成による戸建て住宅団地、戸建て住宅団地、中心市街地、マンション・集合住宅団地、工場、学校・役所・病院等、グランド等、社寺、墓地、駅、鉄道の軌道敷、主要道路、工場敷地修景池・上水場、プール他、市街地の水路	

※無植生地であるが、強度の環境ストレスがあるため自然草原系に含めた。

3 鎌倉市ビオトープ・マップ
（原図カラー図版については，下記文献を参照されたい）
大澤啓志・山下英也・森さつき・石川幹子：鎌倉市を事例とした市域スケールでのビオトープ地図の作成，ランドスケープ研究，67(5)，2004，pp.584.

については，次章で実例を示し，説明を行う。

　設定された小流域を，分析するためには，様ざまの手法の導入が可能である。ここでは，1960年代以降，流域圏において都市化に伴い，どのように環境ポテンシャルが変化したかを知ることが重要であるため，現在の土地利用と1960年代以前の土地利用を比較することにより小流域の類型化を行い，これに基づき，各種の評価指標を導入するものとした。すなわち，時間軸の概念を計画論に導入するものとした。

　評価指標としては，自然環境の量，質，システム，施策・計画などを適用することが可能である。量の指標としては，樹林地率，農地率，市街化率，水源涵養機能，CO_2吸収量など，質の指標としては，植生の種類，緑地の分布など，システムの指標としては，緑地のネットワークや分散，水循環など，施策・計画の状況などがあげられる。

　これらの指標を踏まえて類型化された小流域ごとに評価，課題の抽出を行う。これをふまえて，ビオトープ・マップと対照させることにより，具体的な水環境，自然環境のシナリオと手法の提示を行う。

　以下，事例として，鎌倉市神戸川流域を対象として，流域圏プランニングの手法について述べる[4]。

13.3　都市環境計画における流域圏プランニングの事例：鎌倉市神戸川流域

(1)　対象地の概要

　検討対象地である神戸川流域は鎌倉市の西部に位置する（❹）。鎌倉市は，1960年代以降の高度経済成長の影響を受け急激に都市化が進み，緑地が大きく減少した。一方，「古都鎌倉」に象徴されるように，古都の歴史遺産とそれを取り巻く豊かな自然を色濃く残しており，緑の保全と創造を目指した「緑の基本計画」が策定されている。近年では緑地の急激な減少は収まりを見せたが，現在も小規模開発や谷戸沿いの住宅化の進行によって樹林地は徐々に減少を続けている。神戸川流域周辺は，依然強い開発圧とそれに対する緑地保全施策が拮抗する都市郊外特有の課題を有している。

　神戸川本流の河川延長は約2.4 km，流域面積はおおむね400 haの小河川である。河口から約1 kmの地点で二俣川が分岐しており，都市林構想が推進されている広町緑地が二俣川の上流域に位置する。当該地域は，多摩三浦丘陵の端に位置し，河

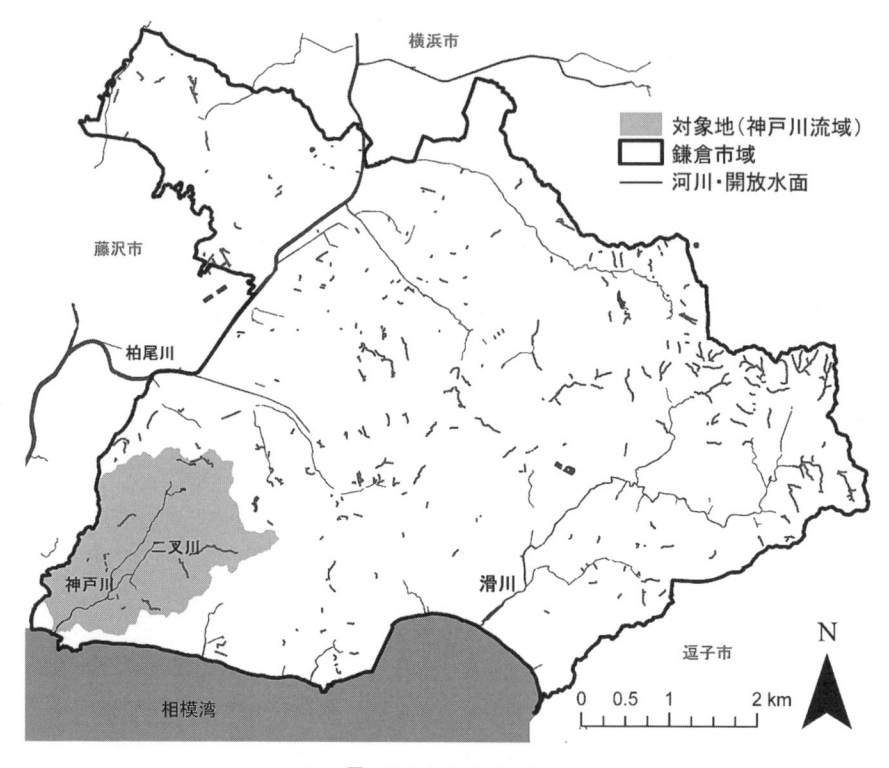

第3部 流域圏プランニングの展望

図4 鎌倉市神戸川位置図

川に沿った低地から延びる細かく入り組んだ谷が分布し，低地と丘陵地の境界を複雑にしている。

(2) 使用データ

　緑の基本計画に対応するスケールで分析を行うため，鎌倉市作成の数値地理情報を用いた。分析単位となる小流域の抽出では，鎌倉市都市計画基礎調査データベースGISに含まれる地形データ（標高値をもつ等高線）に加えて，補足的に鎌倉市公共下水道計画図と1954年地形図を用いた。1954年の土地利用データは地形図より作成した。また，2000年の土地利用データは，鎌倉市都市計画基礎調査データベースGISに含まれる土地利用現況を用いた。現存植生図は，過去の植生調査報告および1/2 500カラー空中写真（1998年11月撮影），土地利用データから予察図を作成し，現地調査（2002年実施）により完成させた（**表1**）。

第 13 章　都市環境計画と流域圏プランニング

(3) GIS 基盤データの整備と小流域の抽出

まず，小流域図，1954年と 2000 年の土地利用図，現存植生図等，基礎的図面データの整備を行った（ **5** , **6** , **7** ）。小流域の抽出は，ArcView 8.12，および Spatial Analyst を用いて，「地形データ」から 5 m メッシュの標高ラスターデータを作成し，Hydrology Modeling を用いて，分水界を抽出した。この抽出の際に設定する閾値は，谷戸と同等規模の流域が抽出されるようにいくつかの数値を設定した結果，5 ha とした。沖積平野においては流域界の抽出が不正確であるため，鎌倉市公共下水道計画図（雨水）を参考に補正した。また，大規模な宅地開発地などにおいても，流域界の抽出が不正確であるため，1954年の地形図を参考に補正した。この結果，59 の小流域が抽出され，小流域の平均面積は約 5.5 ha

表1　使用データ・資料

内　　　容		縮　尺	作成所有
鎌倉市都市計画基礎調査データベース GIS（2000）	地形データ	1/2 500	鎌倉市
	土地利用現況データ	1/2 500	鎌倉市
カラー空中写真		1/2 500	鎌倉市
地形図（1954）		1/3 000	鎌倉市
鎌倉市公共下水道計画図		1/10 000	鎌倉市

5　小流域図

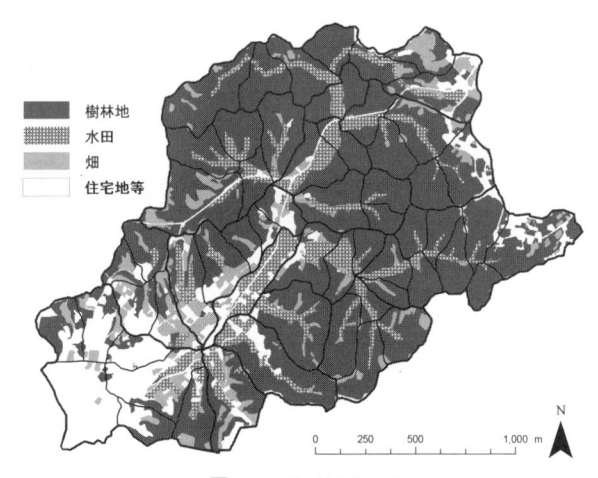

6　1954 年土地利用図

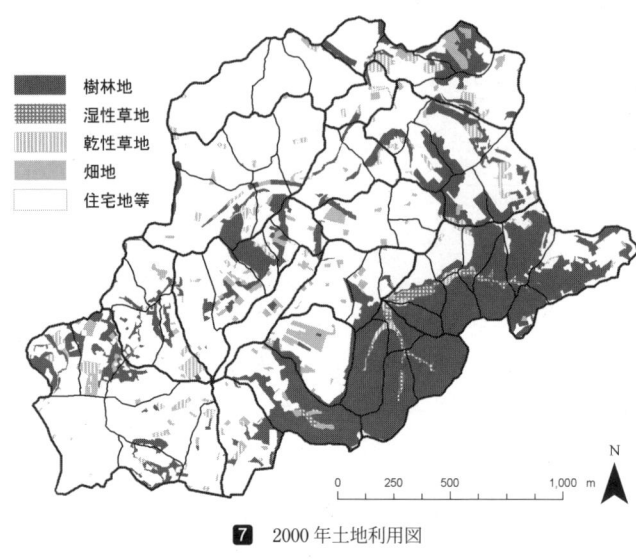

であった．抽出された小流域は，地域の谷戸の名称に対応するようにグループ化し ID 番号をつけた．

(4) 現存植生図の作成

現存植生図は，過去の植生調査報告および 1/2 500 カラー空中写真（1998 年 11 月撮影）から予察図を作成し，現地調査（2002 年実施）により完成させた．空中写真は周縁部の歪

❼ 2000 年土地利用図

（凡例：樹林地／湿性草地／乾性草地／畑地／住宅地等）

みが指摘されるため，写真上の用地輪郭を「土地利用現況データ」の用地輪郭に PC 画面上で適宜重ね合せることで歪みの影響を抑えるよう努めた．また，最小区分単位については，1/10 000 地図における肉眼での判読限界（おおむね 1 mm 四方）を考慮し，とくに，重要と考えられる植生区分は 10 m 四方程度，その他は 20 m 四方程度とした．

(5) 小流域の類型化

神戸川流域の小流域環境を客観的に把握するため，2 時期の土地利用の割合をもとに，クラスター分析を行った．

分析は SPSS12.0 を使用し，平方ユークリッド距離による Ward 法を用いた．このクラスター分析により，対象地の小流域は 6 つに類型化された（❽，❾）．

類型 1 は，主に腰越の市街地の縁辺部に辺り，神戸川の中流域に分布する．かつては森林・農地・住宅地が混在する地域であったが，森林・農地の多くが宅地化された小流域である．類型 2 は，主に鎌倉山や室ガ谷などの起伏のある地域に分布している．宅地化が進んでいるものの，大規模な造成は行われておらず，現在でも小流域の約半分は樹林地が残されている．類型 3 は，類型 2 と同様に起伏のある地域に分布するが，旧市街地に近接していることや鎌倉山の別荘地として開発が進んでいたことから，緑豊かな住宅地が形成されていた小流域である．その後，樹林地を

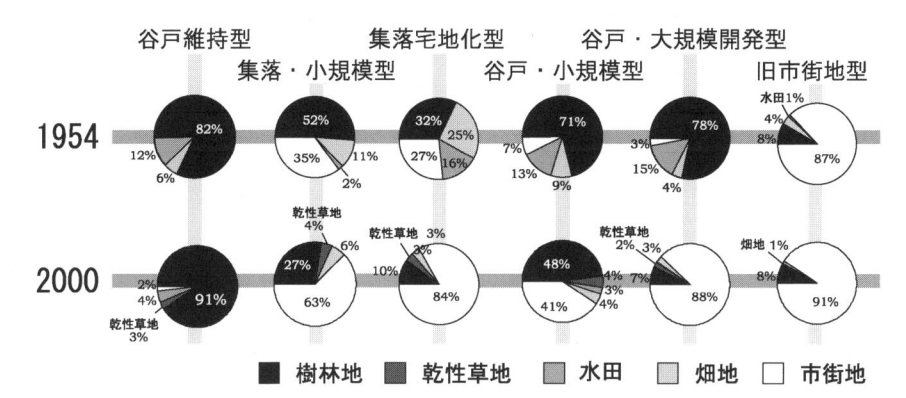

第 13 章　都市環境計画と流域圏プランニング

図8 類型別土地利用の比率の変遷　類型1（農村集落/宅地化）　流域数：9　類型2（谷戸/小規模開発）　流域数：12　類型3（農村集落/小規模開発）　流域数：6　類型4（旧市街地）　流域数：2　類型5（谷戸/大規模開発）　流域数：22　類型6（谷戸/維持）　流域数：8

浸食しながら宅地化が進められている。類型4は，腰越の旧市街地に位置し，1954年当時より宅地化がすでに進んでおり，2000年においても市街地の比率は大きな変化がない地域である。類型5は，かつては，緑豊かな谷戸が多く分布していたが，大規模な宅地造成が行われ，多くの樹林地が消失した小流域である。現在の西鎌倉や御所ガ谷，丹後ガ谷などの住宅地域が該当する。類型6は，広町緑地の中の小流域で，竹ガ谷と奥御所ガ谷の北向きの小流域が該当する。

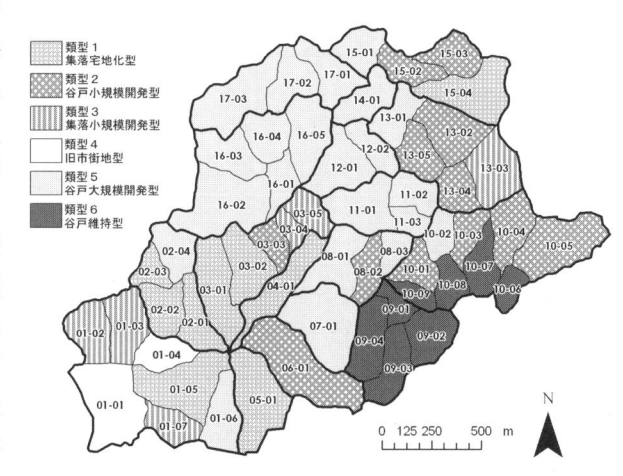

図9 土地利用の変化（1954～2000年）に基づく小流域の類型

(6)　ビオトープ・マップによる小流域の評価と再生に向けてのシナリオの作成

　この作業に先立ち，作成を行っていた鎌倉市ビオトープ・マップを適用し，残された自然環境の質の評価を行い，自然環境再生のシナリオの作成を行った。

ここでは，谷戸維持型，谷戸・小規模開発型，集落・宅地化型，旧市街地型の4つの類型について，ビオトープ・マップに基づく立地診断，および流域圏再生の将来像を示す(❿～⓮)。

13.4 展　望

本章では，従来の流域圏プランニングが，国土・広域スケールに特化したものであることに鑑み，身近な生活環境を構成する小流域からの立ち上げが重要であるとの認識から，都市環境計画の精度（1/2 500）に対応する流域圏プランニングの手法について考察した。

都市計画基礎調査においてGISデータが整備されており，汎用性のある小流域の抽出は，GISの適用により可能であることが確認された。課題は，都市計画基礎調査においては，自然的環境のデータが不十分であり，信頼性のあるデータの整備は，自治体の認識に負っている場合が多いことにある。今後，流域圏プランニングを推進していくためには，植生等に加えて，水環境のデータ整備が，必須である。

鎌倉市において作成を行ったビオトープ・マップは，GISの特性を生かし，植生別，水系別など，いわゆるセレクティヴ・ビオトープ・マップとして，分析や計画の目標に対応して，様ざまな活用が可能である。また，これらのツールは，市民が手元に置き，実際に活用してくことにより，地域の質の向上が可能となる。

今日，20世紀の負の遺産を解消し，21世紀の新しい環境を創造することが求められている。身近な環境から立ち上げる「流域圏プランニング」は，この課題に対し，広範な市民のサポートによる新しい都市環境計画の領域を切り拓くものである。

第13章 都市環境計画と流域圏プランニング

谷戸維持型　御所ガ谷
21世紀型都市林

流域面積　11.7ha
流域人口　290世帯 700人

1954年 市街地5.0% 2000年
水田9.7% 畑地0.6%
畑地2.8% 草地7.6%
草地1.1% 24.5%
81.4% 67.4%

■樹林地
■草地
■畑地
□水田
□市街地
□その他

＜ビオトープマップと経年変化の分析に基づく立地診断＞

凡例：
- 中〜乾性立地の常緑樹自然林
- 渓谷地の落葉樹自然林
- 中〜乾性立地の落葉樹二次林
- 中〜乾性立地の伐採跡地二次林
- 谷底地の針葉樹植林
- 中〜乾性立地の針葉樹植林
- タケ類植林
- 中性立地の冠水性草原
- 湿性立地の管理放棄型の草原
- 中〜乾性立地の粗放管理型の草原
- 中〜乾性立地の管理放棄型の草原
- 菜園畑等
- 造成後の休閑地等
- 公園・学校の芝地等
- 大規模造成による戸建て住宅団地
- 戸建て住宅地
- 斜面樹林と一体的な緑の多い住宅地
- 道路等

・湿地の乾燥化による生物多様性の衰退
　（乾燥立地の草原の出現）
・林縁のエコトーンの衰退
　（谷底部の湿地面積の減少）
・急斜面の土砂崩壊の多発
　（カラスザンショウ-アカメガシワ群集の出現）
・雑木林の管理放棄
　（ヤブコウジ-スダジイ群集、
　　イロハモミジ-ケヤキ群集の増加）
・スギ・ヒノキ植林地の荒廃
・生活排水の流入
・谷戸水路の護岸の浸食

これらの現象は、人間の持続的管理により維持されてきた里山の管理放棄に起因する。

谷戸の健全な水循環の回復と環境教育の場の創出

- 雑木林の継続的な維持管理
- 下水道の整備による汚水流入の防止
- 住宅地の緑化の推進
  （街路樹や小公園の整備）
  （生垣などの民有地の緑化）
- 高度処理水の還元とウエットランド浄化システムの組み合わせによる生物多様性の回復
- NPOによる水田の回復
- ジーンプールとしての樹林地の管理
- 環境教育センターの設置
- 生物多様性を育むエコトーン管理
  （谷戸の水路の保全・管理）

＜環境教育センター＞

大地のひだを建築の一部として取り込み、建築自体をエコトーンとする。

⑩　小流域の立地診断と自然環境回復のための方針（谷戸維持型：御所ガ谷）

第3部 流域圏プランニングの展望

谷戸小規模開発型 室ガ谷
谷戸の力を活かした谷戸農業の復活

流域面積 12.9ha
流域人口 190世帯 360人

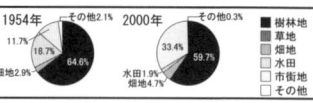

1954年: 樹林地64.6%、畑地2.9%、草地18.7%、水田11.7%、その他2.1%
2000年: 樹林地59.7%、草地33.4%、水田1.9%、畑地4.7%、その他0.3%

＜ビオトープマップと経年変化の分析に基づく立地診断＞

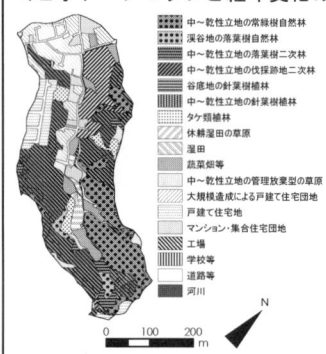

凡例:
- 中～乾性立地の常緑樹自然林
- 渓谷地の落葉樹自然林
- 中～乾性立地の落葉樹二次林
- 中～乾性立地の伐採跡地二次林
- 谷底地の針葉樹植林
- 中～乾性立地の針葉樹植林
- タケ類植林
- 休耕湿田の草原
- 湿地
- 蔬菜畑等
- 中～乾性立地の管理放棄型の草原
- 大規模造成による戸建て住宅団地
- 戸建て住宅地
- マンション・集合住宅団地
- 工場
- 学校等
- 道路等
- 河川

・水田、湿地の減少
　（小面積であるが水田耕作が維持されている。）
・谷底部を中心とした宅地化
・雑木林の管理放棄による植生遷移
　（ヤブコウジ-スダジイ群集）
・谷戸頭における湧水の存在
・分断された水路
　（暗渠や人工護岸による生物生息空間の減少）

農業により維持されてきた谷戸の生態系のシステムが破綻をしながらも、生き続けている。

谷戸の力を活かした農業の復活

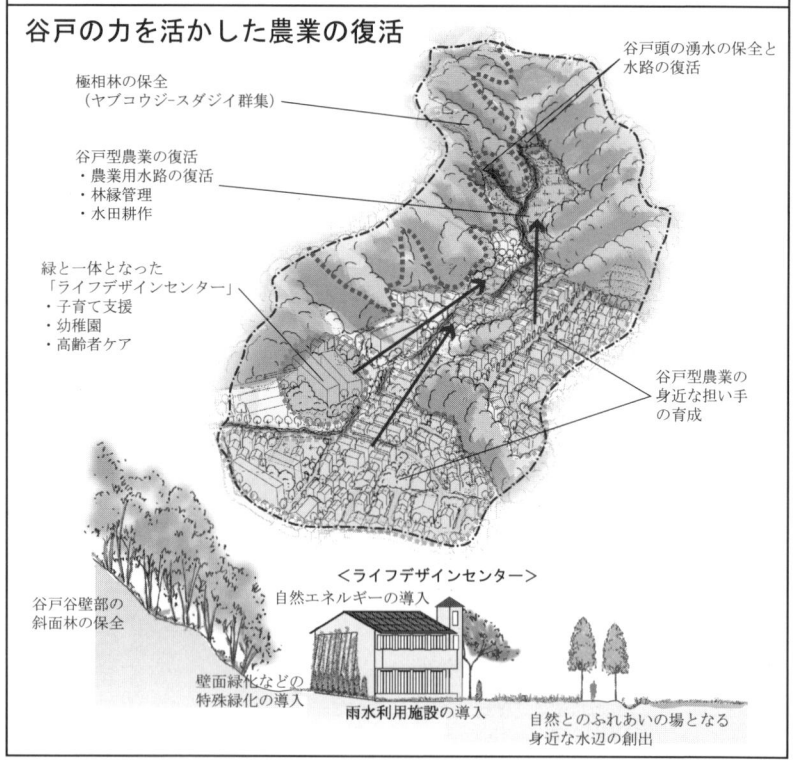

- 極相林の保全（ヤブコウジ-スダジイ群集）
- 谷戸型農業の復活
  ・農業用水路の復活
  ・林縁管理
  ・水田耕作
- 緑と一体となった「ライフデザインセンター」
  ・子育て支援
  ・幼稚園
  ・高齢者ケア
- 谷戸谷壁部の斜面林の保全
- 谷戸頭の湧水の保全と水路の復活
- 谷戸型農業の身近な担い手の育成

＜ライフデザインセンター＞
- 自然エネルギーの導入
- 壁面緑化などの特殊緑化の導入
- 雨水利用施設の導入
- 自然とのふれあいの場となる身近な水辺の創出

11 小流域の立地診断と自然環境回復のための方針（谷戸小規模開発型：室ガ谷）

第13章　都市環境計画と流域圏プランニング

集落宅地化型　加持谷
谷戸地形を活かした
グリーンメッシュ

流域面積　8.1ha
流域人口　425世帯　590人

1954年：樹林地27.3%、畑地20.1%、草地32.5%、水田19.3%、その他0.3%、市街地0.5%
2000年：樹林地5.6%、草地0.9%、畑地1%、その他1.9%、市街地90.7%

＜ビオトープマップと経年変化の分析に基づく立地診断＞

凡例：
- 中～乾性立地の落葉樹二次林
- タケ類植林
- 蔬菜畑等
- 大規模造成による戸建て住宅団地
- 戸建て住宅地
- マンション・集合住宅団地
- 緑の多い戸建て住宅地
- グランド等
- 学校等
- 道路等
- 河川・池

・谷戸の谷底部の水路の消失
・断片的に残る石積み護岸の水路
　（河床には多様な植生が確認される。）
・谷底面の水田だけでなく、谷壁部まで進む宅地化
・斜面林の断片が谷戸の地形に沿って点在
　（オニシバリ－コナラ群集）

かつての小流域の自然環境のシステムの痕跡が残っており、これを発掘し、人と自然の新しい関係を構築する。

木漏れ日の優しい暮らし

谷戸地形を活かし、住宅地の緑化と水循環の回復により、豊かで潤いのある生活環境の質の向上を図る。

暗渠化された地域の水系をせせらぎとして復活させる。

緑の並木道
一戸一戸の住宅地の協力により、並木道をつくる。

斜面林の再生
残存する樹林地をコアとし、住宅の重点的緑化、法面緑化により、斜面林の再生を図る。

コミュニティ内の水と緑のネットワークを形成する。

雨水浸透枡等の設置により、雨水の地中還元を図り、せせらぎの流量確保を図る。

せせらぎの復活

民有地　◀　道路　▶◀　民有地

緑の並木道
一戸一戸の住宅地の協力により、並木道をつくる。

⓬　小流域の立地診断と自然環境回復のための方針（集落・宅地化型：加持谷）

第3部 流域圏プランニングの展望

旧市街地型　腰越
海辺の生態系を活かしたコリドー
流域面積　11.1ha
流域人口　630世帯　1,340人

1954年: 樹林地1.7% 畑地2.6% その他1.8% 市街地93.9%
2000年: 草地0.4% 畑地0.3% その他6.2% 市街地93.1%

凡例：樹林地／草地／畑地／水田／市街地／その他

＜ビオトープマップと経年変化の分析に基づく立地診断＞

凡例：
- 中心市街地
- 戸建て住宅地
- マンション・集合住宅団地
- 緑の多い戸建て住宅地
- グランド等
- 公園等の植栽地
- 学校等
- 道路等
- 海浜地の砂浜
- 河川

0　100　200 m

- 神戸川の最下流にあたる旧市街地
- 河口部は汽水域であり、海の特殊な生態系が形成されている。
- 海岸植生として数少なくなったクロマツ林が点在する。
- 社寺が点在しており、当該地域の潜在自然植生を構成する小規模な樹林地が点在する。
  （ヤブコウジ-スダジイ群集、イノデータブ群集）

海辺の生態系の多様性を高め、住宅地の中へ導入する自然環境創出プログラムをつくりだす。

海辺の生態系の多様性を高め、住宅地の中へと導入する

- 斜面林の保全・育成
  ・住宅地に残るクロマツ林の保全
- 飛び石ビオトープのネットワーク
  ・住宅地に点在する大径木の保全
  ・石垣の保全・活用
- 街道沿いに発達した海辺のまちの重点的緑化
- エコロジカルコリダーの形成
- 汽水域に生態する海辺の生態系を豊かにする護岸、底質の改良

＜海辺の生態系の多様性を住宅地の中へ＞

- 川沿いの住宅地における重点的緑化
- 河川空間の公園的活用
- 生態系を豊かにする護岸・底質の改良
- 住宅地の協力による川沿いの緑の創出

⓭　小流域の立地診断と自然環境回復のための方針（旧市街地型：腰越）

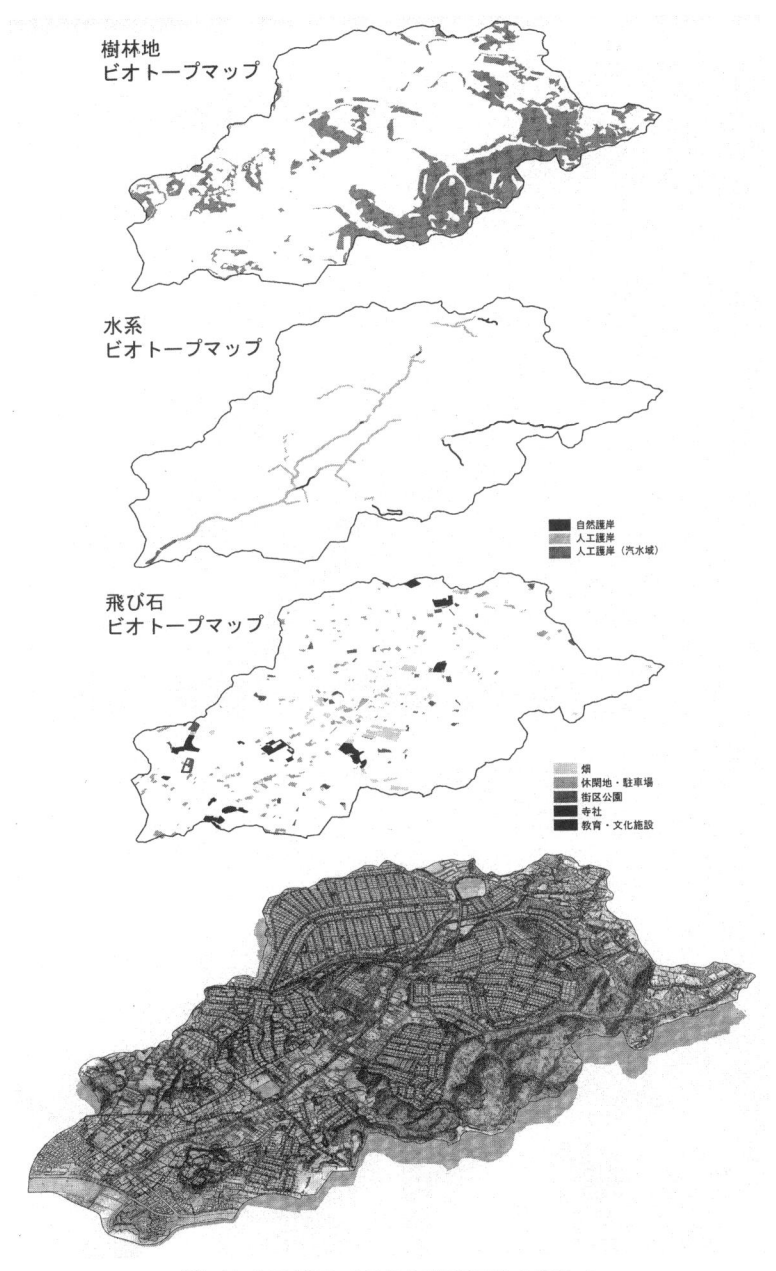

第 13 章　都市環境計画と流域圏プランニング

樹林地
ビオトープマップ

水系
ビオトープマップ

自然護岸
人工護岸
人工護岸（汽水域）

飛び石
ビオトープマップ

畑
休閑地・駐車場
街区公園
寺社
教育・文化施設

14　神戸川流域圏における自然環境再生のビジョン

303

第3部　流域圏プランニングの展望

参考文献

1) Black, P.E. : *The watershed in principles*, Water Resource Bulletin, 6(2), pp.152-62, 1970.
2) 大澤啓志・山下英也・森さつき・石川幹子：「鎌倉市を事例とした市域スケールでのビオトープ地図の作成」, ランドスケープ研究, 67(5), pp.581-586, 2004.
3) 片桐由希子・山下英也・石川幹子：「コモンデータに基づく小流域データベースの作成と緑地環境評価の手法に関する研究」, ランドスケープ研究, 67(5), pp.93-798, 2004.
4) 山下英也・片桐由希子・石川幹子：「小流域を単位とした緑地環境の分析に関する研究—鎌倉市神戸川を事例として」, 都市計画論文集, No.39-3, pp.205-210, 2004.

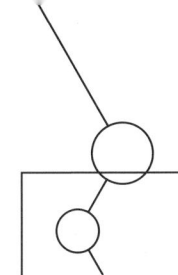

エピローグ

吉川　勝秀

　本書は，たいへん豪華なメンバーによる連続講演会『自然と共生する都市・流域圏を考える―自然共生型流域圏・都市再生シナリオ研究―』をベースに，その事務局を務めた石川幹子を中心に，岸由二，吉川勝秀がその編集と連続講演会を踏まえた執筆を行って誕生した。

　丹保憲仁先生は，内閣府総合科学技術会議（首相が議長）の国家重点研究『自然共生型流域圏・都市再生研究イニシアティブ』の座長であり，この分野の先覚者でかつ現在もそのリードをしている。本書では，都市文明と水，流域について考察されている。

　石井紫郎先生は，上記の研究イニシアティブが取りまとめられた時の総合科学技術会議の議員であり，この問題を人文社会科学的な面からも検討された。科学，技術といった側面ではなく，流域圏・都市再生の本質的な背景となる土地制度という社会的な面からの考察をされた。

　虫明功臣先生は，水・物質循環の面から，理論のみでなく，印旛沼流域水循環健全化や鶴見川流域水マスタープランという実践・行動計画を踏まえた考察をされた。虫明教授は，自然共生型流域圏・都市再生イニシアティブに深くかかわるとともに，総合科学技術会議の『地球規模水循環変動研究イニシアティブ』の座長も務められている。

　辻本哲郎先生は，河川という水・物質循環の軸となる場を対象に，生態系を含む河川景観という新しい研究分野から考察された。

　和田英太郎先生は，琵琶湖流域での物質循環からの流域の診断等について，先端的で深い考察をされた。

　下河辺淳先生は，流域圏構想の生みの親であり，長年，国土計画，都市経営をリードし続けてきた。特別講演的に参加いただき，これからの国土計画や都市再生についての考察と議論をいただいた。

　この本を編集するにあたり，上記の連続講演の内容を踏まえ，講演会を企画・実行した石川幹子は全体の構成と都市計画，流域圏プランニングについて，岸由二は鶴見川流域での実践的な取り組み（鶴見川流域水マスタープラン）の紹介と将来の文化的な側面での展開について，吉川勝秀は流域圏のとらえ方と再生シナリオについて執筆し，それらを加えて本書を構成した。

　この本が，これからの自然と共生する流域圏・都市再生という国土計画や都市計画（国土経営や都市経営）に資するとともに，若い研究者，政策プランナーの参考となることを期待している。

　この本の出版に当たっては，慶應義塾大学の山下英也さん，技報堂出版にたいへんお世話になった。記して感謝の意を表したい。

著者プロフィール

石井 紫郎 (いしい しろう)

桐蔭横浜大学大学院法学研究科客員教授，国立大学法人東北大学監事，東京大学名誉教授，元総合科学技術会議議員．
東京大学法学部卒．法学士，ベルリン自由大学名誉博士．東京大学法学部教授，同学部長，同副学長，国際日本文化研究センター教授，総合科学技術会議議員を歴任．
著書に『日本国制史研究 I・権力と土地所有』『日本国制史研究 II・日本人の国家生活』『外から見た日本法』（東京大学出版会）『近世武家思想（校注／日本思想大系）』『法と秩序（校注／日本近代思想大系）』（岩波書店）『明治前期の法と裁判（共編）』（信山社出版）など．

下河辺 淳 (しもこうべ あつし)

(有)青い海会長・下河辺研究室会長，元国土審議会会長，元国土事務次官，元総合研究開発機構理事長，元東京海上研究所理事長．
東京大学第一工学部建築学科卒業，工学博士．戦災復興院技術研究所，経済審議庁，建設省を経て，経済企画庁総合開発局長，国土庁計画・調整局長，国土事務次官，総合研究開発機構（NIRA）理事長，東京海上研究所理事長を歴任．

千賀 裕太郎 (せんが ゆうたろう)

東京農工大学大学院教授．
東京大学農学部卒，農学博士．農林水産省，宇都宮大学，東京農工大学を経て，現職．（財）日本グラウンドワーク協会理事，棚田学会理事，中央放送番組審議会委員，河川審議会専門委員，食料・農業・農村審議会専門委員，国土庁水資源基本問題研究会委員などを歴任．
著書に『よみがえれ水辺・里山・田園』（岩波書店）『水資源のソフトサイエンス』（鹿島出版会）『道と小川のビオトープづくり』（集文社）など．

丹保 憲仁 (たんぼ のりひと)

放送大学長，北海道大学名誉教授，総合科学技術会議「自然共生型流域圏・都市再生」イニシアティブ座長，前土木学会会長（89代），前国際水協会会長．
北海道大学大学院工学研究科土木工学専攻修士課程修了．工学博士．北海道大学教授，北海道大学工学部長，北海道大学総長・評議員を歴任．
著書に『上水道（土木学会編新体系土木工学88）』『浄水の技術—安全な飲み水をつくるために—』『水道とトリハロメタン』（技報堂出版）など．

辻本 哲郎 (つじもと てつろう)

名古屋大学大学院工学研究科教授．
京都大学大学院工学研究科博士課程単位取得退学，工学博士．京都大学助手，金沢大学助教授などを経て，98年より現職．この間87年度スイス連邦工科大学ローザンヌ校招聘教授，また，02年より東京大学大学院工学系研究科教授兼任．
専門は，河川工学，水理学．土木学会水工学委員会委員長，応用生態工学会交流委員会委員長など．
著書に，『移動床流れの水理（共著／土木学会編新体系土木工学23）』（技報堂出版），『河川生態環境評価法』（東京大学出版会）など．

虫明　功臣　(むしあけ　かつみ)

福島大学教授，東京大学名誉教授，(独)科学技術振興機構CREST「水循環研究領域」研究総括，総合科学技術会議地球規模水循環変動研究イニシアティブ座長．工学博士．
東京大学教授，国際水資源学会理事／副会長，水文・水資源学会長，社会資本整備審議会委員・国土審議会委員などを歴任．
著書に，『河川水文学―流出現象の地域性をどう見るか―(共著)』(共立出版)『水循環の保全と再生(共編著)』(山海堂)『水資源マネジメントと水循環(共訳)』(技報堂出版)など．

和田　英太郎　(わだ　えいたろう)

海洋研究開発機構地球環境フロンティア研究センター生態系変動予測プログラムプログラムディレクター，京都大学名誉教授，ロシア(シベリア地区)科学アカデミー名誉教授，総合地球環境学研究所名誉教授，東邦大学客員教授．
東京教育大学理学部卒．理学博士．東京大学海洋研究所，三菱化成生命科学研究所，京都大学生態学研究センター教授，総合地球環境学研究所教授を経て現職．
著書に『地球生態学(環境学入門3)』(岩波書店)など．

石川　幹子　(いしかわ　みきこ)

慶應義塾大学環境情報学部教授，ハーヴァード大学デザイン学部大学院客員教授．
ハーヴァード大学デザイン学部大学院修了，東京大学大学院農学生命科学研究科博士課程修了．農学博士，技術士(都市及び地方計画)．工学院大学建築学科教授を経て，現職．新宿御苑再生設計，各務原市水と緑の回廊計画などを担当．
著書に『都市と緑地』(岩波書店，日本都市計画学会論文賞受賞)など．

岸　由二　(きし　ゆうじ)

慶應義塾大学経済学部教授，鶴見川流域ネットワーキング代表．
東京都立大学大学院博士課程修了．理学博士．
鶴見川流域，多摩三浦丘陵をフィールドにナチュラリストとして活躍．
著書に『自然へのまなざし』(紀伊國屋書店)『リバーネーム』(リトル・モア)『進化思想と社会(分担執筆)』(東京大学出版会)『鶴見川流域誌(分担執筆)』(国土交通省京浜河川事務所)など．

吉川　勝秀　(よしかわ　かつひで)

慶應義塾大学政策・メディア研究科教授．(財)リバーフロント整備センター部長．
東京工業大学大学院修士課程(土木工学専攻)修了．工学博士．技術士．建設省土木研究所研究員．河川局流域治水調整官．大臣官房政策企画官．国土交通省政策評価企画官．国土交通省国土技術政策総合研究所環境研究部長を経て現職．
著書に『河川流域環境学』『人・川・大地と環境』(技報堂出版)『東南・東アジアの水(共著)』(日本建築学会)『地域連携がまち・くにを変える(共著)』(小学館)『市民工学としてのユニバーサルデザイン(編著)』『水辺の元気づくり(編著)』(理工図書)『川で実践する―福祉・医療・教育(編著)』(学芸出版)『川からの都市再生(編著)』(技報堂出版)『自然と共生した流域圏・都市の再生(共著)』(山海堂)など．

流域圏プランニングの時代
── 自然共生型流域圏・都市の再生 ──

2005年3月30日 1版1刷発行	ISBN 4-7655-3405-7 C3051

定価はカバーに表示してあります．

編 者	石　川　幹　子	
	岸　　　由　二	
	吉　川　勝　秀	
発行者	長　　　祥　隆	
発行所	技報堂出版株式会社	
	〒102-0075 東京都千代田区三番町8-7	
	（第25興和ビル）	
電　話	営　業 （03）(5215)3165	
	編　集 （03）(5215)3161	
FAX	（03）(5215)3233	
振替口座	00140-4-10	
	http://www.gihodoshuppan.co.jp/	

日本書籍出版協会会員
自然科学書協会会員
工学書協会会員
土木・建築書協会会員

Printed in Japan

Ⓒ Ishikawa, M., Kishi, Y., Yoshikawa, K. et al., 2005

装幀　芳賀正晴　　印刷・製本　昭和情報プロセス

落丁・乱丁はお取り替え致します．
本書の無断複写は，著作権法上での例外を除き，禁じられています．

● 小社刊行図書のご案内 ●

人・川・大地と環境 ―自然共生型流域圏・都市に向けて―
吉川勝秀 著　　　　　　　　　　　　　　　　　　　　　　　　A5・376頁

【内容紹介】水・川と人・文明との係わりから環境、そして人と自然との共生について考察した書．このテーマについて、少し長い時間スケールで諸外国の実践も参照しつつ述べている．一般論としての議論と、具体的な実践事例、現実を踏まえたものとから構成されており、人と水と大地の環境についての歴史的経緯や現状の理解、「自然共生型流域圏・都市の再生」イニシアティブの推進、さらには自然共生型流域圏・都市の再生や地域の課題への流域交流連携等による対応といった具体的な実践活動に役立つ．

河川流域環境学 ―21世紀の河川工学―
吉川勝秀 著　　　　　　　　　　　　　　　　　　　　　　　　A5・272頁

【内容紹介】水理学的な河川工学や、その他の「河川空間」内での現象等について記した河川工学から、その河川空間を含む「沿川空間」、「流域空間」にまで視野を広げ、これからの河川工学、河川流域工学について述べた書．河川や流域、そして水の問題について、日本の河川のみならず、世界の河川、世界の水問題についても紹介しつつ述べている。

アプローチ環境ホルモン ―その基礎と水環境における最前線―
日本水環境学会関西支部 編　　　　　　　　　　　　　　　　　A5・286頁

【内容紹介】外因性内分泌撹乱化学物質、いわゆる環境ホルモンについて、基礎的・原理的内容から最新データまでをまとめた書．問題の歴史的経緯、定義と作用機構、影響とリスク、水環境汚染の現状、検知・分析法、解決に向けての取組み等を、広範な読者向けにわかりやすく紹介している．

図説河川堤防
中島秀雄 著　　　　　　　　　　　　　　　　　　　　　　　　A5・242頁

【内容紹介】河川堤防を、由来、建設の歴史から、設計、維持管理まで、総合的に論じる技術書．半自然物であり、不均一材料で構成される堤防は、単純化したモデルやいくつかの限られた要素を用いた計算などにはなじまない．なによりも、現場を見、現場で考えることが重要である．本書は、そのような観点から、国内外の実堤防の断面図など多数の図を示しつつ、具体的に解説している．

市民の望む都市の水環境づくり
和田安彦・三浦浩之 著　　　　　　　　　　　　　　　　　　　A5・156頁

【内容紹介】市民にとって本当に望ましい水環境とはいかなるものか、市民が望む水環境をつくり出すためにはどうすればよいのか、関係技術者だけでなく、水環境の問題に関心のある一般の読者にも読まれるよう、わかりやすく解説する書．水供給・処理システムや河川空間の整備などのあり方、それらに対する市民の意識や評価を探る手法、市民の意見、要望を反映させる方策等について、事例も交えて具体的に論じている．

技報堂出版　TEL 編集 03 (5215) 3161　営業 03 (5215) 3165
　　　　　　FAX 03 (5215) 3233